W0253749

Leitfäden der angewandten Informatik

Bauknecht/Zehnder: **Grundzüge der Datenverarbeitung**
4. Aufl. 297 Seiten. Kart. DM 38,–

Beth / Heß / Wirl: **Kryptographie**
205 Seiten. Kart. DM 28,80

Brauer: **Datenhaltung in VLSI-Entwurfssystemen**
221 Seiten. Kart. DM 42,–

Brüggemann-Klein: **Einführung in die Dokumentenverarbeitung**
200 Seiten. Kart. DM 34,–

Bunke: **Modellgesteuerte Bildanalyse**
309 Seiten. Geb. DM 49,80

Craemer: **Mathematisches Modellieren dynamischer Vorgänge**
288 Seiten. Kart. DM 42,–

Curth/Giebel: **Management der Software-Wartung**
184 Seiten. Kart. DM 34,–

Engels/Schäfer: **Programmentwicklungsumgebungen, Konzepte und Realisierung**
248 Seiten. Kart. DM 38,–

Frevert: **Echtzeit-Praxis mit PEARL**
2. Aufl. 216 Seiten. Kart. DM 36,–

Frühauf/Ludewig/Sandmayr: **Software-Projektmanagement und -Qualitätssicherung.** 136 Seiten. Kart. DM 28,–

Gloor: **Synchronisation in verteilten Systemen**
239 Seiten. Kart. DM 42,–

Gloor: **Hypermedia-Anwendungsentwicklung**
320 Seiten. Kart. DM 48,–

Gorny/Viereck: **Interaktive grafische Datenverarbeitung**
256 Seiten. Geb. DM 52,–

Hallmann: **Prototyping komplexer Softwaresysteme**
251 Seiten. Kart. DM 42,–

Hofmann: **Betriebssysteme: Grundkonzepte und Modellvorstellungen**
253 Seiten. Kart. DM 38,–

Holtkamp: **Angepaßte Rechnerarchitektur**
233 Seiten. DM 38,–

Hultzsch: **Prozeßdatenverarbeitung**
216 Seiten. Kart. DM 32,–

Kästner: **Architektur und Organisation digitaler Rechenanlagen**
224 Seiten. Kart. DM 32,–

Kleine Büning/Schmitgen: **PROLOG**
2. Aufl. 311 Seiten. DM 38,–

Meier: **Methoden der grafischen und geometrischen Datenverarbeitung**
224 Seiten. Kart. DM 38,–

Meyer-Wegener: **Transaktionssysteme**
242 Seiten. DM 38,–

Mresse: **Information Retrieval – Eine Einführung**
280 Seiten. Kart. DM 42,–

Fortsetzung auf der 3. Umschlagseite

Leitfäden der angewandten Informatik

Matthias Hallmann
Prototyping komplexer Softwaresysteme

Leitfäden der angewandten Informatik

Herausgegeben von

Prof. Dr. Hans-Jürgen Appelrath, Oldenburg
Prof. Dr. Lutz Richter, Zürich
Prof. Dr. Wolffried Stucky, Karlsruhe

Die Bände dieser Reihe sind allen Methoden und Ergebnissen der Informatik gewidmet, die für die praktische Anwendung von Bedeutung sind. Besonderer Wert wird dabei auf die Darstellung dieser Methoden und Ergebnisse in einer allgemein verständlichen, dennoch exakten und präzisen Form gelegt. Die Reihe soll einerseits dem Fachmann eines anderen Gebietes, der sich mit Problemen der Datenverarbeitung beschäftigen muß, selbst aber keine Fachinformatik-Ausbildung besitzt, das für seine Praxis relevante Informatikwissen vermitteln; andererseits soll dem Informatiker, der auf einem dieser Anwendungsgebiete tätig werden will, ein Überblick über die Anwendungen der Informatikmethoden in diesem Gebiet gegeben werden. Für Praktiker, wie Programmierer, Systemanalytiker, Organisatoren und andere, stellen die Bände Hilfsmittel zur Lösung von Problemen der täglichen Praxis bereit; darüber hinaus sind die Veröffentlichungen zur Weiterbildung gedacht.

Prototyping komplexer Softwaresysteme

Ansätze zum Prototyping und Vorschlag einer Vorgehensweise

Von Dr. rer. nat. Matthias Hallmann
GEI, Aachen

Springer Fachmedien Wiesbaden GmbH

Dr. rer. nat. Matthias Hallmann

Geboren 1959 in Münster. Studium der Informatik mit Schwerpunkt Betriebssysteme und Software Engineering an der Universität in Dortmund. Nach dem Diplom 1984 Assistent am Lehrstuhl für Software-Technologie und Mitarbeit an einem Projekt für den internationalen Zahlungsverkehr. 1988 Promotion, Wechsel zum System- und Softwarehaus GEI nach Aachen und dort als Projektleiter für mehrere internationale Forschungsprojekte tätig.

CIP-Titelaufnahme der Deutschen Bibliothek

Hallmann, Matthias:
Prototyping komplexer Softwaresysteme : Ansätze zum Prototyping und Vorschlag einer Vorgehensweise / von Matthias Hallmann. - Stuttgart : Teubner, 1990
(Leitfäden der angewandten Informatik)

ISBN 978-3-519-02497-2 ISBN 978-3-663-01528-4 (eBook)
DOI 10.1007/978-3-663-01528-4

Ursprünglich erschienen bei B.G. Teubner Stuttgart 1990

Umschlaggestaltung: M. Koch, Ostfildern 1 (Ruit)

Vorwort

Das vorliegende Buch behandelt das Gebiet **Prototyping** in der Software-Entwicklung. Der Begriff Prototyping fand schon vor langer Zeit Eingang in die Informatik. Unterschiedliche Ansätze werden in der Literatur über Software Engineering diskutiert (leider aber meist nur aus akademischer Sicht). Der traditionelle Softwareentwicklungsprozeß ist zur Entwicklung von komplexen Zielsystemen, z.B. verteilte Systeme, ungeeignet. Durch die Strategie des Prototypings soll mit den, möglicherweise sehr unterschiedlichen, Anwendern und ihren verschiedenen Vorstellungen ein möglichst früh ausführbares und bewertbares **Modell** des Zielsystems entwickelt werden. Die Nachteile des traditionellen Softwareentwicklungsansatzes werden umgangen. Allerdings wird der Begriff "Prototyping" in der Informatik sehr unterschiedlich interpretiert. Das Buch ist in folgende drei Teile gegliedert: Grundlagen und Problemstellung, Vorschlag einer integrierten Vorgehensweise und Realisierungserfahrungen. Durch alle drei Teile zieht sich ein sukzessiv vervollständigtes Beispiel.

Zunächst wird in Teil I der traditionelle Softwareentwicklungsansatz kritisch beleuchtet. Der Begriff Prototyping wird in all seinen "schillernden" Ausprägungen diskutiert. Klassifikationskonzepte werden vorgestellt. Viele der vorgeschlagenen Ansätze eignen sich allerdings nicht für die Entwicklung **komplexer Zielsysteme** (z.B. verteilte Systeme, offene Systeme, CIM, Bürokommunikation, eingebettete Systeme, Multidatenbanksysteme) da ihr Abstraktionsniveau zu tief ist und/oder nur ein singulärer Ansatz verfolgt wird. Die Anforderungen an das Prototyping werden in einem Basismodell festgeschrieben.

Im zweiten Teil des Buches wird dann ein integrierter und koordinierter Prototypenentwicklungsansatz vorgeschlagen, der neben der Entwicklungsumgebung **PROTOS**, eine methodische Anleitung **REMOS** und eine ausführbare Sprache **RELOS** enthält. Grundidee dieses Ansatzes ist die Betrachtung von Transaktionen schon während der Anforderungserfassung. Transaktionsorientierte Systeme sind fehlertolerant und ihr funktionales Verhalten ist modifizierbar. Wenn Transaktionssysteme solche positiven Eigenschaften besitzen, sollten Transaktionen schon in die Prototypenerstellung Eingang finden. Es wird gezeigt, wie komplexe Zielsysteme, mit autonomen Einheiten, als (Nicht-Standard-)Transaktionssysteme dargestellt und entwickelt werden können. Die Methode **REMOS** zur Prototypenerstellung basiert auf dem konzeptionellen Modell von kommunizierenden Subsystemen und auf einem Szenarienkonzept, durch das Anforderungen (z.B. funktionale Korrektheit, leistungsmäßige Effektivität, Strukturiertheit) inkrementell beschrieben werden können. Die Anforderungen an den Prototypen werden in der Sprache **RELOS** formuliert. In der Entwicklungsumgebung **PROTOS** wird neben Werkzeugen zur Eingabe und Analyse eines Prototypen, ein Compiler, ein Konsistenzchecker und ein Petri-Netz-Simulator bereitgestellt.

Im dritten Teil des Buches wird über Realisierungserfahrungen mit dem Einsatz dieses Konzeptes berichtet. Ziel war die Entwicklung eines **Multidatenbanksystems**, das im internationalen Zahlungsverkehr einsetzbar ist. Die verteilte Architektur wurde im Rahmen eines EG-Projekts entwickelt. Es wird gezeigt, wie die in RELOS formulierten Modelle zu verteilt ausführbaren Programmen transformiert werden können. Abschließend werden einige **Prognosen** über das zukünftige Software-Engineering gewagt.

Das Buch wendet sich an interessierte Praktiker, die die unterschiedlichen Facetten des Prototypings kennenlernen wollen und einen schnellen Überblick über mögliche Ansätze benötigen. Sie finden einen Vorschlag, der in dem einen oder anderen Betrieb diskutiert werden kann. Die Realisierungserfahrungen, die in dem Buch vermittelt werden, geben wichtige Hinweise bei der Durchführung ähnlicher Vorhaben. Weiterhin werden Studenten im Hauptstudium der Informatik angesprochen, die Interesse am Bereich Software Engineering haben. Sie finden viele Ideen, Anregungen und Verweise. Schließlich eignet sich das Buch als Grundlage von Spezialvorlesungen. Es ist klar, daß natürlich nicht alle Belange des Prototypings ausführlich betrachtet werden können. Der aufmerksame Leser wird merken, daß Prototyping allgemein betrachtet fast alle Themen der Software Entwicklung abdecken kann.

Das vorliegende Buch muß zwar nicht sequentiell gelesen werden, eignet sich aber auch nur bedingt als Nachschlagewerk. Viele Ideen werden entwickelt und in späteren Kapiteln wieder aufgegriffen. Dies betrifft insbesondere den Teil II des Buches.

Das Buch entstand inhaltlich in den Jahren 1984 bis 1989, als der Autor erst in einem Projekt (welches hier auch geschildert wird) an der Universität Dortmund am Lehrstuhl für Software-Technologie arbeitete und dann bei dem System- und Softwarehaus GEI in Aachen als Projektleiter tätig war und ist. Grundlage des Buches war die in Dortmund entstandene Dissertation zu diesem Thema.

Ich bedanke mich bei allen, die mir durch Diskussionen bei der Erstellung des vorliegenden Buches geholfen haben. Insbesondere bedanke ich mich bei Prof. Dr. Herbert Weber, der mir den initialen Anstoß zur Beschäftigung mit dem Thema "Prototyping" gegeben hat. Weiterhin bedanke mich bei allen Mitarbeitern des Lehrstuhls, insbesondere bei den "Swiftern" der UNIDO, die ein gutes Diskussions- und Reviewforum gebildet haben. Die Mitarbeiter der Forschungsabteilung der GEI, Prof. Dr. Lutz Richter von der Universität Zürich und Dr. P. Spuhler vom Teubner-Verlag trugen durch viele kritische Anmerkungen zum Gelingen des Buches bei.

Nicht zuletzt möchte ich mich bei meiner Frau Bärbel für die psychologische Unterstützung bedanken und bei meinen Kindern Lukas und Ines, denen ich die Zeit zur Erstellung des Buches gestohlen habe.

Aachen im April 1990 Matthias Hallmann

Inhaltsverzeichnis

1 Einleitung

Zu Anfang der siebziger Jahre führten fehlende Strukturierungsprinzipien und eine geringe Werkzeugunterstützung zu einer ersten "Krise" in der Softwareentwicklung. Zu deren Überwindung wurden neue Sprachansätze, Methoden und viele viele Werkzeuge vorgeschlagen. Die schon bekannte aber noch nicht konsequent verfolgte phasenorientierte Softwareentwicklungsmethode wurde weiterentwickelt und ihr nützlicher Einsatz allgemein anerkannt. Obwohl diese erste Softwarekrise noch nicht bewältigt ist, gibt es Indizien für eine weitere. Diese zweite "Krise" wird einerseits durch die hohen Ansprüche der Auftraggeber an die Software und andererseits durch die immer komplexer und größer werdenden Programme verursacht. Wurden 1981 sehr große Programme von Berry Boehm noch mit 512.000 Zeilen Sourcecode angegeben, so wuchs diese Zahl 1984 schon auf 1.000.000 und 1986 auf bis zu 10.000.000 Zeilen Sourcecode. Ehrgeizige Entwicklungsprogramme (wie z.B. SDI) werden von Verteidigungs- und Forschungsministerien finanziert und von vielen Kritikern als unrealistisch, mit der zur Verfügung stehenden Technologie nicht machbar und auch wegen ihrer Komplexität als gefährlich eingestuft. Dies auch unter anderem deswegen, weil nach Aussagen einiger Studien die Produktivität eines Programmierers von 1955 bis 1985 nur um das 3.6fache zugenommen hat. Stark fallende Hardwarekosten und die immer schneller werdenden Rechner (z.B. Pipelinearchitekturen, Speicherarchitekturen etc.) ermöglichen erst die Entwicklung und Ausführbarkeit von "Riesenprogrammen". Die Vernetzung mehrerer Rechner oder Prozessoren (bis zu 4000) gestattet die dezentrale Nutzung von allen Rechnerressourcen, z.B. Speicher, Programme, Rechnerkapazitäten etc. Die Entwicklung parallel verarbeitender Softwaresysteme hinkt gewaltig der Hardwareentwicklung hinterher und läßt die Grenzen der bisher vorgeschlagenen Softwareentwicklungsmethoden erkennen. Zwischen dem Programmieren im Kleinen und dem Programmieren im Großen klaffen Welten. Ähnlich einem Kind, das mit 5 Karten keine Probleme beim Bau eines Kartenhauses hat und daher meint, leicht ein Haus mit 10000 Karten erstellen zu können, versuchen heutige Entwickler gewaltig komplexe Programme zu erstellen. Wurde bisher zur verkauften Hardware auch einiges an Software mitgeliefert, so wird sich in Zukunft der "Spieß umdrehen" - zur angebotenen Software wird auch Hardware mitgeliefert. Diese Fakten zeigen, daß in Zukunft das Produkt Software mehr an Gewicht erlangen wird. Daher ist es nur folgerichtig, sich mit dem Gebiet "Software Engineering" zu befassen, obwohl Fachleute die Ergebnisse schon lange nicht euphorisch beklatschen. Wer sich mit CASE (Computer Aided Software Engineering) beruflich beschäftigt, braucht gute Ideen, einen starken Realisierungswillen, viel Überzeugungskraft und nicht zuletzt eine große Ausdauer.

Große und komplexe Softwaresysteme können nicht "in einem Rutsch" spezifiziert, entworfen und implementiert werden. Die Anforderungen der mit dem zu entwickelnden System arbeitenden Menschen (Benutzer, Entwickler, Wartungsingenieure, Manager etc.) sind sehr heterogen. In solchen großen Softwareprojekten erweist sich die traditionelle Softwareentwicklungsmethode als zu inflexibel, da für alle Phasen eigene, nicht aufeinander abgestimmte Sprachnotationen verwendet werden. Die umfangreichen schriftlichen Spezifikationen sind unverständlich und nur mit großem Aufwand veränderbar. Daraus resultieren stabile Produkte, die nur mit großem Wartungsaufwand an neue Gegebenheiten anpaßbar sind. Veränderungen an der Software sind sehr arbeits- und somit kostenintensiv. Die Geschichte hat gezeigt, daß Neuentwicklungen immer erst dann beachtet wurden, wenn die Komplexität des Problems mit den vorhandenen Möglichkeiten nicht mehr gelöst werden konnten (z.B. Modularisierung von Programmen). Ohne die komplexen Anforderungen der letzten 30 Jahre an die Software würden wir immer noch in Assembler programmieren. Daher werden seit den letzten Jahren neue Ansätze und Methoden vorgeschlagen, die die Softwareerstellung beschleunigen, das Produkt möglichst früh bewertbar machen und zu schichtenorientierten Standardarchitekturen führen sollen. Einige dieser Forschungsarbeiten werden unter dem Schlagwort Prototyping zusammengefaßt.

Ziel dieses Buches ist es, dem Leser einen Einblick in aktuell diskutierte Prototypingansätze zu geben. Viele der Ansätze beleuchten immer nur ein spezielles Teilgebiet. Dem Leser wird im Teil II des Buches beispielhaft ein integrierter und koordinierter Prototypenentwicklungsansatz vorgeführt, der neben einer Entwicklungsumgebung eine Methode und eine ausführbare (operationale) Beschreibungssprache enthält. Die Entwicklung fehlertoleranter komplexer Systeme, z.B. offene Systeme, CIM, Bürokommunikation, eingebettete Systeme, steht im Vordergrund. Es wird im Verlauf des Teils II des Buches gezeigt, wie das funktionale Verhalten, die funktionale Korrektheit, die leistungsmäßige Effektivität und die Strukturiertheit von solchen Systemen inkrementell beschrieben, analysiert und leicht modifiziert werden kann. Diese Ziele werden durch ein grundlegendes konzeptionelles Modell auf der Basis von uniformen Systemarchitekturen erreicht.

1.1 Ein Fallbeispiel: Reorganisation des Computereinsatzes im internationalen Zahlungsverkehr

Damit der Leser einen Eindruck bekommt, welche Klasse von Systemen in diesem Buch als komplexe Softwaresysteme angesehen werden, wird in diesem Kapitel ein konkretes Beispiel informell beschrieben. Stellen Sie sich beim Durchlesen des Kapitels vor, Sie hätten als Projektleiter die Aufgabe, das unten vorgestellte System zu implementieren. Als ein erster Meilenstein wird die Erstellung eines erweiterbaren Prototyps gefordert, der die Machbarkeit der Ideen zeigen soll. Das hier vorgestellte Beispiel orientiert sich an realen Anforderungen aus dem Bereich des internationalen Zahlungsverkehrs. Auf das Beispiel wird quer durch das Buch immer wieder verwiesen. Es wird in Teil I gezeigt, welche Möglichkeiten des Prototypings eingesetzt werden könnten und warum sie nicht für dieses Beispiel brauchbar sind. In Teil II wird dem interessierten Leser der Prototypingansatz beschrieben, der nicht nur für dieses Beispiel, sondern auch für viele andere komplexe Problemstellungen praktikabel ist. Und in Teil III des Buches werden die Realisierungserfahrungen bei der Prototypenerstellung dieses Beispiels beschrieben.

Jeder Leser wird schon einmal ein Ferienhaus im, z.B. Süden Europas für den Urlaub gemietet haben. Nachdem Sie sich und der Vermieter über die Zeit und den Mietbetrag einig sind, fordert der Vermieter z.B. eine Abschlagszahlung. Dafür übermittelt er Ihnen seine Kontonummer, den Namen seiner Bank und die entsprechende Bankleitzahl. Nach Erhalt der Nachricht gehen Sie nun zu Ihrer Bank und füllen ein Überweisungsformular aus, damit der Betrag von Ihrem Konto abgebucht wird. Dies geschieht normalerweise nach üblicher Bankpraxis sofort. Damit sind Sie der Forderung des Vermieters nachgekommen und freuen sich auf Ihren wohlverdienten Urlaub. Aber was passiert eigentlich mit Ihrem Geld? Wer ist nun verantwortlich für Ihren Überweisungsauftrag? Und was passiert, wenn das Geld beim Empfänger nicht ankommen kann, weil sie vielleicht die falsche Kontonummer angegeben haben? Das Geld wird sicherlich nicht von einem Bankangestellten direkt zur Zielbank getragen. Über diese Art von Botendiensten sind wir im Computerzeitalter längst hinaus. Für die Zahlungsüberweisungen (und andere finanztechnische Dienste) existieren weltweit große Computerzentren, die überaus zuverlässig, sicher und möglichst rationell arbeiten. Für den nationalen Zahlungsverkehr existieren in Amerika und Japan Organisationen, die schon Börsendienste ihren am Netz angeschlossen Banken anbieten. Wegen des zunehmenden ausländischen Zahlungsverkehrs, wurde 1973 in einem genossenschaftlichen Zusammenschluß von Banken das S.W.I.F.T. (Societe for Worldwide International Financial Telecommunication) System als Datenfernübertragungsnetz gegründet. Seit 1977 arbeitet das S.W.I.F.T. I System. An diesem System sind mittlerweile über 2500 Banken westeuropäischer Länder, USA, Kanada, einiger süd- und mittelamerikanischer, asiatischer und afrikanischer Länder angeschlossen /Loh83/. Es werden über 600.000 Banktransaktionen jeden Tag bearbeitet. Wichtige Banktransaktionen sind neben Zahlungsein- und -ausgänge / Überweisungsverkehr für Kunden- und Bank-zu-Bankzahlungen auch Scheckinkasso / -ankauf, Dokumenten-Inkasso, Akkreditiv-Abwicklung, Devisengeschäfte und allgemeine Nachrichten-Mitteilungen. Das S.W.I.F.T. I System ermöglicht die vollautomatische beleglose Abwicklung des Nachrichtenverkehrs zwischen den beteiligten Banken über ein computergesteuertes Übertragungsnetz. Dazu wird ein einheitliches EDV-Verarbeitungssystem beim Bankkunden eingesetzt, das auf standardisierten Nachrichtenstrukturen aufbaut. Das S.W.I.F.T. I System basiert auf einer sternförmigen Netzarchitektur, die drei Ebenen unterscheidet (eine genauere Vorstellung wird in Kapitel 8 und in der Figur 8-1 gegeben):

Drei Operating Centers sind weltweit verteilt und bilden den Kern des Systems. Sie sind als Doppelrechner ausgelegt und jeweils untereinander durch Haupt- und Sicherheitsleitungen verbunden. Ihre Hauptfunktionen bestehen aus Sicherheitsprozeduren, Zwischen- und Langzeitspeicherung von Nachrichten, Netzwerk-Kontrolle, Senden, Empfangen und Überprüfen von Nachrichten. Auf bis zu sechszehn 9600 Baud Leitungen werden die verschlüsselten Nachrichten verschickt.

In jedem am Netz angeschlossenen Land befindet sich mindestens ein Regional Processor, der das Bindegleid zwischen den Operating Centers und den Kunden (also den Banken) bildet. Sie werden als Konzentratoren und als Geschwindigkeitspuffer benötigt. Die Leitungen zu den Operating Centers sind doppelt ausgelegt. Bei den Banken stehen Computer Based Terminals (z.B. Telex, Terminals, kleinere Rechneranlagen) die von der Organisation S.W.I.F.T. in 30 verschiedenen Typen zum Mieten angeboten werden. Über diese Endgeräte kommunizieren Banken mit dem Regional Processor. Das eigene Endgerät übernimmt Plausibilitätsprüfungen, Formatprüfungen und alle Arten von manuellen Tätigkeiten.

Das internationale Gironetz besteht aus vielen bilateralen Kontoverbindungen zwischen unterschiedlichen Banken. Nicht jede Bank unterhält bei sich ein Konto einer fremden Bank. Die Zahlungsüberweisung des eingangs beschriebenen Beispiels, verläuft also gegebenenfalls nicht direkt zwischen der Bank des Mieters und der Bank des Vermieters. Wahrscheinlicher ist der Fall, daß mehrere Banken dazwischengeschaltet sind, die entweder ein gemeinsames Konto mit der Senderbank unterhalten oder nur für den durchzuführenden Währungswechsel eingeschaltet werden (siehe Fig. 1-1). Eine Überweisung pflanzt sich durch Nachrichtentransfer über mehrere Stationen fort. Inhalt der Nachricht sind z.B. Name des Einzahlers, Name des Empfängers etc. Neben dem "Pfad des Geldes" gibt es noch den Informationspfad, der direkt zur Bank des Vermieters geht. Hierüber wird aber lediglich von der Bank des Mieters mitgeteilt, daß die Vermieterbank "irgendwann" Geld bekommen wird. Erst wenn bei der Zielbank beide Nachrichten ("Geld- und Informationspfad") angekommen sind, wird das Geld auf das Konto des Vermieters gebucht. Eine Bank muß nicht jederzeit nachrichtenempfangsbereit sein. Nichtzustellbare Nachrichten werden bei dem jeweiligen Regional Processor zwischengespeichert.

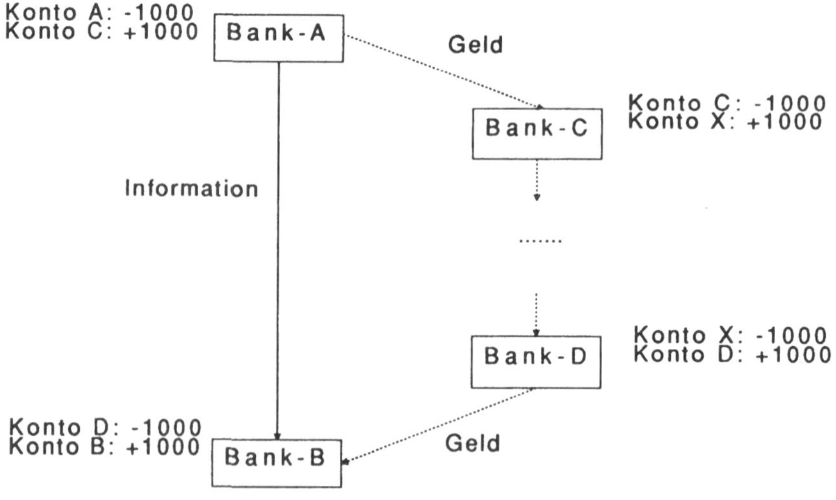

Fig. 1-1: Geldüberweisung im S.W.I.F.T.- System

Die Vorteile des S.W.I.F.T. Systems liegen in der Größe und Akzeptanz des Netzes, der Schnelligkeit der bearbeiteten Nachrichten und der Ausfallsicherheit des Netzes. Das oben beschriebene S.W.I.F.T. I Netz wird zur Zeit eingesetzt. Die Anforderungen der Banken an das Netz steigen jedoch kontinuierlich. Die Netzarchitektur soll von drei auf vier Ebenen ausgebaut werden, die angebotenen Dienste sollen komfortabler werden, alle Protokolle sollen standardisiert werden (z.B. X25 und ISO/OSI), neue Dienste sollen angeboten werden (z.B. Börsendienste, statistische Auswertungen), neue Sicherheitsaspekte sollen berücksichtigt werden und vieles andere mehr. Ein Teil der Anforderungen sollten in dem, zur Zeit noch nicht

1.2 Prototyping in anderen Ingenieurwissenschaften

Die Semantik des Begriffs Prototyp wurde von den Ingenieurwissenschaften geprägt. Dort wird mit Prototyp das Produkt bezeichnet, das zwischen Zeichenbrett und Massenfertigung erstellt wird und alle Merkmale des späteren Verkaufsproduktes. enthält. Das Wort Prototyp ist aus dem griechischen Wort *prototypos* abgeleitet, was Urbild oder Muster heißt (*protos* heißt Erster, *typos* heißt Abbild oder Modell). Das Produkt Software und deren Serienproduktion unterscheiden sich allerdings in wesentlichen Merkmalen von anderen industriell gefertigten Produkten, wie z.B. Autos oder Häuser, so daß eine direkte Begriffsübertragung aus anderen konstruierenden Wissenschaften nicht in Frage kommt.

Im Rahmen der Informatik, insbesondere in der Softwareerstellung, wird bisher jedes erstmals lauffähige Programm Prototyp genannt. An diesem kann der Benutzer schließlich feststellen, ob seine Wünsche erfüllt worden sind oder nicht. Dies ist allerdings schon eine sehr spezielle Sicht, in dem der Benutzer Kontakt mit dem Prototypen bekommt. In den letzten Jahren sind immer mehr Definitionen von Software-Prototypen aufgekommen, so daß es nun eine verwirrende Fülle von unterschiedlichen Sichtweisen gibt. Dabei ist bemerkenswert, daß sich die Definition nicht nur auf den Begriff Prototyp, sondern insbesondere auch auf den Prozeß der Prototypenerstellung (Prototyping) beziehen.

Der Begriff Prototyp ist fest mit den technischen Forschungsgebieten verbunden. In vielen Ingenieurwissenschaften (z.B. Maschinenbau, Elektrotechnik) werden zu Testzwecken zuerst Prototypen erstellt, um daran Messungen durchzuführen. Der Prototyp ist ein erstes funktionsfähiges Produkt, das nach Plänen erstellt wird. Er soll Aussagen über bestimmte Problemlösungen ermöglichen. Damit aus diesen ''Meßergebnissen'' qualitative Aussagen über das spätere Endprodukt gemacht werden können, muß sichergestellt sein, daß der Prototyp ein möglichst genaues Abbild des Endproduktes ist (z.B. Crashtests im Automobilbau). Der Unterschied darf wohl die Fertigungsmethoden, aber nicht die Fertigungsmaterialen betreffen. Verlaufen die Tests mit dem aufwendig gefertigten Prototypen zufriedenstellend, so machen sich Fertigungsingenieure Gedanken darüber, wie das Produkt kostengünstig in Serie gefertigt werden kann. Diese Methode trifft nicht nur für den Automobilbau zu, sondern auch auf die Chemieindustrie. Der Chemiker stellt im Labor unter Laborbedingungen z.B. ein Pulver her, und der Chemietechniker konstruiert eine Anlage, um das Pulver in großen Mengen produzieren zu können.

Im Gegensatz zum Begriff des Prototypen steht der Begriff Modell. In einigen konstruktiven Wissenschaften (im Gegensatz zu den analysierenden Naturwissenschaften arbeiten die konstruktiven Wissenschaften synthetisierend) werden keine Prototypen erstellt. Ein Architekt wird kein Haus als Prototypen (im obigen Sinne) bauen, um daran Planungs- und Ausführungschwierigkeiten erkennen oder Materialien prüfen zu können (Qualitätsmerkmale gibt es auch hier). Wäre dies so, könnte man jedes Haus als einen Prototypen bezeichnen. Er wird vielmehr seine Erfahrung nutzen, die er sich in einer Reihe von Projekten erarbeitet hat. Immerhin werden Häuser schon seit einigen tausend Jahren gebaut und fast alle Dokumente und Vorgänge sind nun standardisiert. Da es einige physikalische und statische Grundgesetze gibt, die jeder Architekt zu respektieren hat, sind einer allzugroßen Phantasie natürliche Grenzen gesteckt. Weitere Einschränkungen ergeben sich durch die Beachtung von nationalen Bauvorschriften. Dieser nunmehr gewöhnliche Bauprozeß wird allerdings durch Erfahrungen mit neuen Baumaterialien "gestört".

Bei größeren Projekten wird das menschliche Vorstellungsvermögen nicht mehr ausreichen und somit entsteht der Wunsch nach einer ''Vorabminiaturausgabe'' des Gebäudes. Es wird also ein materielles Modell konstruiert. Der (untrainierte) Mensch ist unfähig komplexe Situationen mit mehreren Einflußfaktoren zu verarbeiten. Dies führt zwangsläufig entweder zur Abstraktion der Situation, wo Details nicht weiter berücksichtigt werden, oder zu einer Herausfilterung von nicht notwendigerweise beobachtbaren Ereignissen. Dieser Abstraktionsprozeß wird auch Modellierung und deren Resultat Modell genannt. Modelle unterscheiden sich nicht nur in den Fertigungsmethoden, sondern auch in den Fertigungsmaterialien von dem Endprodukt. Modelle sind im engeren Sinne nicht funktional, d.h. sie erfüllen keine oder nur bestimmte funktionale Anforderungen (ein Automodell für den Windkanaltest braucht keine weitere Funktionalität). Modelle werden zur Veranschaulichung und Bewertung von komplizierten Produkten oder Vorgängen erstellt. Meistens ist die Zielgruppe, für die das Modell erstellt wurde, fachfremd.

Die Informatik kann auch als Ingenieurdisziplin angesehen werden, da insbesondere die Softwareerstellung ein konstruktiver und kreativer Prozeß ist. Welcher der beiden oben angedeuteten Gruppen kann dann der Software-Entwicklungsprozeß zugeordnet werden? Einerseits ist ein Programm ein Prototyp, da ja irgendwelche Messungen gemacht werden können. Andererseits unterscheiden sich die Fertigungsmethoden von Programm als Prototyp und Programm als Endprodukt überhaupt nicht (jedenfalls bisher noch nicht). Für die Programmerstellung gibt es keinen Unterschied zwischen Einzel- und Massenfertigung, da letztere ausschließlich kopieren bedeutet. Ein Modell könnte ein Programm (nach obiger Darstellung) erst recht nicht sein, da außer den Fertigungsmethoden noch dasselbe Fertigungsmedium benutzt wird. Hier wird deutlich, daß die Begriffe Modell und Prototyp in der Softwareentwicklung ganz neu definiert werden müssen.

Es ist interessant zu beobachten, daß die übliche Planungs-, Konstruktions- und Ausführungsphase der Architekten bei der Erstellung riesiger Gebäudekomplexe (z.B. Krankenhäuser, Flughäfen, die über Zeiträume von zehn und mehr Jahren realisiert werden) versagt. Sobald sich die Anforderungen an die technische Ausstattung während der Planung, wegen des technischen Fortschritts, mehrmals ändern, müssen neue Planungsmethoden eingeführt werden, die immer zur Kostensteigerung und Terminverschiebung führen. Die technischen Anforderungen einer Klimaanlage können während der Rohbauphase eines Krankenhauses noch nicht übersehen werden. Die gesamte Architektur muß so gestaltet sein, daß sie zu vordefinierten Zeitpunkten mit möglichst geringem Aufwand geändert werden kann.

Ein Gebiet, das weder mit der Forschung noch mit ingenieurmäßigen

Disziplinen in Verbindung gebracht werden kann, liegt dem Software-Entwicklungsprozeß allerdings sehr nahe. Es ist das Gebiet der Kompositionslehre aus der Musik. Wird ein neues Stück komponiert, so kann der Komponist zu einem Zeitpunkt nur ein Instrument bedienen um sich seine Ideen vorzuspielen. In seinem Gedächnis fügt er den Klang der noch fehlenden Instrumente hinzu - er modelliert. Gleichzeitig muß er sich an verschiedene Gesetze der Kompositionslehre halten. Seine (formale) Sprache sind die Noten, die von allen Musikern gleich interpretiert werden. Soll das fertige Stück mit vielen Instrumenten eingeübt werden, so müssen sich alle an einen Takt halten, sie müssen in der richtigen Lautstärke spielen und am richtigen Ort postiert sein. Ein Komponist hat eventuell seine individuelle Methode ein Stück zu komponieren, er hat allerdings nur eine Sprache, in der es ausgedrückt werden kann und er bedient sich einiger Instrumente als Werkzeuge. Genau nach dieser Zusammenstellung (Methode, Werkzeuge, Sprache) wird in der Software-Entwicklung zur Zeit noch intensiv gesucht. Genies wie Mozart, Bach oder Beethoven sind selten. Sie konnten Stücke aus ihrem Kopf direkt auf das Papier (formal !!) hinschreiben.

Durch diese kurze Übersicht wird deutlich, daß die Software-Entwicklung auch (noch ?) ein kreativer und künstlerischer Prozeß ist, der durch Software-Engineering Maßnahmen nicht eingeschränkt werden kann, aber durch Anwendung von allgemeinen Methoden zu einem generelleren Arbeitsstil verhilft. Das Medium Software ist allerdings so neu und anders als alles bisher Existierende, daß eine Übertragung von Methoden, Tools oder Sprachen aus anderen Wissenschaften nicht möglich ist. Die Bedeutung der Begriffe muß neu definiert und die Vorgehensweise beschrieben werden.

1.3 Zweck und Aufbau des Buches

Das Buch wendet sich an Leser, die sowohl einen Überblick über Protoypingansätze suchen, die Interesse an einem Begriffssystem aus dem Software Engineering Bereich haben, aber auch auf der Suche nach Ideen sind, wie sie eventuell selber Prototyping einsetzen können. In dem Buch wird die Beantwortung folgender Fragen genauer untersucht:

i) Was ist ein Prototyp und was wird unter Prototyping verstanden?
ii) Wo wird der Prototyp entwickelt und wo wird er eingesetzt?
iii) Wer konstruiert und wer überprüft die funktionale Korrektheit des Prototypen?
iv) Zu welchem Zeitpunkt eines Projektes und warum soll ein Prototyp entwickelt werden?
v) Welche Hilfsmittel werden zur Konstruktion eines Prototypen benötigt?

Der Schwerpunkt des Buches wird auf Prototyping von komplexen Systemen gelegt. Es stellt sich sofort die Frage, wann ein System komplex ist. Diese Frage ist nicht eindeutig zu beantworten. Komplexe Systeme sind nach dem informellen Beispiel aus Kapitel 1.1 meistens verteilte Systeme. Die Entwicklung von verteilten Systemen erfordert besondere Methoden des Software-Engineering. Ein verteiltes System besteht aus mehreren Subsystemen, die auf eigenen (abstrakten) Prozessoren ablaufen. Ein Subsystem bietet Dienste an, die Teil des Gesamtsystems sind. Es kommuniziert mit anderen Subsystemen zwecks Abstimmung über ein Medium (z.B. Speicher, Netzwerk). Die Subsysteme basieren möglicherweise auf heterogener Hardware und Software. Anforderungen an ein solches System sind nur mit großer Mühe vollständig zu beschreiben. Viele Benutzer, Entwickler, Manager etc. haben unterschiedliche Vorstellungen über die von einem Subsystem zur Verfügung zu stellenden Dienste. Anforderungen an ein verteiltes System (z.B. zeitbehaftete Anforderungen) können sich widersprechen. Verteilte Systeme heißen offen, wenn die Subsysteme autonom sind und die Menge der Subsysteme und die Menge der bereitgestellten Dienste variabel sind. Eine Konkretisierung des Komplexitätsbegriffs wird in Kapitel 4 vorgestellt.

Das Buch ist folgendermaßen gegliedert. In Kapitel 2 wird der traditionelle Software Life Cycle vorgestellt und auch die damit verbundenen Probleme diskutiert.

In Kapitel 3 werden einerseits die Begriffe Anforderungsanalyse und Spezifikation, andererseits traditionelle Softwareentwicklungsmethoden von Prototypingansätzen abgegrenzt. Nach einer Klassifizierung der in der Literatur vorgeschlagenen Prototypingansätze werden daraus allgemeine Anforderungen abgeleitet und in einem Prototyping-Basismodell festgeschrieben.

In Kapitel 4 werden Grundlagen von Transaktionen eingeführt. Anwendungsgebiete von transaktionsorientierten Systemen dokumentieren den allgemeinen Charakter solcher komplexer Systeme. Spezifische Architekturmerkmale und Kommunikationsmechanismen werden herausgestellt. Als Konsequenz werden zusätzliche Anforderungen an das Basismodell formuliert.

In Kapitel 5 werden die Konzepte und Ziele einer beispielhaft vorgestellten Anforderungsbeschreibungsmethode REMOS und ihren Komponenten RELOS (textuelle Darstellung) und PROTOS (Werkzeugumgebung) vorgestellt. In der Methode wird eine uniforme Architektur für kommunizierende Subsysteme vorgestellt.

Kapitel 6 stellt den gesamten Umfang der operationalen Sprache RELOS vor. Es wird eine formale Darstellung der Syntax und eine informelle Darstellung der Semantik anhand von Beispielen eingeführt. Die Konzeption der Sprache RELOS ist auf die Methode REMOS abgestimmt. Ein Überblick über mögliche Ansätze zur Semantikdefinition der Sprache wird gegeben und eine pragmatische Lösung genauer eingeführt.

In Kapitel 7 werden beispielhaft die Prototypingumgebung PROTOS und deren spezielle Werkzeuge vorgestellt. PROTOS dient zur Konstruktion, Dokumentation und Bewertung eines Prototypen.

In Kapitel 8 werden die Realisierungserfahrungen mit dem im Teil II vorgestellten Ansatz aufgezeigt. Hier wird wieder Bezug auf das eingangs erwähnte Problem der Reorganisation des Computereinsatzes im internationalen Zahlungsverkehr (vergl. Kapitel 1.1) genommen. Es wird gezeigt, wie sich eine modular strukturierte Subsystemarchitektur herauskristallisiert. Ein Transformationsmechanismus wird vorgeschlagen, so daß ein in RELOS erstelltes Modell als verteilt ablauffähiges Programm installiert werden kann.

Abschließend wird in Kapitel 9 auf die zukünftigen Arbeitsbereiche des Software Engineerings eingegangen. In einem Ausblick werden verschiedene große internationale Projekte vorgestellt, auf dessen Ergebnisse die gesamte Softwareindustrie gespannt sein darf.

In dem Anhang A wird die Benutzung der Sprache RELOS durch Beispiele aus dem internationalen Zahlungsverkehr gezeigt. Da in dieser Arbeit ein Konzept erdacht wird, dessen Richtigkeit nicht bewiesen werden kann, wird in Anhang B ein durchgängiges Beispiel zur Benutzung der Entwicklungsumgebung PROTOS aufgeführt. Die Schlüssigkeit des Konzeptes und der Ziele von PROTOS werden dargestellt. In Anhang C ist die gesamte formale Syntax der Sprache RELOS in Backus-Naur-Form aufgeführt.

Teil I

Grundlagen und Problemstellung

2 Software Engineering: Übersicht, Probleme, Trends

Die seit 20 Jahren gelehrte traditionelle Softwareentwicklungsmethode (auch ''Wasserfallmodell'' oder ''Phasenkonzept'' genannt) /Boeh84/ besteht idealerweise aus folgenden strikt sequentiell ablaufenden Phasen: Planung, Spezifikationsdefinition, Entwurf, Implementierung, Test, Abnahme & Einführung und Wartung & Pflege. In diesem Kapitel werden die Phasen vorgestellt und Vor- und Nachteile herausgearbeitet.

2.1 Die phasenorientierte Vorgehensweise

Dies Aufteilung von Arbeitsschritten nach dem Phasenkonzept hat sich bei der Durchführung vieler Softwareprojekte bewährt und ist bis heute das bekannteste Resultat des Forschungsgebietes Software Engineering, seit in Garmisch 1969 diese Terminologie einführt wurde. Die ''reine Lehre'' fordert, daß eine Phase durch die Erstellung eines Produktes oder Teilproduktes vollständig und endgültig abgeschlossen wird. Das Resultat wird dann an die nachfolgende Phase übergeben und dort weiterverarbeitet (''veredelt''). Dieser Prozeß endet schließlich, wenn das Endprodukt eines lauffähigen Programms erreicht ist. Das ganze Modell hat somit Fließcharakter,

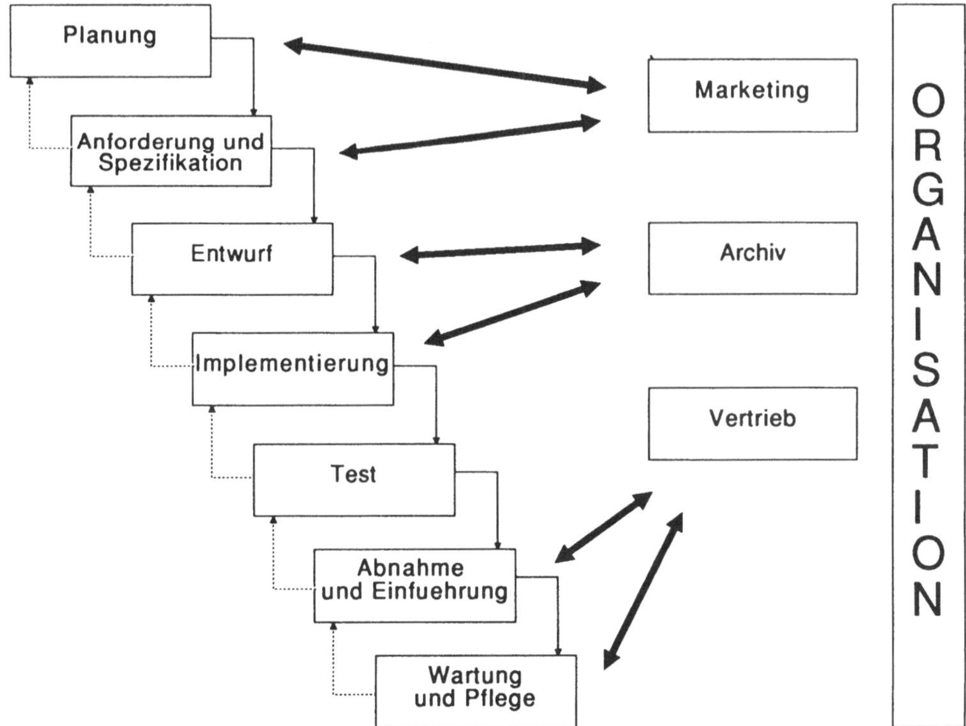

Fig. 2-1: Das "Wasserfallmodell"

da Rückflüsse an vorhergehende Phasen nicht erlaubt, aber meistens notwendig, sind (vergl. Figur 2-1). Typischerweise sind an verschiedenen Phasen unterschiedliche Personengruppen beteiligt. Im folgenden wird jede Phase kurz vorgestellt und ihr Einfluß auf die Unternehmensorganisation herausgearbeitet.

1) Planung

In der Planungsphase wird der Kontakt zum Auftraggeber hergestellt und gemeinsam eine Vorhabensbeschreibung erstellt. In dieser Phase muß die ökonomische, technische und personelle Durchführbarkeit des Projektes bewertet werden. Dazu werden die Kosten kalkuliert und Termine und Meilensteine in einem Projektplan festgehalten.

2) Spezifikation / Definition

In der Spezifikationsphase werden die Anforderungen des Auftraggebers in einem Pflichtenheft zusammengestellt, welches dann als Vertragsgrundlage dienen kann. Es werden sowohl funktionale, als auch nichtfunktionale Anforderungen festgehalten. Was soll das Produkt leisten. Wie werden Ein- und Ausgaben gestaltet. Die Entwicklungs- und die Zielumgebung werden festgelegt. Eine genaue Analyse des Einsatzbereiches muß vorgenommen werden. Die Einführung eines Begriffslexikons erleichtert den Umgang mit dem Auftraggeber und löst einige Kommunikationsprobleme. Bei der Spezifikationsphase sollte konstruktiv vorausgedacht werden, d.h. schon hier werden einige Entscheidungen getroffen, die sich später vielleicht nur mit großem Aufwand realisieren lassen.

3) Entwurf

Die Entwurfsphase kann in einen Grob- und in einen Feinentwurf unterschieden werden. In der Entwurfsphase wird die Architektur des Produktes definiert. Das Problem wird in Teilprobleme zerteilt und in Module strukturiert. Eine informelle Modulbeschreibung legt die Schnittstellen zu anderen Modulen fest. Es werden später zu verwendende Testdaten erstellt. Eine genauere Moduldefinition (z.B. vom Modul zur Verfügung gestellte Prozeduren) wird in der Feinentwursphase in Pseudocode beschrieben. Eine allgemeine Funktionsbibliothek wird entworfen, in der allgemeine aber häufig benutzte Funktionen gesammelt werden. Alle Informationen werden in, teilweise unterschiedlichen, Dokumenten festgehalten.

4) Implementierung

In der Implementierungsphase werden Datenstrukturen und Algorithmen der Module in der Zielprogrammiersprache definiert. Eine genauere Testplanung wird vorgenommen. In dieser Phase stehen die Fragen nach Zeit- und Speicherkomplexität besonders im Vordergrund. Resultat der Implementierungsphase sind fertig codierte, und syntaktisch einwandfreie Module.

5) Test und Integration

Die Testphase kann in einen Modul- und in einen Integrationstest unterschieden werden. Für den Modultest sind sogenannte Stubs und Driver notwendig. Sie werden auch Testumgebung genannt. Stubs sind primitive Programme, die eine Funktionalität nur simulieren. Sie werden vom Modul aufgerufen. Driver sind primitive Aufrufroutinen, die das Modul mit bestimmten Testdaten versorgen.

Laufen die einzelnen Modultests zufriedenstellend, so müssen alle Module schrittweise integriert werden. Dies geschieht meistens bottom_up. Die Testphase ist beendet, wenn der Vergleich Implementierung gegen die Anforderungen der Spezifikation zufriedenstellend verläuft und ein Produkt-Installationsführer erstellt worden ist.

6) Abnahme und Schulung

Der Auftraggeber wird sich selber davon überzeugen wollen, ob das Produkt auch seinen Ansprüchen genügt. Dazu wird ein Abnahmeprotokoll erstellt, in dem festgelegt ist, unter welchen Umständen der Auftraggeber das Produkt abnimmt. Gegenstand der Diskussion ist meistens das Pflichtenheft. Um das Produkt in das Unternehmen einzuführen, müssen Arbeitnehmer geschult und schrittweise mit dem Produkt vertraut gemacht werden. Dazu müssen didaktisch aufbereitete Schulungsunterlagen erstellt werden. Weitere technische Dokumente müssen eventuell noch zusätzlich editiert werden, die sich an verschiedene Leserkreise wenden (Techniker, Programmierer, Manager, Benutzer etc.).

7) Wartung und Pflege

In der Wartungsphase wird das erstellte Produkt weiter gepflegt. Es werden neue Anforderungen in das Produkt aufgenommen. Fehler, die während des laufenden Betriebes festgestellt wurden, müssen durch ein Fehlerprotokoll detailliert beschrieben und behoben werden. Neue Anforderungen entstehen einerseits von Auftraggeberseite, der feststellt, daß das Produkt noch zusätzliche Funktionen anbieten sollte, oder daß die Benutzerschnittstelle verändert werden soll. Andererseits will der Auftraggeber das Produkt auf einem größeren Markt anbieten. Dazu sind Portierungen auf verschiedene Systeme notwendig. Insgesamt wird das Produkt durch neue Versionen an sich verändernde Märkte angepaßt. Dies geschieht umso schneller und kostengünstiger, je strukturierter das Programm aufgebaut und je besser es dokumentiert ist.

Eine allgemeine Kostenanalyse hat gezeigt, daß ca. 35% der Kosten in den Phasen 1 bis 5 in einem sehr kurzen Zeitraum (Produktentwicklung) anfallen. Der Rest, also ca. 65% der Kosten, entstehen in den Phasen 6 und 7 - in einem dann allerdings wesentlich längeren Zeitraum (die Produkteinsatzzeit entspricht ca. der 5 bis 10-fachen Produktentwicklungszeit).

Bei der Anwendung des Phasenmodells im Betrieb muß unterschieden werden, ob es innerhalb eines Auftragsprojektes oder für die Herstellung eines Produktes angewendet wird. Je nachdem spielen noch andere wichtige Unternehmensorganisationen, wie z.B. Marketing oder Vertrieb, eine Rolle. Die Aufgaben des Marketing bestehen aus der Beobachtung des Marktes, der Vorgaben von Produktlinien, der Erfassung und Bewertung von Konkurrenzprodukten, die Erkennung von Trends und sich abzeichnender Standards, der Definition von strategischen Märkten (geografisch oder kundenorientiert) und der Erkennung der Produktmarktreife. Das heißt, daß eine gute wissenschaftliche Idee und ein daraufhin erstelltes gutes Programm noch lange nicht verkaufbar ist, wenn die primitiven Bedürfnisse der Kunden damit nicht befriedigt werden können. Die "Missionarsarbeit", Kunden zu überzeugen, daß sie gerade dieses Produkt brauchen, weil ...., ist Aufgabe des Vertriebs. Manchmal müssen Kundenbedürfnisse erst geweckt werden. Das kann durch intensive Werbung oder über Produktpräsentationen bei Messen geschehen. Die Schwierigkeit des Vertiebs besteht darin, "bei dem Kunden einen ersten Fuß in die Tür zu kriegen", d.h. den ersten Kontakt zu bekommen. Eventuell kann der potentielle Kunde mit dem Produkt nichts anfangen, weil er gar nicht das Wissen hat es einzusetzen. Ist der Kunde vom Produkt überzeugt, ist es nur noch eine Frage der Höhe der Nutzungslizenz, ob er es auch wirklich kauft. Die Gestaltung der Lizenzliste fällt auch in den Bereich von Marketing und Vertrieb.

Weitere wichtige Einflußfaktoren auf die Programmentwicklung sind die Organisation und das Management. Sie sind verantwortlich, daß Termine und Kostenvorgaben geplant und eingehalten werden. Die Teamzusammensetzung während jeder Phase und die Motivation der Mitarbeiter und deren Weiterbildung durch Schulungen sind wichtige Aufgabengebiete des Managements. Bei großen Projekten muß die mögliche Fluktuation von Mitarbeitern einkalkuliert werden. Kommen neue Mitarbeiter in das Team, darf der erhöhte Kommunikationsaufwand und die Einarbeitungszeit nicht vernachlässigt werden. Eine Teamstärke von 5 - 10 Personen mit einer fest definierten Aufgabe hat sich als besonders produktiv erwiesen. Insgesamt ist es Aufgabe des Managements zu führen und zu überwachen. Manchmal kann eine Fremdbeschaffung von Teilen eines Gesamtsystems kostengünstiger sein, als selber erst das Know How aufzubauen.

Das Management arbeitet meistens eng mit einer weiteren Organisation, der Qualitätssicherung zusammen. Hier werden Richtlinien und Standards zur Projektbegleitenden Kontrolle vorgeschlagen und deren Einhaltung überprüft. Richtlinien können als Qualitätssicherungsmaßnahmen konstruktiv oder analytisch sein. Ein Reviewprozeß ist eine konstruktive Maßnahme, in der Außenstehende Teilprodukte bewerten (Lesen von Dokumenten, Codeinspektion, Testen von Modulen etc.). Die Durchsicht, ob Programmierrichtlinien eingehalten wurden, kann als eine analytische Maßnahme angesehen werden.

Langfristig wird sich kein Unternehmen mehr die Erstellung eines Produktes von Grundauf leisten können. Der zukünftige produktivitätssteigernde Faktor heißt "Wiederverwendbarkeit" oder "Reusability". Wenn Teilprobleme so, oder so ähnlich, schon einmal durch eine Implementierung gelöst worden sind, werden diese Programmteile in einem anderen Produkt wieder eingesetzt. Voraussetzung für die Wiederverwendung von Programmteilen ist einerseits eine strukturierte und modulare Programmierung, so daß Codeteile überhaupt herausgelöst werden können, und andererseits die Wartung eines Archives auch einen Modularchivverwalter. Dessen Aufgabe ist es, auf Anfrage der Programmierer in sein Archiv zu sehen, ein Modul zu identifiezieren, das den Anforderungen genügt, und das entsprechende Modul an die Programmierer weiterzureichen.

2.2 Kritik und Vorschläge zur Modifikation

In den letzten Jahren ist die Kritik an der rein sequentiellen Vorgehensweise immer größer geworden. So heißt es beispielsweise, daß Softwareprodukte nur unvollständig beschreibbar sind, da der Anforderungskatalog nie komplett sein wird und zu keinem Zeitpunkt festgeschrieben werden dürfe. Weiterhin ist eine Trennung zwischen Spezifikation und Implementierung rein fiktiv ist. Bei der Implementierung werden viele Spezifikationsentscheidungen wieder verworfen, weil man an viele Details noch nicht gedacht hatte. Die strikte Aufteilung in Phasen paßt nicht immer (z.B. Anforderung - Spezifikation, Grobentwurf - Feinentwurf). Wenn sie von Anwendungsfall zu Anwendungsfall mal so und mal so nicht passen, warum muß dann eine Trennung überhaupt vorgeschlagen werden? Das stichhaltigste Argument gegen das *Wasserfallmodell* sind die verschiedenen Sprachen und Notationen, die für jede Phase eingesetzt werden. Sie sind verwirrend, oft unvollständig und nicht widerspruchsfrei. Schriftliche Spezifikationen sind unverständlich, wenn sie nur in dicken Papierstapeln abgelegt werden können. Es ist schwer, sich einen Überblick zu verschaffen. Die Kommunikation zwischen Benutzer und Entwickler ist eingeschränkt, weil der Benutzer von entscheidenden Entwicklungsaktivitäten ausgeschlossen ist. Meist ist er an der Spezifikationsphase schon nicht mehr beteiligt. Es entsteht ein stabiles Produkt mit geringen Modifikationsmöglichkeiten, wobei die Wartung des Produktes dessen Strukturverfall ist. Jede Änderung an der Software hinterläßt Spuren in Form von: Prozeduren werden nicht mehr benötigt, aber keiner traut sich sie zu löschen; Parametertypen oder Parameterleisten werden verändert und dies wird nicht in allen Aufrufstellen durchgezogen; die Dokumentation - das Stiefkind der Softwareentwickler - wird nicht auf dem neuesten Stand gehalten; Portierungen auf verschiedene Betriebssysteme koppeln das Produkt von der Ursprungsentwicklung ab; das Know How über das Produkt verwischt über die Zeit. Weiterhin ist das Produktmanagement im *Wasserfallmodell* rein fiktiv und hat wenig Kontrolle über die Softwareentwicklung.

Diese Aufzählung verdeutlicht die Schwächen des Konzeptes. Die erfolgreiche Erstellung eines Softwareproduktes zeichnet sich einerseits durch die Erfüllung der Anforderungen an das Produkt und andererseits durch die Einhaltung der geplanten Kosten und des geplanten Zeitplans zur Erstellung des Produktes aus.

Viele Softwareprojekte, die nach dem "Wasserfallmodell" abliefen, konnten aus mindestens einem der aufgezählten Gründe nicht erfolgreich abgeschlossen werden. Die Frage, wie überhaupt lauffähige komplexe Softwaresysteme entwickelt und eingesetzt werden konnten, kann folgendermaßen beantwortet werden:

a) große Softwareprojekte sind meist nicht nach dem strikten Phasenkonzept entwickelt worden - Richtlinien sind umgangen oder neu definiert worden;
b) in vielen traditionellen Einsatzgebieten der Software existiert ausreichendes Vorwissen aus ähnlichen, vorangegangenen Projekten;
c) viele Systeme sind erst von Entwicklern für den eigenen Bedarf entwickelt worden, bevor sie in anderen Bereichen eingesetzt wurden.

Die Antworten lassen den Schluß zu, daß sich in der Softwaretechnologie ein Trend zum Umdefinieren der traditionellen Konzepte abzeichnet.

Durch die Kritik am "Wasserfallmodell" und den "Aufweichungsprozeß" seiner Konzepte wurden Methoden anderer Ingenieurwissenschaften eingeführt. Insbesondere die Methode der Prototypenerstellung wurde als Strategie oder technisches Verfahren mit dem Namen "Prototyping" in die Softwareentwicklung eingebracht. Unter dem Begriff Prototyp wird in der Informatik bisher jedes erstmals lauffähige Programm verstanden. Erfahrungen zeigen, daß die Prototypenerstellung nicht direkt aus anderen Ingenieurbereichen kopiert werden kann, da das Medium "Software" andere Anforderungen an Entwickler, Auftraggeber und Anwender (Benutzer) stellt. So entwickelte sich ein eigener Forschungszweig, der sich mit Methoden, Konzepten, Werkzeugen und Strategien beschäftigt, um die Nachteile der traditionellen Softwareentwicklung zu umgehen und eine rationellere Softwareproduktion zu ermöglichen. Verschiedene Ansätze und Methoden sind in den letzten Jahren in der Literatur vorgestellt worden, um möglichst schnell ("rapid") einen Prototypen zu erstellen. Diese Ansätze sind allerdings nicht aufeinander abgestimmt. Eine Einbindung in eine ingenieurmäßige Softwareerstellung fehlt. Anscheinend werden einige traditionelle Methoden unter neuen Namen weiterhin "verkauft". Es ist aber unumgänglich, einen kooperativen, integrierten und umfassenden Ansatz zu entwickeln, der nicht immer nur einen Teilaspekt des Prototyping beleuchtet, sondern die gesamte Softwareerstellung umfaßt.

3 Prototyping: eine Alternative ?

Nachdem in einer Planungsphase durch Untersuchungen die ökonomische, technische und personelle Durchführbarkeit eines Vorhabens entschieden worden ist, werden durch das Requirement Engineering alle Anforderungen an das zukünftige Produkt durch ingenieurmäßig eingesetzte Methoden ermittelt, festgelegt, beschrieben und analysiert. Bisher wurden viele verschiedene Verfahren für diesen Definitionsprozeß vorgeschlagen, die allerdings für große Softwareprojekte unbefriedigende Ergebnisse lieferten.

Um möglichst schnell über ein ausführbares Programm verfügen zu können, das als Kommunikationsgegenstand zum Interessenausgleich zwischen Auftraggeber und Entwickler benutzt werden kann, werden neue Methoden und Strategien zur Erfassung, Beschreibung und Überprüfung von Anforderungen unter dem Begriff *Prototyping* vorgeschlagen.

In diesem Kapitel werden Anforderungsdefinitions- und Spezifikationsmethoden vom Prototypingansatz abgegrenzt. An Hand eines Klassifikationsschemas werden Merkmale existierender Prototypingmethoden diskutiert. Abschließend wird die Semantik grundlegender Begriffe eingeführt, und es werden Anforderungen an ein Prototyping-Basismodell aufgestellt.

3.1 Übersicht, Abgrenzung und Klassifikationsansätze

Im ''Wasserfallmodell'' des Software-Life-Cycles werden mehrere Phasen voneinander abgegrenzt. Die Abgrenzung zweier Phasen wird in einem abschließenden Dokument festgehalten. Der Begriff ''Wasserfallmodell'' drückt die strikt sequentielle Anordnung der Phasen aus. In der Literatur existiert eine Vielzahl von Vorschlägen zur traditionellen Vorgehensweise der Softwareerstellung /Boeh76/, /Conn81/, /KeFr81/, /Blum82/, /Glad82/, /Jack82/, /BCG83/, /EhWe86/.

Im Rahmen des Prototyping verfließen die Abgrenzungen der Phasen, insbesondere die der Anforderungsakquisition (d.h. Klärung, welche Anforderungen existieren) und der Spezifikation (d.h. festhalten und strukturieren der Anforderungen). Diese beiden Phasen werden nun vom Auftraggeber und dem Systementwickler gemeinsam durchlaufen, um anschließend einen ersten lauffähigen Prototyp erstellen zu können.

Beim Prototyping ist das Spezifikationsdokument ein auf einem abstrakten Prozessor ausführbares Programm. Dieser Prototyp hat alle wesentlichen Merkmale, die der Auftraggeber wünscht. Die Erstellung und Auswertung eines Prototypen, die der Ermittlung der Anforderungen dienen (z.B. funktionale Eigenschaften, nichtfunktionale Attribute wie z.B. Qualität, leistungsmäßige Effektivität, Strukturiertheit, Benutzeroberfläche, Schnittstellen zu den Benutzern und zu existierenden Systemen, z.B. Betriebssystem), sind sowohl Bestandteil der Anforderungsakquisition und -analyse als auch der Spezifikation. Der Prototyp kann als Spezifikation auf der Basis eines dynamischen Modells aufgefaßt werden.

Um verschiedene Methoden oder Sprachansätze zur Anforderungsdefinition und Spezifikation unterscheiden zu können, werden in der Literatur eine Menge von Kriterien vorgeschlagen. Z.B. in /YZCC84/:

a) Datenmodelle
Datenmodelle spezifizieren die Zustände von Datentypen, Untertypen, Komponenten und Zustandsübergänge von primitiven Datenmanipulationsoperationen. Als Beispiele können SA /SMC74/, der Entity-Relationship-Ansatz /Chen76/ und semantische Netze /BaFe81/ genannt werden, die alle abstrakte Konzepte zur Spezifikation von Daten bieten. Ein Datenmodell bietet Konzepte zur Strukturierung von Daten an (Typen, Generalisierung, Aggregation). Neben einem Datentyp werden auch Instanziierungen von Datentypen betrachtet, die durch Datenmanipulationsoperationen (z.B. create, destroy, modify) verändert werden.

b) Datenflußmodelle
Datenflußmodelle spezifizieren die Transformation von Eingaben in Ausgaben einer Verarbeitungsaktivität. Sie sind aber nicht präzise genug, um nebenläufige und asynchrone Operationen zu beschreiben (z.B. SADT /Ross77/, PSL/PSA /TeHe77/). Datenflußmodelle werden meist im Zusammenhang mit Datenmodellen eingesetzt.

c) Prozeßmodelle
Prozeßmodelle spezifizieren eine Menge von Prozessen, die jeweils autonome Recheneinheiten bilden, parallel ablaufen und asynchron kommunizieren. Es existieren ein Zustandsmodell und eine Übergangsfunktion, die einen Zustand in seinen möglichen Nachfolgezustand überführt. Prozeßmodelle sind lange als Abstraktionen nebenläufiger Aktivitäten in Multiprogramming-Systemen betrachtet worden. Viele neuere Arbeiten haben gezeigt, daß Prozeßmodelle auch in der Modellierung von Datenbanken, Monitoren, Ein-/Ausgabegeräten und anderen identifizierbaren Strukturen eines Rechensystems eingesetzt werden können. Als Beispiele von Prozeßmodellen können PAISLey /Zave82/, RSL /Alfo80/, /Alfo77/, /AlDa80/, aufgeführt werden.

Unter dem neuen Schlagwort ''Prototyping'' innerhalb des Gebietes der Softwareentwicklung wird der Prozeß der Prototypenerstellung verstanden. Allgemein wird mit Prototyping die (möglichst schnelle) Erstellung eines ersten Softwaresystems bezeichnet, unter Berücksichtigung und Vernachlässigung bestimmter Systemeigenschaften. Viele Beispielapplikationen werden in der Literatur als Beweis für die Einsatzfähigkeit des Prototypings angegeben (kommerzielle Datenverarbeitung, Expertensysteme, Sprachentwicklungen, Informationssysteme, medizinische und militärische Systeme, Betriebssysteme, Filesysteme, Realzeitsysteme, relationale Datenbanken, Textverarbeitung, Benutzerschnittstelle).

Trotz dieses weiten Einsatzspektrums besteht keine einheitliche Sichtweise oder gar Definition darüber, was unter einem Prototypen verstanden wird und welche Methoden, Werkzeuge oder Sprachen zu dessen Konstruktion herangezogen werden. Zu diesem Schluß kommt man nach einer Durchsicht der Literatur (insbesondere /BKMZ84/, /Hall85/, /Patt83/, /Alav84/, /SSZ83/, /BSZ82/, /Comp89/).

Ein erster Klassifizierungsansatz orientiert sich an der Entwicklung und dem Einsatz eines Prototypen.

i) throw-away Ansatz

Nach der Entwicklung eines (im Sinne der Anforderungen) nicht vollständigen aber lauffähigen Programms (dem Prototypen), wird dieses dem Benutzer zur experimentellen Auswertung übergeben und anschließend nicht weiterverwendet. Die Ergebnisse der Spezifikations-, der Entwurfs- und der Implementierungsphase werden bei der Neukonstruktion des Produktes eingesetzt. Prototyping wird als Lernprozeß aufgefaßt. Der Prototyp wird meist in einer speziellen Programmiersprache implementiert (''quick and dirty''). Die Konstruktion wird mit ca. 10% der gesamten Produktentwicklungskosten angesetzt.
Im ''throw-away'' Ansatz werden wichtige Ressourcen, wie Zeit, Geld, und Motivation der Mitarbeiter vergeudet. Obwohl dieser Ansatz üblicherweise in den Ingenieurdisziplinen benutzt wird, ist eine allgemeine Prototypenerstellung nach diesem Muster nicht empfehlenswert, da sich die Eigenschaften des Produktes Software von materiellen Produkten stark unterscheiden. Daraus läßt sich folgern, daß "bei der Herstellung von Software Prototyp- und Produktentwicklung meistens eng zusammenfallen. Beide sind gekennzeichnet durch ihre Einmaligkeit. Bei der Software-Herstellung handelt es sich daher um keine Serienfertigung sondern, um eine Einzelfertigung mit z.T. charakteristischen Produktkennzeichen." /Balz82/.

ii) inkrementeller Ansatz

Aufbauend auf einem Kern werden dem Softwareprodukt schrittweise neue Funktionen oder neue Systemteile hinzugefügt. Nicht vollständig implementierte Teile werden simuliert. Die Konzeption der Softwarearchitektur wird beibehalten. Dieser Ansatz entspräche der traditionellen Entwicklungsmethode, wenn Implementierung und Test verzahnt würden. Der Prototyp besteht bei diesem Ansatz aus einem fest implementierten Softwareteil und Simulationskomponenten (sogenannte ''stubs'').
Eine inkrementelle Vorgehensweise kann nur bei einer stabilen Konstruktion der Architektur sinnvoll eingesetzt werden. Viele neu hinzugefügte Systemteile beeinflussen das Gesamtsystem meist in so hohem Maße, daß Entwurfsentscheidungen korrigiert werden müssen. Diese Korrekturen sind mit hohem Aufwand (z.B. Zeit, Kosten) verbunden.

iii) evolutionärer Ansatz

Das Softwaresystem wird so gestaltet, daß einerseits ständig neue Anforderungen aufgenommen werden können und andererseits Architekturkonzepte zu keinem Zeitpunkt festgeschrieben werden. Die Architektur paßt sich den wechselnden

Qualitäts- und Umgebungsanforderungen an. Der zuletzt entwickelte Prototyp und das Endprodukt sind identisch, da das System schrittweise der Endversion entgegenwächst. Dieses Vorgehen wird auch mit "versioning" bezeichnet. Die Wartung des Produktes ist in diesem Ansatz voll integriert.
Die Idee der "evolutionären" Softwareentwicklung geht bis in die 60-ziger Jahre zurück. Sie ist aber bis heute immer noch Illusion. Der Ansatz erfordert in hohem Maße Werkzeugunterstützung. Transformationsmechanismen und allgemeingültige theoretische Konzepte zur Architektur von Softwaresystemen werden benötigt.

In /Floy84/ wird die Vorgehensweise der Prototypenerstellung anhand von vier sequentiell zu entscheidenden Aspekten ermittelt:

- funktionale Auswahl der bereitzustellenden Funktionen (*vertical prototyping*: einige ausgewählte Funktionen werden in der endgültigen Form implementiert; *horizontal prototyping*: Alle Funktionen werden nur bis zu einer Abstraktionsebene implementiert, allerdings ist diese Abstraktionsebene vor der Prototypenerstellung von allen beteiligten Personen zu definieren),
- Konstruktion und Bereitstellung des Prototypen,
- Evaluierung des Prototyps durch die Benutzer und Entwickler,
- Entscheidung über weitere Benutzung (Lernhilfe oder Komponente des Zielsystems).

Aber auch dieses Klassifikationsschema ist unbefriedigend, da Prototyping in der Literatur noch vielschichtiger abgehandelt wird. Es werden Fragen nach dem Zeitpunkt ("Wann soll ein Prototyp konstruiert werden?"), nach dem Grund ("Warum soll ein Prototyp konstruiert werden?"), nach der Person ("Wer konstruiert den Prototypen?") und nach der Durchführung ("Wie wird ein Prototyp konstruiert?") gestellt. Die Grenzen zur üblichen Softwareentwicklung sind teilweise verwischt. Nicht nur die Erstellungsmethode, sondern auch der Einsatzort des Prototypen ist ausschlaggebend für eine Definition. Dient der Prototyp den Entwicklern intern als Bewertungsgegenstand, der Fragen der technischen Umsetzung und der Realisierbarkeit klären soll, heißt er auch *Labormodell*. Ein Labormodell wird dem Anwender nicht ausgeliefert. Der Prototyp, an dem die Anforderungen des Anwenders nicht nur anschaulich dargestellt werden, sondern der auch im Anwendungsbereich eingesetzt wird, heißt *Pilotsystem*. Es zeichnet sich also folgende Einteilung von verschiedenen Prototypdefinitionen ab (siehe Fig. 3-1). Jeder Kasten zeigt eine mögliche Definition eines Prototypen. Jeder Pfeil symbolisiert den Erstellungsprozeß, also das Prototyping. Beim "Rapid Prototyping" wird die informelle Problembeschreibung meist direkt in ein Labormodell umgesetzt. Der Schritt vom dynamischen Modell zum Labormodell ist wesentlich größer, als er in der Figur dargestellt werden kann. Die eigentlichen Forschungsarbeiten auf dem Gebiet Prototyping konzentrieren sich auf diesen Schritt, um das entsprechende Ausgangs- und das zugehörige Zielmodell zu finden.

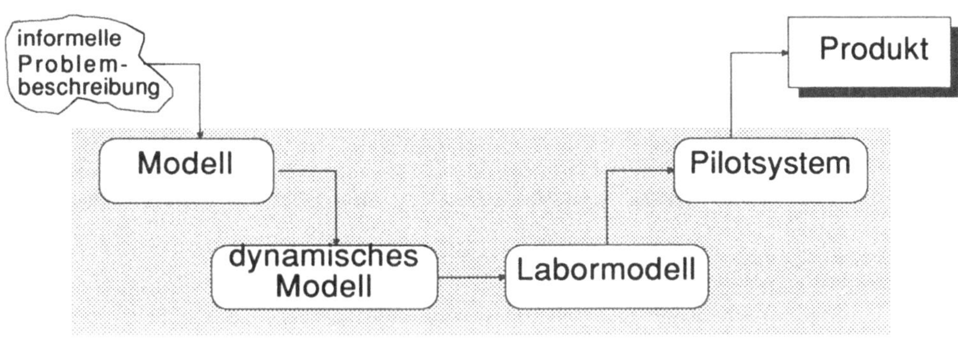

Fig.3-1: Einteilung von Prototypdefinitionen

Im folgenden wird ein konkreteres Klassifikationsschema entwickelt, das mehr den praktischen Einsatz und Nutzen vieler Ansätze beleuchtet. Die Klassifikationsmerkmale sind aus der Analyse der zur Verfügung stehenden Literatur entstanden (die Literaturhinweise sind als Beispielreferenzen anzusehen). Das Klassifikationsschema ermöglicht einen Vergleich unterschiedlicher Ansätze, woraus allgemeine Anforderungen abgeleitet werden. Folgende Figur 3-2 gibt einen Überblick über das Klassifikationsschema.

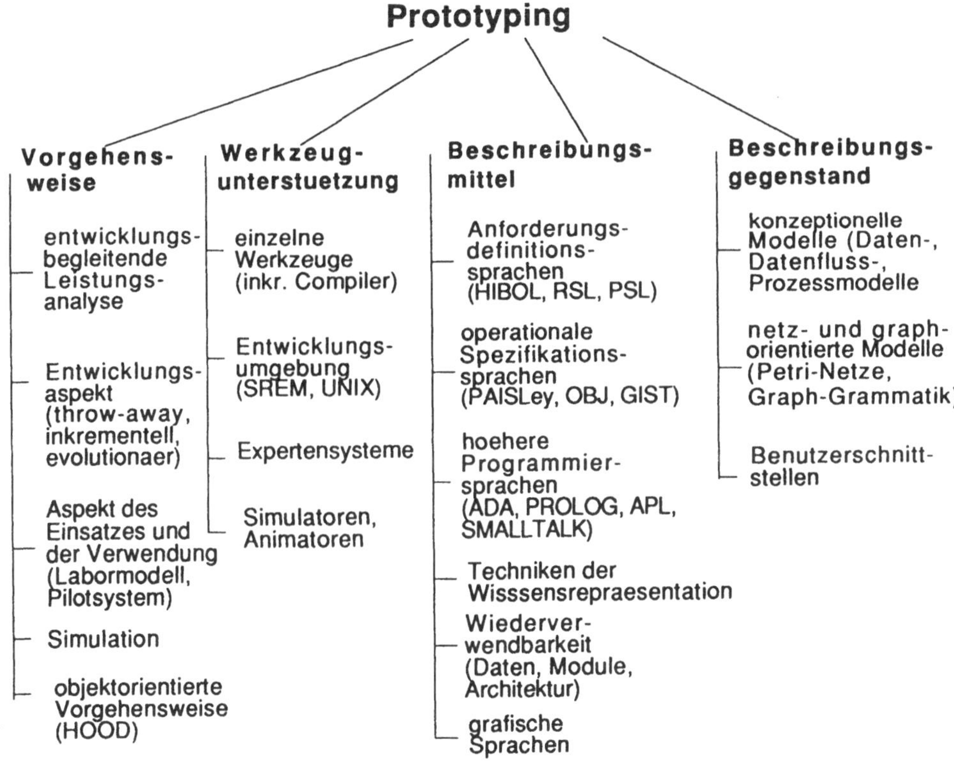

Fig.3-2: Übersicht über das Prototyping-Klassifikationsschema

3.2 Verschiedene Merkmale des Prototypings

Im folgenden werden die einzelnen Aspekte detaillierter erläutert:

3.2.1 Softwareergonomie und Prototyping von Benutzerschnittstellen

Das Prototyping von Benutzerschnittstellen umfaßt hauptsächlich hoch interaktive Softwaresysteme /HoHs82/, /ChKr84/. Ein Mensch-Maschine-Dialog wird über eine Tastatur, eine Maus oder einen Lichtgriffel auf der Bildschirmoberfläche hergestellt. Wichtige psychologische Aspekte aus der Softwareergonomie müssen bei der Erstellung von Benutzerschnittstellen berücksichtigt werden. Viele Anwendungsbeispiele, insbesondere Schnittstellen zu Datenbanken, basieren auf Maskengeneratoren. Bei der Verwendung von Generatoren besteht die Bildschirmoberfläche aus elementaren und zusammengesetzten Masken. Auf diesen Masken können Integritätsbedingungen definiert werden, so daß nur zugelassene Werte eingegeben werden können.
Schnell erstellbare Benutzerschnittstellen sollen den Kommunikationsprozeß zwischen Benutzern und Entwicklern eindeutig identifizieren und kanalisieren. Eine der neuesten Prototypenentwicklungen zur Erstellung von Standard-Benutzerschnittstellen von Managementsystemen wird in /LHBY89/ durch das Programmiersystem OSU (Oregon Speedcode Universe) beschrieben. Der Prototyp bezieht sich nur auf die Benutzerschnittstelle. Das dahinterliegende Anwendungsprogramm wird nicht betrachtet. Ein Prototyp Q ist eine Menge von Benutzerschnittstellenobjekten U (z.B. Icons, scrollbare Windows, Pull-Down Menüs und Dialogboxen), einer Menge von Aktionen A (z.B. das Verhalten eines Objektes nach Aufruf der Funktion "CloseWindow") und einer Abbildungsfunktion F, die die Zustandstransformationen der Interfaceobjekte und der Anwendungsprogrammobjekte. OSU besteht aus einer Menge von Werkzeugen, die aus der grafischen Beschreibung von U, A und F ein PASCAL-Programm erzeugen. OSU ist auf einem Macintosh ablauffähig und ermöglicht eine 2 bis 10-fache schnellere Erstellung von Standardbenutzerschnittstellen.

3.2.2 Informelle Anforderungsdefinitionssprachen zum Prototyping

Neben grafischen Darstellungen von Anforderungen (also Regeln für das Zeichnen von Bildern, die die Daten und Aktivitäten eines Systems veranschaulichen, z.B. SADT /Ross77/, /RoSc77/ und JSP /Jack82/), sind für den Entwickler Anforderungsmodelle die wichtigsten Methoden, um den Interpretationsspielraum zwischen Anwender und Rechner zu überbrücken. Sie schließen die Lücke zwischen informeller Spezifikation des Anwenders und formaler Spezifikation des Systementwicklers.

Im folgenden soll kurz die weit verbreitete Methode SA eingeführt werden.

"Structured Analysis" ist eine semiformale Methode für die Problemanalyse /McPa84/ /HaPi87/. Zentraler Bestandteil des resultierenden Prozeßmodells ist eine Menge von Datenflußdiagrammen. Eine detailliertere Beschreibung wird in einem Datenlexikon und durch eine Menge von Minispezifikationen erreicht. Datenflußdiagramme setzen sich aus vier Grundelementen zusammen:

- den Datenfluß als markierte gerichtete Kante,
- den Prozeß als markierter Kreis,
- den Datenspeicher als ein markiertes paralleles Linienpaar und
- dem Terminator als ein markiertes Rechteck.

Über Datenflüsse werden Daten in der angegebenen Richtung transportiert. Sie können zwischen Prozessen, oder auch zwischen einem Prozeß und einem Datenspeicher oder einem Terminator fließen. Prozesse sind die aktiven Elemente und somit die funktionalen Komponenten des Zielsystems. Sie benutzen die eingehenden Daten zur Berechnung der ausgehenden Daten. Datenspeicher sind temporäre Behälter zur Ablage von Daten. Ein Terminator ist ein sich außerhalb des Systemkontextes befindliches Objekt. In Datenflußdiagrammen wird explizit keine Ablaufsteuerung der Prozesse modelliert. Es ist nicht ersichtlich, wann welcher Prozeß aktiv wird. Dies wird erst durch die "Realtime"-Erweiterung von /HaPi87/ ermöglicht.

Das Datenlexikon beinhaltet detaillierte Definitionen der Struktur der verwendeten Daten. Dies geschieht über eine formale Beschreibungssprache mit Operatoren für die Sequenz, die Selektion, die Iteration und der Option. Eine Minispezifikation ist eine informale Beschreibung eines Prozesses, in der erläutert wird, wie ein Prozeß die eingehenden Datenflüsse in die ausgehenden Datenflüsse transformiert. Die Gestaltung einer Minispezifikation kann durch eine strukturierte Sprache, eine Entscheidungstabelle oder einen Entscheidungsbaum vorgenommen werden.

Datenflußdiagramme werden schrittweise entworfen und verfeinert. In einer stufenweisen Verfeinerung werden sukzessive weitere Datenflußdiagramme abgeleitet. Nummerierungskonventionen erleichtern den Überblick. Werden die Minispezifikationen mit einer formalen Sprache und die Prozeßaktivierungen durch die Realzeiterweiterungen beschrieben, so ergibt sich daraus eine einfache Möglichkeit der Animation der grafischen Darstellung von Datenflüssen.

In /YZCC84/ wird Software Requirement als explizites, formales und konzeptionelles Modell betrachtet, das als Puffer zwischen Problem und System betrachtet werden kann. Dieses Modell wird von verschiedenen Entwicklern beschrieben. Dazu wird neben dem Zielsystem auch dessen Umgebung betrachtet und durch Relationen, Bedingungen und Fakten beschrieben. Dieser Ansatz wird in PAISLey für eingebettete Systeme verfolgt. Dies wird im folgenden Kapitel dargestellt.

3.2.3 Operationale Spezifikation

Der Vorteil informeller Spezifikationen liegt in der allgemeinen Verständlichkeit. Der Spezifizierer braucht keinen Formalismus zu beherrschen. Häufig führen allerdings Fehlinterpretationen der Spezifikation zu falschen Vorstellungen. Operationale Spezifikationen werden in der Literatur oft als Prototyp angesehen. Sie können nach /Smol82/ in den *expression-oriented approach* und den *transformal approach* unterschieden werden.

Eine formale Spezifikationssprache soll zunächst einmal die funktionalen Anforderungen des Auftraggebers exakt und formal festhalten (PAISLey /Zave82/, HOPE /BMS80/, SPECIAL /Neum83/, /Silv80/, VDM /BjJo78/, JSD /Came86/). Durch die formal definierte Semantik (denotationell oder axiomatisch) kann durch Verifikation die Konsistenz, die Vollständigkeit und die Terminierung einer Spezifikation bewiesen werden. Dieser Beweis wird formal und nicht nur durch ''Testen'' geführt. Daß eine formale Spezifikation ausführbar ist, hat nur mit der Akzeptanz der Spezifikation zu tun, ist deshalb nicht wichtiger Bestandteil einer Spezifikationssprache.

Die Ausführbarkeit von Spezifikationen wird meist durch **Termersetzung** (OBJ /GoMe82/, /GoTa79/) oder durch einen Interpreter (der Lambda Calculus wird durch die Sprache LISP operational) erreicht. Ist ein Zielsystem formal in einer ausführbaren Spezifikationssprache spezifiziert, so braucht explizit kein Prototyp gebaut werden, da dieser durch die formale Spezifikation ausgedrückt ist. Bei der Ausführung kann nicht nur das Ein-/Ausgabeverhalten betrachtet werden, sondern es ist möglich, zu einer Ausgabe die Menge der Eingaben zu erhalten. In den bekannten ausführbaren Spezifikationssprachen können parallele Vorgänge, Nichtdeterminismen und Zeitkonzepte oft nicht formuliert werden. Weiterhin müssen funktionale Anforderungen sehr detailliert spezifiziert werden.

OBJ ist eine ausführbare Spezifikationssprache, in der vom Benutzer Objekte definiert werden können, deren Verhalten untersucht werden soll. Die wesentlichen Komponenten eines Objektes sind:

- Sorten,
- Operationen, die auf den Sorten definiert sind
- Gleichungen, die die Semantik der Operationen repräsentieren.

Eine hierarchische Strukturierung der Objekte wird durch die Definition einer "benutzt"-Beziehung zu anderen Objekten ermöglicht. So steht das Objekt STACK_OF_INT in einer "benutzt"-Beziehung zu dem in OBJ standardmäßig verfügbaren Objekt INT. Eine besondere Flexibilität ist bei der Definition der Syntax von Operationen gegeben. Alle Operationen werden als Abbildungen von Sorten nach Sorten definiert, wobei die Möglichkeit besteht, den Operationsidentifizierer durch Platzhalter so zu gestalten, daß ihm die Position für die Einsetzung von Variablen anzusehen ist. Damit ermöglicht OBJ die Infix, Postfix- und Prefix-Schreibweisen. Die Semantik der Operationen wird durch Gleichungen festgelegt. Für das Objekt STACK_OF_INT wird die Tatsache, daß nach Einfügen eines I der Sorte INT in ein S der Sorte STACK und einem unmittelbar darauffolgenden Auslesen eines Elements aus S der ursprüngliche STACK erhalten bleiben muß, durch die Gleichung POP(PUSH(I,S)) = S repräsentiert. Gleichungen eines Objektes sind zugleich auch Term-Ersetzungsregeln, die festlegen, wie komplexe Operationen symbolisch auszuführen sind.

In dem **Transformationsansatz** wird ein Programm durch eine Beschreibungsmethode für Berechnungen ausgedrückt. Die Beschreibungsmethode ist in einer formalen Sprache formuliert. Ein Programmschema stellt einen Repräsentanten einer Klasse von Programmen dar. Man erhält es durch Parametrisierung. Eine Transformation ist eine Relation zwischen zwei Programmschemata P und P'. Sie ist korrekt, wenn gewisse semantische Regeln eingehalten werden. Die wichtigsten Regeln sind die Äquivalenz, die abhängige Relation, Reflexivität, Transitivität und Monotonie. Durch systematische Anwendung der Regeln erhält man aus einer (meist formalen) Spezifikation ein Programm. Auch die mögliche Ausführung einer Spezifikation durch Simulation wird über einen Transformationsvorgang erreicht.

In /PaSt83/ werden verschiedene Transformationssysteme untersucht und klassifiziert. Dort werden als Beispiele das CIP-Projekt /Baue82/ und das SAFE/TI Projekt (Teil dieses Projektes ist die Spezifikationssprache GIST) /BCS82/, /GoWi80/ vorgestellt.

Die Sprache **PAISLey** (Process Oriented Applicative and Interpretable Specification Language) /Zave82/ /Zave84/ /ZaSc86/ dient dazu, Modelle für eingebettete Systeme und für die zu steuernden technischen Prozesse zu formulieren. Die Semantik der Sprache ist durch einen Interpreter definiert. Ein System wird in PAISLey durch kommunizierende Prozesse der Umgebung und Prozesse des einbetteten Systems aufgefaßt. Prozesse sind durch ihren Zustandsraum und dazu korrespondierende Überführungsfunktionen definiert. Der Zustandsraum wird durch die Vereinigung und das kartesische Produkt aus den Grundmengen Null-Menge, Integer, Real, boolsche Werte und Aufzählungstyp gebildet. Z. B.
TEMPERATURE = REAL;
Ausgehend von einem prozeßeigenen Initialzustand führt die Anwendung einer Überführungsfunktion auf den aktuellen Zustand in einen Folgezustand. Eine unendliche Folge von Prozeßzuständen wird durch die wiederholte Anwendung von Überführungsfunktionen erreicht. Bis auf Funktionen zur Beschreibung der Kommunikation sind alle Überführungsfunktionen seiteneffektfrei. Zur Definition einer Funktion muß zunächst ihr Name, der Definitions- und Wertebereich angegeben werden. Z.B.
sensor : TEMPERATURE --> RESPONSE ;
sensor [t] = ... ;
Die Kommunikation zwischen verschiedenen Prozessen geschieht durch sogenannte Austauschfunktionen, d.h. bei der Ausführung einer Austauschfunktion tauschen die jeweiligen Funktionen ihre Parameter aus und liefern diese als ihren Funktionswert. Der Austausch geschieht über einen Kanal, dessen Name in den korrespondierenden Funktionen übereinstimmen muß. Dazu ein Beispiel:

x-chan [a];
das x deutet auf den Namen einer Austauschfunktion hin. Der Bindestrich trennt das x von dem Namen des Kanals, also hier "chan". "a" ist der aktuelle Parameter der übergeben wird. Die Austauschfunktionen verfügen zusätzlich über einen Synchronisationsmechanismus. Der aufrufende Prozeß wird solange verzögert, bis ein anderer Prozeß eine entsprechende Austauschfunktion ausführt. Durch weitere Synchronisationsmechanismen kann die Kommunikation zwischen Prozessen beeinflußt werden.
xm-chan [a];
bedeutet, daß dieser Prozeß nicht mit anderen Prozessen kommunizieren kann, die ebenfalls eine "xm"-Austauschfunktion desselben Kanals ausführen.
xr-chan [a];
spezifiziert eine freilaufende Kommunikation mit einem anderen Prozeß. Wird für den Kanal "chan" von einem anderen Prozeß gleichzeitig eine Austauschfunktion ausgeführt, oder auf Kommunikation über diesen Kanal mit 'x-chan' beziehungsweise 'xm-chan' gewartet, dann werden auch die Argumente ausgetauscht. Wartet jedoch kein anderer Prozeß auf diesen Kanal, so gibt 'xr-chan' den Wert seines Arguments als Funktionswert direkt zurück und es findet keine Kommunikation statt.

3.2.4 Höhere Programmiersprachen zum Prototyping

Viele Prototypingansätze basieren auf Programmiersprachen, deren Auswahl vom Anwendungsfall abhängt. Der Prototyp wird in den in der Literatur dargestellten Beispielen meist *quick and dirty* entwickelt und anschließend nicht weiter benutzt. Programmiersprachen werden um nichtsequentielle Prozesse, Modulkonzepte, Datenabstraktionsprinzipien und Strukturierungskonzepte erweitert oder einfach durch Programmierrichtlinien angepaßt. Im Zusammenhang mit Prototyping werden in der Literatur folgende Sprachen und Einsatzgebiete aufgeführt: PROLOG /LeSc84/, /VeBr84/ für Informationssysteme; APL /Goma83/ Process Management and Information System (PROMIS); SNOBOL-4 /Zelk80/ Interpreter. Weiterhin werden objektorientierte Sprachen (CLU, ADA, SMALLTALK /DiMi87/), AI-Sprachen /Fox85/, /BGM85/) aber auch speziell konstruierte Sprachen (SETL, NATURAL, HIBOL, EL-1, ADAPT) der sogenannten vierten Generation zum Prototyping eingesetzt.

3.2.5 Netz- und graphorientierte Modellierung

Graphen und Netze werden in der Literatur sehr oft als Grundlage zur Modellierung eines Prototyps vorgeschlagen. Durch ihre zweidimensionale Darstellungsmöglichkeit bieten sie die ideale Voraussetzung, um als Kommunikationsgegenstand zwischen Auftraggeber und Entwickler zu dienen (z.B. das Projekt SREM mit RSL/REVS /Alfo77/, /Alfo80/, /AlDa80/ oder das UCLA Graph Model /VeEs83/, /VSE83/, /EFRV86/). Insbesondere Petri-Netze ermöglichen, nicht nur die statische Struktur, sondern auch das dynamische Verhalten eines Systems zu spezifizieren und durch einen entsprechenden Simulator auszuführen. Petri-Netze (PN) werden in den letzten Jahren immer mehr zur Beschreibung und Bewertung von statischen und dynamischen Systemen benutzt. Ihre Vorzüge liegen in der mathematischen, wohldefinierten Grundlage (Matrizenalgebra). Spezielle Petri-Netze (*timed Petri-Nets*, *Prädikaten-Transitions-Netze*) werden oft zur Analyse von verteilten Systemen eingesetzt. Es werden in der Literatur folgende Einsatzgebiete von Netzen und Graphen genannt:

- manufacturing systems /ABDGRV85/;
- distributed systems /AJSM84/, /RaHo80/, /YaCa83/, /EFRV86/;
- process control systems /BrMa85/, /BrMa86/;
- data base systems /EhKr80/, /Godb83/, /LeGo85/, /Voss80/;
- software specification, programming in the large /EGNS83/, /Maio85/, /EnSc85/, /Enge86/.

Weitere Vorschläge werden zur Abbildung von Petri-Netzen in imperative Programme, bzw. zum Einbau von Netzstrukturen in Programmiersprachen, gemacht /NHS83/, /Lee85/. Im folgenden werden beispielhaft eine spezielle Art von Netzen vorgestellt, auf die in Kapitel 6 und 7 noch mal kurz Bezug genommen wird.

Funktionsnetze (FN) /Godb83a/ sind Erweiterungen von PN. Das dynamische Verhalten von FN können mit Hilfe des Funktionsnetzsimulators (FUN) simuliert werden. FUN basiert auf dem Prozeßkonzept von SIMULA. FN bestehen aus zwei disjunkten Knotenmengen, den Agencies und den Channels. Dazu korrespondieren die Transitionen und Stellen in PN. Die Agencies und die Channels sind durch gerichtete Kanten verbunden. In FN können den Marken Nachrichten angeheftet werden, ein Zeitkonzept ist integriert, Warteschlangenkapazitäten können angegeben werden, verschiedene Warteschlangenzugriffsverfahren werden angeboten, das Schaltverhalten kann modifiziert werden und den Agencies können Funktionen zugeordnet werden. Einem FN wird eine initiale Markierung zugeordnet. Der Beschreibungsaufwand ist für FN wesentlich geringer als bei Prädikaten/Transitionsnetzen. Nach einer formalen Definition von FN wird eine informelle Erklärung gegeben.

Ein Funktionsnetz FN ist ein Quintupel FN = (A, C, T, S, M) wobei:

1) Petri Netz

$C \cap A = \emptyset$, $T \cap S = \emptyset$

$T \subseteq C \times A$, $S \subseteq A \times C$

dom $(T \cup S) = C$, imag $(T \cup S) = A$

A ist die Menge der Agencies (Transition oder Instanz),

C ist die Menge der Channels (Stelle oder Kanal),

T ist die Zielrelation (Target) und S ist die Quellrelation (Source)

2) Agency

$A = (A_1, A_2, ..., A_n)$, wobei $A_i \in$ (Job x Consum) i=1,..,n ist, mit

JOB = $\{j_1, j_2, ..., j_m\}$ SIMULA-Aktivitäten, $m \in N$, mit

$j_i \in$ (NAME x FIRE), i=1,..m, der Name und das Schaltverhalten

CONSUM = $N_0 \setminus \{\infty\}$ der Zeitverbrauch

FIRE = {ALL, SOME_IN, SOME_OUT, SOME}
3) Channel
C = $(C_1,C_2,...,C_k)$, wobei $C_i \in$ (ACC x CAP) i=1,..,k ist, mit
ACC = {FIFO, LIFO} der Zugriff auf eine Warteschlange
CAP = N_0 die maximale Kapazität
4) Flußrelationen
T = $(T_1,T_2,...,T_l)$, wobei $T_i \in$ (C x A x INKIND) i=1,..,l ist,
mit INKIND = { IN, CO, ST, CA, TP } die Eingangsrelation
S = $(S_1,S_2,...,S_p)$, wobei $S_i \in$ (C x A x OUTKIND) i=1,..,p ist,
mit OUTKIND = { OU, FI } die Ausgangssrelation
5) Markierung
M : C --> TOKEN die initiale Markierung
TOKEN = Menge aller ASCII-Zeichenketten x TYPE
TYPE = { REAL, STRING, BOOLEAN }

Die Definition 1) entspricht der Definition eines PN. In den Definitionen 2) und 3) wird definiert, daß eine Agency eine zeitverbrauchende Aktivität (Instanz) ist. Die Aktivität wird durch die Komponente JOB ausgedrückt. Der Wert der JOB-Komponente J_i repräsentiert die Ausführung eines Programms einer Bedienstation, d.h. einer SIMULA-Routine, wenn die Agency schaltet. Agencies verarbeiten Nachrichten. Eingangsnachrichten werden verknüpft, als Ergebnis dieser Operation entstehen eine oder mehrere Ausgangsnachrichten. Die Speichereinheiten in Form einer Warteschlange werden in den Channels durch den Zugriff und die Warteschlangenkapazität definiert. S und T aus 1) drücken die Initiierung, der zur Agency assoziierten Aktivität, durch die Marken aus. Die Dynamik des Systems ist in FN durch den Markenfluß ausgedrückt. Der Fluß wird durch das Schalten der Agencies, unter bestimmten, wohldefinierten Bedingungen, und den temporären Inhalten der Channels bestimmt. Die Schaltregeln sind im FN Modell erweitert worden. Durch die Option "FIRE", die für Agencies definiert ist, kann ein Schaltverhalten entsprechend der Petri-Netz Regel definiert werden. Dies wird durch das Attribut ALL definiert. Oder es wird erlaubt, daß aus bestimmten, bzw. in bestimmte, Channels Nachrichten gelesen, bzw. geschrieben, werden. Dies wird durch die Attribute SOME_OUT, bzw. SOME_IN definiert. Das Attribut SOME faßt die Attribute SOME_IN und SOME_OUT zusammen. Diese Regeln ermöglichen die Modellierung komplexer Situationen, ohne das Modell unnötig aufzublähen. Ein Channel wird in 3) als Warteschlange mit endlicher Kapazität definiert. Der Zugriff wird über das Attribut ACC (LIFO oder FIFO) angegeben.

Weitere Optionen für die Interpretation der Marken sind in 4) durch Attribute der Flußrelationen zwischen Channels und Agencies definiert:

- IN Zerstörendes Lesen. Die Marke wird als Nachricht interpretiert und aus dem Eingangschannel abgezogen.
- CO Kopierendes Lesen. Die Marke wird als Nachricht interpretiert und aus dem Eingangschannel kopiert.
- CA Einlesen der aktuellen Warteschlangenlänge eines Channels.
- ST Lese die Marke als Kontrolltoken aus dem Eingangschannel ein.
- TP Lese den Zeitverbrauch einer Agency.

- OU Schreibe eine Nachricht in den Ausgangschannel.
- FI Schreibe eine Marke als Kontrolltoken in den Ausgangschannel.

Es wird deutlich, daß in FN Nachrichten (z.B. reelle Zahlen, Texte und bool'sche Werte) und Kontrolltoken unterschieden werden. Eine Nachricht ist immer ein nichtleerer ASCII-String, auf dem gegebenenfalls eine Struktur definiert werden kann (z.B. eine Aggregation). Die Unterscheidung der Nachrichtentypen wird ausschließlich durch die Interpretation beim Einlesen der Nachricht in eine Agency vorgenommen. Durch das Einlesen (bzw. Schreiben) einer mit ST (bzw. FI) attributierten Kante wird eine Nachricht zum Kontrolltoken.

Die Ausführung eines, zu einer Agency assoziierten, Jobs wird im FN Modell durch eine Funktion definiert. Funktionen werden im Simulator FUN durch den Aufruf von SIMULA-Routinen spezifiziert und ausgeführt. Eine durch die Ausführung entstehende Verzögerung (also der Definition des Zeitverhaltens) des Nachrichtenflusses kann durch:
1) eine konstante Verzögerung, d.h eine positive reelle Zahl $r \in R_0 \setminus \{ \}$
2) eine parametrisierte Verzögerung oder
3) eine zusammengesetzte Funktion aus primitiven und benutzerdefinierten Funktionen
spezifiziert werden.

Die Initialisierung des FN Modells wird in 5) der Definition der Funktionsnetze definiert und durch Angabe einer Nachricht und deren Typ spezifiziert. Folgende grafische Darstellung (siehe Fig. 3-3) eines FN beschreibt ein Beispiel für eine Addition add['3','4']. Die entsprechenden Attribute werden als Informierungen an Channels (als Kreise dargestellt), Agencies (als Kästen dargestellt) und Kanten geschrieben. Die Realwerte 3 und 4 werden aus den Eingangschannels als Nachrichten eingelesen (IN) und dort gelöscht. Das Schalten der Agency wird mit der Durchführung der Additionsoperation assoziiert. Das Ergebnis '7' wird nach dem Schalten als Nachricht in den Ausgabekanal geschrieben (OU).

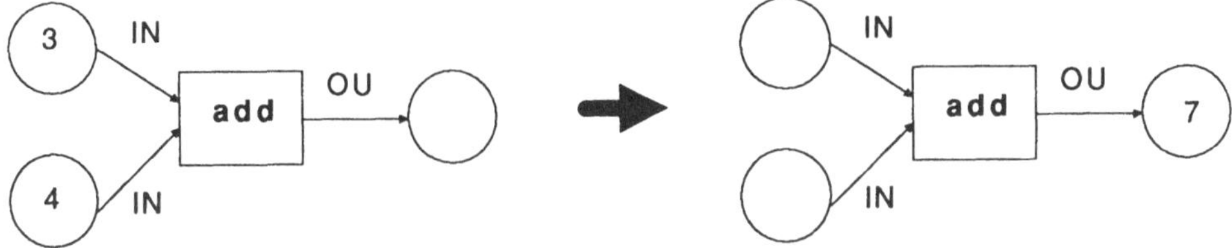

Fig.: 3-3: grafische Darstellung der FN für eine Additionsoperation

Der Funktionsnetzsimulator FUN bietet die Möglichkeit FN zu spezifizieren, zu simulieren und über erzeugte Statistiken zu evaluieren. Die Definition der FN läßt eine Zuordnung von Jobs zu den Agencies zu. Diese Jobs (SIMULA-Routinen) befinden sich in einer Bibliothek. Zur Ausführung eines FN werden diese Jobs zu dem Netz dazugebunden. Die Bibliotheken können je nach Einsatzgebiet erweitert oder verändert werden.

3.2.6 Wiederverwendbare Softwareprodukte

Die Technik, vordefinierte Teile in ein zu erstellendes System einzubauen, ist nicht neu und wird in allen Ingenieurwissenschaften gehandhabt. Für die Softwareerstellung existieren seit jeher in Programmbibliotheken Funktionen mit fest definierten Schnittstellen. Sie werden fast ausschließlich auf Programmierebene eingesetzt. Trotzdem ist die Bedeutung des Begriffs Wiederverwendbarkeit nicht klar definiert. Wiederverwendbarkeit wird für solche Objekte betrachtet, die als Basis zur Schaffung neuer Objekte dienen können, indem sie Modifikationen unterzogen werden, durch die sie in einen neuen Anwendungszusammenhang eingesetzt werden können.

In /Free83/ wird der Einsatz wiederzuverwendender Softwaresysteme mit dem Hinweis motiviert, daß 40-60% des Codes eines Anwendungssystems aus gleichen oder ähnlichen Funktionen besteht. Somit könnte ein Prototyp aus vielen existierenden Komponenten zusammengebaut werden. /Jone84/ unterscheidet folgende fünf Aspekte der Wiederverwendbarkeit:

- reusable data (alle Daten z.B. eines Datenbanksystems werden universal mit einer Datenbeschreibungssprache definiert und so für eine spätere Portierung auf andere Systeme vorbereitet),
- reusable architecture (fundamentale Architekturen werden für eine Menge von Systemen eingesetzt),
- reusable design (allgemeine Designprinzipien werden auf Anwendungsprogramme übertragen),
- reusable interfaces (Benutzerschnittstellen werden vereinheitlicht),
- reusable modules /Rama82/, /SSSSC82/ (Teile einer generischen modular aufgebauten Architektur werden wiederverwendet).

Ein weiterer Ansatz sind parametrisierbare Modelle und generierende Systeme. Ein Prototyp arbeitet z.B. auf austauschbaren Tabellen /TaSt82/, /Hall84/.

Eine Grundproblematik bei der Schaffung wiederverwendbarer Objekte liegt einerseits in der Abwägung des Umfangs von Vorkehrungen, ohne das Objekt zu überladen und anererseits in der Abwägung von Risiken des Fehlereinbaus und der Inkonsistenzen bei einer späteren Anpassung, falls entsprechende Vorkehrungen fehlen. Allgemein können die Objekte der Anwendungsbeschreibung, der Spezifikation, dem Code oder der Hardware zugeordnet werden. Prototyping wird auf der Spezifikationsebene insofern unterstützt, als daß in einem Anwendungsbereich immer ein konstanter Teil enthalten ist, der vo allen Programmen benötigt wird und schon implementiert ist. Dieser Kern (oder Skelett) wird nun als Grundlage für das neue Programm verwendet, wobei der Programmierer seine zusätzlich gewünschten Funktionen noch angeben muß.

3.2.7 Simulation als Grundlage zum Prototyping

Für das Prototyping spielt die Simulation eines gesamten Softwaresystems oder eines Teiles davon eine wichtige Rolle. Dem Benutzer werden Reaktionen eines noch nicht implementierten Teiles vorgetäuscht /Sang79/, /Godb83a/.

Für die Simulation ist neben der Simulationssprache, in der ein Modell formuliert wird, auch ein adäquater Simulator nötig. Die Modellerstellung ist aufwendig und kostet Zeit. Der Zeitaufwand darf nicht unterschätzt werden. Daher werden eine Reihe von Werkzeugen zur Unterstützung der Modellerstellung angeboten. Je nach Güte der Modell-Validation können die Ergebnisse der Simulation ungenau sein. Der Einsatz der Simulation beim Prototyping bietet die Möglichkeit ein ablauffähiges Modell des Zielsystems zu konstruieren. Die Richtigkeit der Modellkonstruktion kann in einer Art Testen per Simulator überprüft werden. Entspricht das konstruierte Modell den Erfordernissen des Zielsystems, so können sogar noch Leistungs- und Zuverlässigkeitskriterien quantifiziert werden. Für eine vorgegebene Last können Statistiken und Traces ausgegeben werden /HeLa84/, /Ferr78/, /Beil85/, /Beil86/. Die Simulation bietet eine Kombination von Modellierung und Messung an. Simulationssprachen wie GPSS, SIMSCRIPT, HI-SLANG und Modellierungs-, Analyse- und Simulationspakete wie RESQ, QNAP, SNAPSHOT, HIT stehen zur Konstruktion eines Modells und dessen Evaluierung zur Verfügung.

Ein aktuelles Forschungsgebiet ist die Anbindung der Simulation an den Spezifikationsprozeß, so daß die Phasen Spezifikation eines Zielsystems - Modellaufstellung - Analyse und Simulation - Entwurf - Implementierung des Zielsystems aufeinanderabgestimmt ablaufen können und möglichst automatische Transformationen vorgenommen werden können. Ein erster Schritt in diese Richtung wird durch das Modellierungswerkzeug HIT /BeSc85/, /BMW88/ (HIerarchical evaluation Tool) vorgeschlagen. In der Modellbeschreibungssprache HI-SLANG sind Konzepte zur vertikalen (Schichten, Ebenen) und horizontalen (Moduln, Komponenten) Strukturierung des Modells aufgenommen. Techniken zur Abstraktion, zum "information hiding" und zur funktionsorientierten Spezifikation sind ebenso Bestandteil von HIT, wie simulative, analytisch-algebraische und analytisch-numerische Techniken zur Modellanalyse.

3.2.8 Animation und 2-dimensionale Sprachen

Für das Software Engineering sind grafische Beschreibungen, von dem was das zu entwickelnde System tun soll, unerläßlich. Die Graphik dient als Kommunikationsgegenstand zwischen Anwender und Entwickler oder auch zwischen den Entwicklern. Aber auch zur Dokumentation von Systemen werden Graphiken eingesetzt.

Da der Mensch visuell lernt, machen Bilder einen großen Teil der Lernumgebung aus. ''Ein Bild sagt mehr als tausend Worte''. Innerhalb des traditionellen Software Life Cycle werden Graphiken bei:

- der Requirementsanalyse,
- der Spezifikation,
- dem Grobentwurf,
- der Implementierung und
- der Dokumentation

eingesetzt. Benutzerschnittstellen werden hardwaremäßig durch hochauflösende

Bildschirme und Lichtgriffel und softwaremäßig durch Grafik (Windows, Browser, Icons etc.) unterstützt. Diese Entwicklung wurde insbesondere von XEROX und APPLE vorangetrieben..

Gerade für das Prototyping ist eine grafische Darstellung der Anforderungen (funktionelle, statische und dynamische Aspekte, Bedienungsoberfläche, Leistungsverhalten, Struktur etc.) unverzichtbar. Benutzer eines zu entwickelnden Systems haben meist wenig Vorwissen bezüglich Spezifikationssprachen und müssen ihre Vorstellungen entweder informell festhalten oder durch andere Fachleute beschreiben lassen. Eine Analyse und Bewertung der Anforderungen kann nur mühsam durchgeführt werden. Grafische Darstellungen (statischer Aspekt) und Animation (dynamischer Aspekt) helfen den zukünftigen Benutzern, ihre Anforderungen zu evaluieren. Durch den Einsatz von Pictogrammen oder Icons wird die Verständlichkeit noch erhöht. Ein Pictogramm (oder Icon) ist eine grafische Darstellung, die über eine reine Konturendarstellung (z.B. Kreis, Dreieck, Pfeil etc.) hinausgeht. Ein Pictogramm ist ein Bild, häufig stilisiert, das im Umfeld seiner Anwendung ohne weitere Erklärung verstanden wird. Dem Piktogramm ist somit eine Semantik zugeordnet, die aus dem Zusammenhang der Anwendung hervorgeht. Da durch Grafiken eine bestimmte Semantik ausgedrückt wird, kann man textuelle ''eindimensionale Stringsprachen'' auch von grafischen (visuellen) ''zweidimensionalen Sprachen'' unterscheiden. Visuelle Sprachen werden nach Chang /Chan86/ /Chan87/ in drei Kategorien klassifiziert:

a) Visualisierung von Objekten (z.B. Daten, File) durch Icons; der Benutzer spezifiziert seine Aufgabe durch das Erkennen und Zeigen auf Icons auf dem Bildschirm.

b) Visualisierung von Algorithmen; der Benutzer schreibt Programme in Form von Daten- (Fluß-)diagrammen oder Zustandsübergangsdiagrammen. Diese Repräsentation wird in eine dem Computer verständliche Form übersetzt.

c) Visualisierung von Datenstrukturen (z.B. Arrays, Records); der Benutzer erzeugt Datenstrukturen in Form von Graphiken.

Durch eine visuelle Sprache soll ein Objekt, das in der Realität vorliegt, in ein computerverarbeitbares Objekt transformiert werden. Die Klassifizierung visueller Sprachen beruht auf der Unterscheidung des Transformationsablaufs. Jedes Objekt wird nach Chang durch eine Bedeutung (Xm: m für meaning) und ein Bild (Xi: i für image) dargestellt. Die Transformation kann dann durch:

$$(Xm,Xi) \dashrightarrow (X'm,X'i)$$

beschrieben werden. Ein ''Realitätsobjekt'' wird in ein ''Computerobjekt'' abgebildet. Bedeutung und Bild des Objekts bleiben normalerweiser bei der Transformation identisch. Falls Xm leer ist, d.h. das Realitätsobjekt hat keine eigene, sondern eine zugewiesene Bedeutung (z.B. ein Halteverbotsschild), muß die Bedeutung X'm des Objektes durch die visuelle Sprache genau definiert werden. Der umgekehrte Fall liegt vor, wenn Xi leer ist, d.h. das Realitätsobjekt hat keine visuelle Repräsentation (z.B. ein Record Element in PASCAL). In diesem Fall muß durch die visuelle Sprache ein Computerbild erzeugt werden.

Nach diesen eher theoretischen Klassifizierungsansätzen, sollen im folgenden einige wichtige visuelle Sprachen kurz vorgestellt werden. Der interessierte Leser sei für eine genauere Darstellung der Sprachen auf die angegebene Literatur verwiesen.

IDEAL /Wyk82/ ist eine grafische Sprache, die zum Zeichnen von Bildern ohne eine entsprechende grafische Umgebung (Maus, Lichtgriffel, hochauflösender Bildschirm etc.) benutzt werden kann. Eine Bild ist eine Box mit einem Namen und identifizierbaren Ecken. Diese Ecken können als Start- bzw. Endpunkt einer Linie oder ähnliches definiert werden. IDEAL wird hauptsächlich zur Plazierung von Graphiken in Texten verwendet und ein einer UNIX-Umgebung mit dem Formatierer TROFF eingesetzt.

Think Pad /RGS85/ ist ein grafischer Programmeditor zur schrittweisen Eingabe von Datenbeschreibungen, von Integritätsbedingungen und von Funktionen. Die Erstellung einer Datenstruktur wird durch Menüs unterstützt, aus denen Komponenten und Operationen ausgewählt werden können. Textuell können diesem Graph Integritätsbedingungen hinzugefügt werden. Textuell angegebene Operationen können definiert werden und durch Bewegen der grafischen Darstellung der Datenstruktur hinzugefügt werden. Think Pad ist auf einer APOLLO Workstation unter UNIX in C und PROLOG implementiert und erzeugt PROLOG Programme.

HI-VISUAL /HMY86/ ist eine grafische Programmierumgebung zum Entwurf und zur Entwicklung von Systemen. Der Benutzer erstellt ein Programm, indem er Piktogramme auf einem Bildschirm anordnet und in eine bestimmte Reihenfolge bringt. Piktogramme repräsentieren Objekte und Funktionen des Zielsystems. Der Vorgang ist interaktiv. Der Benutzer von HI-VISUAL kann Piktogramme aus einer Bibliothek auswählen oder neu erstellen. Neben der Sprache werden noch ein Fensterkonzept, Hierarchisierungsmöglichkeiten und weitere Strukturierungsmöglichkeiten angeboten.

VICON /ClCh86/ ist eine Umgebung zur interaktiven Erstellung und Modifikation von Piktogrammsystemen. Hierunter werden Operationen zum Piktogramm-Management, zur Editierung und zur Interpretation verstanden. Weiterhin wird eine Methode zum Entwurf von Piktogramm-Systemen sowie eine Menge von Operatoren zur Bearbeitung von Pioktogrammen vorgeschlagen. Die Methode von VICON basiert auf der Integration von verschiedenen Sichten auf ein Piktogramm mit Hilfe verschiedener Editoren, die je eine Sicht darstellen und bearbeiten.

Diese kurze Darstellung von visuellen Sprachen macht deutlich, daß noch keine befriedigende Lösung gefunden wurde in "Bildern zu programmieren". Grafiken werden mit zunehmender Komplexität unübersichtlich. Eine Strukturierung scheint dann schwerer zu erreichen, als dies bei eindimensionalen Programmiersprachen der Fall ist. Trotzdem muß gerade für das Prototyping dieses Gebiet intensiver erforscht werden. Dazu sind interdisziplinäre Anstrengungen zwischen Linguisten, Soziologen, Psychologen und Informatikern notwendig.

Mit Hilfe von Grafiken können nur statische Aspekte visuell dargestellt werden. Soll auch das Verhalten eines visuell spezifizierten Systems vorgeführt werden, so bedient man sich der Animation, die ursprünglich aus der Trickfilmszene stammt. Der sich daraus entwickelte Begriff *Computer Animation* wird in der Literatur sehr unterschiedlich gebraucht /Kall71/. Allgemein ist Computer Animation eine Technik, die mit Hilfe eines Computers (synthetische) statische Bilder in Bewegung versetzt und diese Bilder auf einem oder mehreren Ausgabegerät(en) darstellt. Kann das menschliche Auge die Einzelbilder nicht mehr auflösen (25 - 30 Einzelbilder in der Sekunde) so spricht man auch von Echtzeitanimation. Allgemeines und Einzelheiten findet der interessierte Leser in /Sieg87/ und /ThTh85/. Als allgemeine Bewertungskriterien der Computer Animation werden:

- die Komplexität der Grafik,
- die Visualisierung des Zeitverbrauchs,
- die Darstellung von parallelen Abläufen,
- die zugrunde liegende Hardwareausstattung und
- die nötige und zugelassene Benutzerinteraktion und -Führung

genannt.

Im folgenden wird eine Auswahl von bekannten Systemen zur Animation kurz dargestellt. Auch hier sei der interessierte Leser für eine detailliertere Vorstellung auf die angegebene Literatur verwiesen..

BALSA /BrSe84/ /BrSe85/ (Brown Algorithm Simulator and Animator) ist eine akademische Entwicklung einer Umgebung zur Animation von Algorithmen, die in der Informatikausbildung (Programmierkurse), zum Entwurf und der Analyse von fundamentalen Algorithmen (z.B. Sortieralgorithmen) und zum Testen großer Programme eingesetzt wurde. BALSA wird auch oft mit einem "dynamischen Buch" verglichen. Der "Leser" dieses Buches ist der Benutzer, der an der Beobachtung des Ablaufes von Algorithmen interessiert ist. Diese Abläufe sind von dem "Drehbuchautor" vorbereitet. Dieser wiederum stützt sich bei seiner Arbeit auf Basisroutinen, die durch den Algorithmen-Entwickler und den Animator bereitgestellt werden. Ersterer entwirft beispielsweise grafische Darstellungen von Datenstrukturen, wohingegen der Animator Ansichten des Algorithmusses entwirft und implementiert, die die grafische Präsentation der Datenstrukturen enthalten. Es müssen "interesting events" bestimmt werden, die zu einem Bildwechsel führen. Der Programmieraufwand zur Animation von 10-15 Minuten beträgt 15-25 Stunden. Der Animationsablauf wird durch einen Fenstermanager auf den Bildschirm gebracht. Über einen Interpreter kann der Benutzer die Animation eines Algorithmusses starten, stoppen, verlangsamen und rückwärts laufen lassen. Während der Animation wird die "Geschichte" der Animation in einem "Script" abgelegt. so daß der Lauf wiederholt werden kann. Über einen Kommandointerpreter kann der Benutzer Fenster-Konfigurationen und Scripts laden und abspeichern.

PARET /NiEd88/ (Parallel Architecture Research and Evalutation Tool) wurde in den AT&T Bell Laboratories zur Analyse von Multicomputersystemen entwickelt, die aus vielen miteinander kommunizierenden Rechnern bestehen. PARET bildet folgende Einheiten auf den Bildschirm ab: "Knoten" sind Einheiten zur Berechnung von Tätigkeiten; "Kanten" verbinden Knoten um Daten- und Steuerfluß anzuzeigen; "Token" sind Einheiten der Daten- und Steuerflüsse; "Puffer" sind zur Speicherung von Token vorgesehen.

In PARET haben Algorithmen und Architekturen graphische Entsprechungen. Sie werden als kommunzierende gerichtete Flußdiagramme dargestellt, die wiederum weitere Attribute haben können. Die Flußdiagramme werden mit einem Graphikeditor erzeugt. Bei der Animation des Daten- und Steuerflusses hat der Anwender Eingriffsmöglichkeiten, die ihm helfen ein Gefühl für Funktion von parallelen Systemen zu entwickeln. Statistiken werden während der Animation protokolliert und anschließend ausgewertet.

Die visuellen Ausgaben werden auf einem farbigen Rasterbildschirm in verschiedenen Fenstern dargestellt, die unterschiedliche Funktionsbereiche haben. Z. B. werden volle Puffer rot dargestellt. Zur Steuerung der Animation kann der Benutzer die Animation starten und stoppen und auch Zwischenstopps definieren. Ein simulierte Uhr gibt Auskunft über die verstrichene Modellzeit.

XCELL /Prit87/ ist ein integriertes Softwarepaket zur Simulation von Produktionsfertigungsvorgängen, das auf IBM PC's abläuft. Um ein logisches Modell des Fertigungsvorgangs zu erstellen, wird dem Benutzer ein Graphikeditor bereitgestellt, mit dem er den Lageplan für seine Fertigungsanlage aus einer Menge von vordefinierten schematisch dargestellten Elementen zusammenstellen kann (z.B. Prozesse, Quellen, Senken, Puffer und Wartungsstationen, Materialflußverbindungen). Das Modell wird durch den Editor auf eine Gittermatrix übertragen. Während der Animation werden verschiedene Zustände in unterschiedlichen Farben dargestellt und Statistiken über Duchsatz, Auslastung etc. erstellt.

TARA /KrNg88/ (Tool Assisted Requirements Analysis) ist ein Projekt des Imperial College, die einen Animator für eine Anforderungsbeschreibungssprache auf einem Apple MacIntosh in Prolog implementiert haben. Als Grundlage zur Benutzung des Animators dient die Methode CORE. CORE ist eine Methode zur Anforderungsanalyse, die zu Aktions- / Datenfluß Formularen führt. Ein Analyseprogramm kann Prüfungen dieser Formulare vornehmen. Die Methode CORE beruht auf der Basis von sukzessiv definierten Transaktionen (siehe Kapitel 4). Der Animator kann solche Transaktionen ausführen, wenn der Beutzer sie zur Animation ausgewählt hat. Weitere Möglichkeiten sind den oben beschriebenen Systemen ähnlich.

Als Resümee der vorgestellten Animationssysteme kann festgehalten werden, daß bei XCELL und PARET die Animation auf einem statischen Bild und bei BALSA und TARA auf einer strukturverändernden Grafik beruht. Der Zeitverbrauch wird in BALSA garnicht, in den anderen Systemen grafisch oder durch Ziffern angegeben. In der Hardwareausstattung werden hochauflösende Bildschirme und Mausunterstützung gefordert. Parallele Ausführungen werden entweder in unterschiedlichen Fenstern und durch schnell hintereinandergeschaltete Sequentialisierung durchgeführt.

Trotz erster Ansätze wird diesem Thema in Zukunft mehr Interesse gewidmet werden müssen. Viele Probleme können erst durch schnellere und besser ausgestattete Hardware gelöst werden. Eine direkte Verbindung zwischen zwei-dimensionalen Sprachen zur Anforderungsanalyse und Programmierung und der Animation gibt es noch nicht. Erste gute Ansätze in diese Richtung geht das Projekt TARA mit der Methode CORE.

3.2.9 Spezielle Werkzeuge und Entwicklungsumgebungen

Unter diesem Merkmal werden Werkzeuge und Umgebungen zum Prototyping zusammengefaßt. Viele Autoren setzen die Automatisierung der Softwareerstellung dem Prototyping gleich. Folgende Werkzeuge zur Prototypenerstellung werden in der Literatur genannt:

- Datenbanken (interaktive Abfragesprachen, Objekt- oder Moduldatenbanken, Expertensysteme),
- Compiler (Compilergeneratoren für alle Compilierungsphasen, On-line Compiler, inkrementelle Compiler, Performance Compiler),
- Bibliotheken (wiederverwendbare Module und Systemarchitekturen, Sortier-, Such- und Mischprogramme),
- Benutzerschnittstelle (Menügeneratoren, grafische Dokumentation, Window-Screen-Management),
- Konfiguration (Konfigurationsmanagement für mehrere Programme, automatische Back-up und Recovery Mechanismen),
- Simulation und Analyse (Simulationstools, statistisches Analysepaket, symbolische Ausführung),
- Editoren (Syntaxeditoren, Textverarbeitung),
- Verschiedenes (Reportgeneratoren, flexibles Filemanagement, interpretative Sprachen mit mächtigen Datenmanipulationselementen).

Alle eingesetzten Werkzeuge sind nur in einer bestimmten Umgebung (einerseits Betriebssystemumgebung, andererseits integrierte Programmierumgebungen) ablauffähig.

/Geha82/, /Bian82/ und /Ridd84/ geben einen Überblick, inwieweit das Betriebssystem UNIX den Anforderungen einer Prototyping-Umgebung entspricht. Es werden elektronische Formulardefinitionssprachen und Versendungssysteme vorgeschlagen. Die leistungsfähige Kommandosprache *shell*, das Kommunikationskonzept *pipe*, das einfache UNIX-Filesystem, die Versionsverwaltung *SCCS* und das Konfigurierungssystem *make* werden besonders hervorgehoben.

/KlKo82/ stellen die Programmierumgebung PDS vor. Eine Datenbank, Entwurfswerkzeuge und Werkzeuge zur Ausführungskontrolle werden bereitgestellt. Transformationsmechanismen verfeinern die Anforderungen, bis ein in der Sprache EL-1 interpretierbarer Prototyp erstellt ist. Es steht allerdings kein Modellierungskonzept zur Verfügung.

/Davi84/ stellt das *Requirement Processing System RPS* vor. Es besteht aus den

Komponenten: Requirement Language Processor, Language Definition Tool (SDL), Project Standards Tool, SDL Chart Drawer und einem Feature Simulator.

3.2.10 Qualitätssicherung zum Prototyping

Der Begriff Qualität ist im Rahmen des Prototypings nur vage definiert /Chow85/. Methoden zur Qualitätssicherung sollen dem Entwickler helfen, auf Qualitätsmerkmale von Software einzugehen. Als Qualitätsmerkmal werden Korrektheit, Effizienz, Zuverlässigkeit, Testbarkeit, Wartbarkeit, Benutzbarkeit, Portierbarkeit oder auch Wiederverwendbarkeit verstanden. Viele der Merkmale beeinflussen sich oder schließen sich gegenseitig aus. Neben den Qualitätsmerkmalen des Produktes gibt es Qualitätsmerkmale des Erstellungsprozesses (Ausnutzung von Ressourcen, Kostentreue, Produktivität, Termintreue). Metriken zur Bewertung von Softwareprodukten und von Entwicklungsprozessen werden in /Adam85/ dargestellt. Es werden strukturelle Methoden, basierend auf einer formalen mathematischen Analyse, und psychologische Methoden, basierend auf empirischen Studien, unterschieden. Ansätze, die auf der Flußanalyse, d.h. Kontrollfluß- oder Informations-flußanalyse, aufbauen, basieren einerseits auf Graphen und andererseits auf statistischen Methoden.

Das Software-Monitoring ist ein Verfahren zur Leistungsmessung eines Systems. Unter Leistung wird die Effektivität (z.B. Durchsatz, Antwortzeit) und die Effizienz (z.B. Auslastung, Organisation) verstanden, mit der Anforderungen eines Softwaresystems auf existierende Ressourcen eines Rechners verteilt werden. Beim Software-Monitoring werden analytische und simulative Methoden unterschieden /Svob76/, /HeLa84/, /Beil86/.

In der analytischen Leistungsmodellierung werden in neuerer Zeit Vorschläge bezüglich Verteilung von Softwarekomponenten auf mehrere Rechner und Parallelverarbeitung gemacht.

Insbesondere zur Messung von Qualitätsanforderungen am Prototypen werden in der Literatur analytische und simulative Methoden vorgeschlagen. Eine top-down Systementwicklung impliziert eine bottom-up Systembewertung. Durch diese Vorgehensweise entstehen Meßprobleme. Erst die Implementierung des Zielssystems macht dessen zuverlässige Evaluierung möglich. /Zeig84/ zeigt, daß das Gebiet der Softwareevaluierung in Bezug auf den konzeptionellen Entwurf und den Leistungsaspekt schon während der Entwurfsphase an Bedeutung gewinnt.

Die analytischen Ansätze der *''performance abstract data types''* /BoWi80/ und der *''performance states''* /Wetm83/ sind erste Vorschläge zur entwicklungsbegleitenden Leistungsanalyse. Der funktionale Teil eines Systems, ausgedrückt durch einen abstrakten Datentypen, wird durch einen Performance Teil ergänzt, der vom Algorithmus, der Datenrepräsentation, der Maschine und dem statistisch vorliegenden Datenaufkommen abhängt. Aus diesen Angaben wird eine *''composite machine''* erstellt, die mit den angegebenen Wahrscheinlichkeiten ihre Zustände wechselt.

Andere analytische Methoden beruhen auf der Untersuchung von Netzeigenschaften /Tayl83/, /Prit77/. In /Dill84/ wird eine reguläre Sprache zur Analyse von verteilten Systemen vorgestellt. Weitere simulative Ansätze beziehen sich auf die Bestimmung der Einflußfaktoren von Parallelverarbeitung, Synchronisation und Kommunikation auf die Softwarearchitektur /Smit82/, /Schi84/.

3.2.11 Objektorientierte Methoden und Knowledge Engineering

Prototyping wird in den letzten Jahren immer mehr in den ersten Phasen des Systems Engineerings eingesetzt. Darunter wird eine abgestimmte und kombinierte Vorgehensweise verstanden, um Hard- und Softwarebausteine zu entwerfen. Dazu sind Methoden zum interdisziplinären Arbeiten notwendig, die aus unterschiedlichen Fachgebieten heraus angewendet werden können. Insbesondere die Raumfahrtindustrie mit den europäischen Großprojekten COLUMBUS und HERMES hat viel Arbeit in den Entwurf solcher Methoden investiert. Wichtige Strukturierungsprinzipien wie *Information Hiding*, *Abstraktion* und *Strukturierung* sind in diese Methoden eingeflossen. Beispiele solcher Entwurfsmethoden sind HOOD /HOOD89/, OOD /Booc87/ und PAMELA /Cher88/.

In den Methoden wird die objektorientierte Vorgehensweise propagiert, die jeweils grafisch unterstützt wird. Ein Objekt kann als Verarbeitungseinheit angesehen werden, deren externe Eigenschaften (z.B. eine Teilmenge der Operationen auf einem Datentyp) sichtbar sind. Die interne Struktur bleibt verborgen. Jedes Objekt gehört einer Klasse an, die ein allgemeines abstraktes Objekt der realen Welt repräsentiert. Die Kreierung eines Objektes wird *Instanziierung* und deren Löschung *Terminierung* genannt. Objekte tauschen untereinander über Kanäle Nachrichten aus, deren Eintreffen beim Empfänger jeweils das Ausführen einer Operation veranlassen. Daten- und Kontrollkopplung werden teilweise zwischen Sender- und Empfängerobjekt unterschieden. Klassen und Objekte stehen jeweils in einer Hierarchie. Innerhalb dieser Hierarchie können Eigenschaften vererbt werden. Aus dem objektorientierten Entwurf eines Systems können die hard- und die softwarespezifischen Teile an speziellen grafischen Symbolen erkannt werden. Letztere werden -möglichst automatisch - in objektorientierte Programmiersprachen übersetzt. Hierzu gehören zum Beispiel ADA, C++, Smalltalk, Eiffel, SIMULA, Objective C, CLU und viele andere.

Das Design wird grafisch unterstützt. Meist werden die Grafiken sehr komplex, so daß der Designer es sehr schwer hat, einen Überblick zu behalten. Dazu werden dann Animationsverfahren verwendet, die den Nachrichtenaustausch darstellen. Grundlage der Animation ist ein Interpretationsmechanismus auf der Basis objektorientierter Sprachen.

Ein weiterer Aspekt des Prototypings wird in dem Gebiet der künstlichen Intelligenz betrachtet. Dort geht es weniger um Software-Engineering-Methoden zur Konstruktion von Expertensystemumgebungen, sondern um den Einsatz dieser Umgebungen für ein anwendungsorientiertes Expertensystem /CrKr88/. Die Aufgabe lautet: Welche Wissensrepräsentationstechniken, welche Inferenzmechanismen und welche Expertensystemarchitekturen eignen sich am besten zur Erfassung und zur

Ableitung von Wissen? Diese Entscheidungen muß ein "Wissensingenieur" treffen, wenn er zusammen mit dem Anwender versucht, dessen Wissen zu erfassen und in ein entsprechendes Expertensystem zu transformieren. "*Der Begriff Knowledge Engineering wurde geprägt, um den Prozeß zu beschreiben, wie menschliche Expertise extrahiert und derart kodifiziert wird, daß sie in einem Rechnerprogramm verarbeitet werden kann.*" /BFKM85/. Entwicklungsumgebungen zur Konstruktion von Expertensystemen sind z.B. OPS-5, LOOPS, BABYLON und KEE. Sie bestehen aus Dialogkomponenten, Erklärungskomponenten, Wissensakquisitionskomponenten, Problemlösungskomponenten und einer Wissensbasis. Die Aufgabengebiete von Expertensystemen sind z.B. die Interpretation von physikalisch gegebenen Daten (Sprache), die Diagnose von Systemzuständen, die Planung von Aktionen, die Konstruktion nach vorgegebener Spezifikation, das Beweisen mathematischer Sätze und das Einüben von Wissensinhalten. Diese Aufgabengebiete sind noch aktueller Forschungsgegenstand. Als Wissensrepräsentationstechniken werden in /BaFe81/ folgende Methoden unterschieden: Logik, prozedurale Repräsention, semantische Netze, Produktionssysteme, direkt analoge Repräsentation, sematische Primitive und Frametechniken. Die Methoden unterscheiden sich grob darin, ob Wissen besser deklarativ oder prozedural dargestellt werden kann. Bei der deklarativen Methode werden die Wissensinhalte mehr als passive, bei der prozeduralen Methode mehr als aktive Objekte angesehen.

Dieser Prototypingansatz unterscheidet sich durch die Art der Entwicklungsumgebung und der Art der Beschreibungsmittel von anderen Ansätzen. Dieser Ansatz ist allerdings nicht zur Entwicklung von verteilten Systemen geeignet. Die Simulation und Qualitätsicherungsmethoden sind auch hier von großem Interesse.

Diese Klassifizierung macht die Vielzahl unterschiedlicher Ansichten über das Prototyping deutlich. Alte und neue Konzepte vermischen sich. Die vorgestellten Prototypingansätze decken viele Forschungsgebiete der Softwareerstellung ab. Die vorliegende Begriffsexplikation gibt allerdings keine hinreichend eindeutige Verwendung des Begriffs Prototyp. Daher ist ein weiterer Schritt zur Begriffsklärung nötig.

3.3 Begriffsklärung

Aus dem Klassifikationsschema ist die vieldeutige Verwendung der Begriffe Prototyp und Prototyping ersichtlich. Alle Methoden, Konzepte, Sprachen und Werkzeuge, die den Softwareproduktionsprozeß unterstützen und effizienter gestalten, werden in der Literatur mit dem Begriff Prototyping bezeichnet. Eine Abgrenzung von Prototypingstrategien von der "traditionellen" Softwareentwicklung ist unklar. Weiterhin wird deutlich, daß eine Evaluierung der Prototypen (der zweite Schritt nach deren Erstellung) nur mit sehr subjektiven Maßstäben vorgenommen werden kann. In diesem Abschnitt werden daher die Begriffe *Methode, Modell, Prototyp, Prototyping* und *Evaluierung* in der Form definiert, wie sie in den folgenden Kapiteln verstanden werden sollen.

Definition 3-1: *Methode*
Methoden sind planmäßige, begründete Vorgehensweisen zur Durchführung von Tätigkeiten mit Hilfe von Beschreibungsmitteln zur Erzeugung von festgelegten Zielen. Eine Methode M kann als Viertupel M = (V, T, B, Z) dargestellt werden, mit:
V = Plan oder Vorgehensweise,
T = Menge von Tätigkeiten, die durch V koordiniert werden,
B = ein Beschreibungsmittel (z.B. eine Sprache) und
Z = ein Beschreibungsgegenstand, ein Ziel (z.B. ein Modell).

Definition 3-2: *(konzeptionelles) Modell*
Unter Modell wird ein, von Details abstrahiertes, Abbild eines realen (oder geplanten) Systems verstanden. Ein Modell dient der Entscheidungsunterstützung (z.B. bei Management-Aufgaben in Verwaltung und Betrieb). Ein Modell wird auf der Basis eines Erkenntnisprozesses (d.h. einer Systemanalyse von technischen, sozialen und ökonomischen Systemen) und einer Methode gebildet.

Definition 3-3: *Prototyp*
Unter einem Prototyp wird ein Kommunikationsgegenstand verstanden, der als Mittel zum Wissenserwerb eingesetzt wird. Er ist ein, auf einem abstrakten Prozessor, ausführbares Modell eines geplanten Systems (auch Zielsystem genannt) und bietet nicht notwendigerweise eine vollständige Problemlösung. Der Prototyp stellt eine dynamische und veränderbare Formulierung von Anforderungen dar. Er ist dem Zielsystem in der Funktionalität und der Struktur ähnlich. Er dient zur experimentellen Klärung von Anforderungen.

Definition 3-4: *Prototyping*
Der Prozeß der Prototypenerstellung wird Prototyping genannt. Prototyping ist ein technisches Verfahren, eine Strategie oder eine Methode. Das Ziel des Prototypings ist die Konstruktion eines Prototyps nach einer geschlossenen Methode der evolutionären Softwareentwicklung.

Definition 3-5: ***Evaluierung***
Unter Evaluierung wird ein Bewertungsprozeß verstanden. Zentraler Punkt eines Bewertungsprozesses sind die zu bewertenden Kriterien oder Maße. Als Kriterien werden strukturelle und dynamische Eigenschaften des zugrunde liegenden Objekts untersucht, wie z.B.:

- funktionale Korrektheit,
- leistungsmäßige Effektivität,
- Strukturiertheit,
- Realitätstreue und
- Zuverlässigkeit.

Die Evaluierung ist ein Bewertungsprozeß, der sowohl empirische (Modellbildung), analytische (statische und dynamische Eigenschaften) als auch simulative Methoden (d.h. Durchführung von Berechnungsexperimenten) umfaßt. Das Objekt einer Evaluierung kann sowohl das Modell und der Prototyp als auch das Prototyping sein.

Durch diese Begriffsklärung wird die mögliche Ausführung eines Modells auf einer abstrakten Maschine zum primären Definitionsattribut eines Prototypen. Aus der Definition des Begriffs Methode wird deutlich, daß Methoden werkzeugunabhängig sind. Einzelne Werkzeuge, wie sie in Kapitel 3.1 aufgeführt sind, können zur Unterstützung der Vorgehensweise V, zur Durchführung von Tätigkeiten T oder zur Erfassung von Beschreibungen durch das Beschreibungsmittel B eingesetzt werden. Umgekehrt ist der Umgang mit Werkzeugen aber immer methodenorientiert. Erst eine Entwicklungsumgebung mit aufeinander abgestimmten Werkzeugen für V, T und B unterstützt eine Methode M.

3.4 Soziale Auswirkungen des Prototypings

Die Einführung einer neuen Technologie sollte nicht nur euphorisch sondern auch kritisch betrachtet werden. Dies gilt für die Informationstechnologie im allgemeinen und dem Prototyping im besonderen. Gesellschaftliche Auswirkungen sollten nicht durch blinde Technikgläubigkeit übersehen werden. Die Diskussionen um die Kernenergie in den 70er Jahren und das heutige Resultat der vielen immer noch offenen Probleme, hat die Gesellschaft zu Recht verunsichert. Der Fehler der Nuklearverfechter war, daß die Menschen nicht über Risiken der Technologie aufgeklärt wurden. Die Informatik hat heute noch die Möglichkeit, die Öffentlichkeit bewußt auf Vor- und Nachteile aufmerksam zu machen. Im folgenden sollen einige soziale Auswirkungen des Prototypings andiskutiert werden.

Schon vor einigen Jahren haben einige Autoren /Budde84/ /Floyd84/ auf die sozialen Auswirkungen des Prototypings hingewiesen. Es wurde schon damals die Frage gestellt, ob Prototyping nicht eine geschickte Methode ist, zukünftige Benutzer eines Systems an der Automatisierung und der Abqualifizierung ihrer Arbeitsplätze mitwirken zu lassen. Dies gilt nicht für alle Problembereiche, ist aber insbesondere bei der Büroautomatisierung leicht vorstellbar. Wenn eine Sekretärin bereitwillig Auskunft über ihre Tätigkeiten erteilt, so arbeitet sie vielleicht schon an der

Wegrationalisierung ihres Arbeitsplatzes. Sie kann allerdings durch den Gebrauch der neu geschaffenen Technologie eine Weiterqualifizierung erreichen, falls sie dazu bereit sind. Trotzdem muß der Benutzer eines zukünftigen Systems bereit sein, an der Analyse und der Umgestaltung des eigenen Arbeitsplatzes mitzuwirken. Er muß während der Prototypenerstellung sein Wissen zur Verfügung stellen und auch einen erstellten Prototypen bewerten. Dies erfordert Konzentration und Zeit, die ihm für seine eigentlichen Aufgaben fehlen. Die Bedienung eines fremden Systems erzeugt Unsicherheit und Ablehnung. Dies gilt umsomehr, wenn sich der Prototyp von Version zu Version verändert und auch noch unzuverlässig läuft. Oft fehlt auch das nötige Schulungs- und Einführungsmaterial. Da die schließlich neuerstellten DV-Systeme benutzergerechter gestaltet sind, ist es möglich, daß dadurch Arbeitsplätze eingespart oder mit geschulterem Personal neu besetzt werden.

Auch in der heutigen Softwareentwicklung, wo Test und Wartung sehr ineinander verzahnt sind, wird der Endbenutzer oft dazu misbraucht, Fehler in Programmen aufzudecken und zu protokollieren. Neben den zukünftigen Benutzern eines Systems sind auf der anderen Seite Softwareentwickler an der Erstellung eines Prototypen beteiligt. Auf sie kommen ständig neue Belastungen zu, da die Produktivität immer weiter gesteigert werden soll. Auch sie müssen sich ständig weiterqualifizieren. Dies gilt einerseits für die vielleicht noch unbekannten Problembereiche ihres Auftraggebers und andererseits für die Bereitschaft mit neuen Software Engineering Methoden, Werkzeugen, Betriebssystemen, neuer Hardware und Architekturen umzugehen. Durch das Prototyping wird ein Diskussionprozeß initiiert, bei dem sich die Entwickler nicht mehr in der unangetasteten Expertenstellung befinden. Diese Umstellung muß verkraftet werden und das Selbstvertrauen mit weniger technischen Detailwissen sondern mit geordnetem Übersichtswissen aufgebaut werden. Wird ein Prototyp nach seiner Erstellung nicht weiterverwendet, so frustiert dies die Entwicklertruppe. Meistens hat die kleine Gruppe von ca. 5 Leuten in Tag- und Nachtschichten viele Entbehrungen auf sich genommen, um einen Prototypen zu erstellen. Durch diese Vorgehensweise wurden sie möglicherweise vorübergehend aus ihrem sozialen Netz gerissen und müssen anschließend erfahren, daß sich "nur" einige ihrer Erfahrungen, die sie während der Prototypenerstellung gemacht haben, im Produkt niederschlagen.

Durch die, durch das Prototyping möglicherweise schnellere und effizientere Erstellung der Software und dem Wegfall aufwendiger Wartungsarbeiten sind einige der Entwickler-Arbeitsplätze von morgen in Gefahr. Insbesondere die Entwickler müssen um ihren Arbeitsplatz bangen, die nicht bereit sind ständig neues Wissen über Anwendungen und Techniken aufzunehmen und anzuwenden.

Da Prototyping ein Verfahren oder eine Entwicklunmgsstrategie ist, werden Kenntnisse und Fertigkeiten über den richtigen Einsatz benötigt. Dies erhöht einerseits die Qualifikation des Software-Entwicklers, andererseits kann es die Grenze des Gewollten überschreiten.

3.5 Zusammenfassung der Ergebnisse und Anforderungsdefinition

Aus der vorangegangenen Diskussion kann zusammenfassend festgestellt werden, daß die bisher vorgestellten Ansätze zur Anforderungsbeschreibung (und -analyse), zur Spezifikation und zum Prototyping eng miteinander verwoben sind. Eine klare Trennung der Ansätze ist nicht erkennbar. Existierende Definitionen dieser Begriffe sind meist anwendungsbezogen und schwer nachvollziehbar. Alle Ansätze lassen wichtige Merkmale vermissen und sind oft nur zur Entwicklung spezifischer Softwaresysteme einsetzbar. Sie gehen alle von einem singulären Ansatz aus, d.h. es existieren keine abgestimmten Beziehungen zwischen den drei fundamentalen Konzepten des Requirement Engineering:

- der Anforderungserfassungs<u>methode</u>, d.h. Anleitung zur Erstellung eines konzeptionellen Modells,
- einer darauf abgestimmten Anforderungsbeschreibungs<u>sprache</u>, d.h. interdisziplinär verwendbares Beschreibungsmittel (in Schrift- und/oder in grafischer Form) und
- einer beides umfassenden und unterstützenden Werkzeug<u>umgebung</u>, d.h. Operationalisierung zum Nachweis der Gültigkeit.

Nur eine sinnvoll aufeinander abgestimmte und integrierte Vorgehensweise der oben skizzierten drei Konzepte ermöglicht die Akzeptanz und den universellen Einsatz des Prototypings. Im folgenden werden allgemeine Forderungen aufgestellt, die beim Vorschlag eines neuen umfassenden Prototypingansatzes berücksichtigt werden müssen. Die Forderungen sind nach den drei Konzepten Methode, Sprache und Umgebung gegliedert. Auf die Merkmale des Klassifizierungsschemas (siehe Kap. 3.1) wird Bezug genommen.

a) Forderungen an eine Anforderungserfassungsmethode

Eine Methode ist als Leitfaden für die sukzessive Entwicklung - in diesem Fall von Prototypen - anzusehen. Eine Methode hat bestimmte Eigenschaften. Sie basiert auf grundlegenden Konzepten. Eines dieser Konzepte ist das Zielmodell. In der vorausgegangenen Diskussion sind die Merkmale des konzeptionellen und des netz- und graphorientierten Modellierens als anschaulich und mathematisch fundiert vorgestellt worden. Eine solche, irgendwie geartete Darstellungsweise des Beschreibungsgegenstandes, sollte in eine Methode Eingang finden. Weiterhin sollten folgende Anforderungen berücksichtigt werden:

1.) *heterogene Sichten auf das Zielsystem*

Ein Zielsystem wird von vielen Personen (z.B. spätere Benutzer, Entwickler, Manager etc.) mit sehr unterschiedlichen Anforderungen an dieses konzipiert. Während bei einer homogenen Sicht auf das Zielsystem, alle an der Anforderungsspezifikation beteiligten Personen denselben Wissensstand über das funktionale Verhalten, Zeitverhalten etc. des Zielsystems haben, kann bei einer heterogenen Sicht jede Person das Zielsystem aus unterschiedlichen Perspektiven sehen, je nachdem welche Anforderungen gerade spezifiziert werden und welches Wissen diese Person über das gesamte Zielsystem hat. Die Personen kennen also immer nur ein Teil des geplanten funktionalen Gesamtverhaltens, bzw. Zeitverhalten etc. des Zielssystems. Somit können widersprüchliche Anforderungen an ein Zielsystem entstehen. Jede Person muß seine Anforderungen an das Zielsystem aus seiner Sicht beschreiben können. Durch die Methode muß ein Ausgleich von Interessengegensätzen vorgenommen werden können.

2.) *Transformation von nichtmodularem in modulares Wissen*

Ein Modul bildet innerhalb eines Systems eine abgeschlossene Einheit mit wohldefinierten Schnittstellen. Obwohl ein modulares, hierarchisch strukturiertes System leichter zu warten ist, entstehen große Schwierigkeiten, solche Module und Hierarchien während der Anforderungsanalyse zu spezifizieren. Ein Mensch denkt nicht modular. Das Requirement Engineering muß einen (evtl. mehrstufigen und formal definierten) Transformationsmechanismus unterstützen, der Anforderungen in eine modulare hierarchisch strukturierte Systemarchitektur überführt.

3.) *Kommunikation durch grafische Veranschaulichung*

Die Anforderungen an ein Zielsystem können meistens viel besser grafisch veranschaulicht, als durch eine textuelle Sprache beschrieben werden. Ein Bild sagt mehr aus als lange Texte. Dadurch wird die Kommunikation zwischen Auftraggeber und Entwickler verbessert. In der grafischen Veranschaulichung sollten sowohl der statische als auch der dynamische Aspekt des Zielsystems verdeutlicht werden.

4.) *evolutionäre Systementwicklung*

Die Anforderungen an ein Zielsystem werden nicht ad hoc zusammengestellt, sondern kristallisieren sich erst langsam heraus. Es werden also ständig Erweiterungen oder Änderungen an den Anforderungen vorgenommen, die ohne große Schwierigkeiten in das Modell aufgenommen werden müssen.

5.) *klar definiertes Konzept der Methode*

Der Anwender muß die Anforderungsbeschreibungsmethode verstanden haben. Um die Methode schnell zu erlernen, muß ihr ein klares Konzept zugrunde liegen, das von einer einfachen, natürlichen und verständlichen Sichtweise ausgeht. Das Konzept muß Abstraktions- und Strukturierungsmechanismen umfassen. Eine formal definierte Methode engt den Interpretationsspielraum und somit Fehlinterpretationen ein. Die Vorgehensweise und die Art der auszuführenden Tätigkeiten müssen verständlich sein und sollen den Benutzer während der Anforderungsdefinition zur Disziplin anhalten.

b) Forderungen an eine Anforderungsbeschreibungssprache

Eine Anforderungsbeschreibungsmethode ist ein Leitfaden zur Erstellung eines Prototypen. Dieses Ziel, also die Erstellung eines Prototypen, muß durch ein Medium (z.B. Sprache, Regeln etc.) formuliert werden können. Dazu existieren Sprachen mit bestimmten Eigenschaften. Operationale Spezifikationen, höhere Programmiersprachen, Analysemöglichkeiten und wiederverwendbarer Software sind bis zu einem bestimmten Maße allgemein akzeptierte Ansätze für eine Anforderungsbeschreibungssprache. Neben diesen Merkmalen sollte eine Sprache folgende Anforderungen erfüllen:

6.) *Beschreibung komplexer Objekte und Relationen*

Bei der Beschreibung eines Zielsystems wird eine Menge von Objekten identifiziert. Ein Objekt ist Träger einer Informationsstruktur, wobei unter Information die Kenntnis über Sachverhalte (z.B. ein physisches Ding, ein Konzept, ein Zustand) oder Vorgänge (z.B. eine Aktivität, ein Ereignis) verstanden wird. Ein Objekt kann eine sehr komplexe Struktur besitzen und durch vielfältige Beziehungsarten mit anderen Objekten verbunden sein. Zwei Objekte stehen dann in einer bestimmten Relation zueinander, wenn sie semantische Gemeinsamkeiten oder Unterschiede aufweisen (vergl. Entity-Relationship-Ansatz; weitere Objektdefinitionen sind in der Literatur bekannt /Brod84/).

7.) *Erlernbarkeit, Anschaulichkeit, Verständlichkeit*

Viele Personen, die an der Anforderungsdefinition eines Zielsystems beteiligt sind, können nur in ihrer eigenen Sprache Anforderungen an das Zielsystem formulieren, weil die zur Verfügung stehenden Spezifikationsmechanismen schwer verständlich sind. Die Fachsprache des Benutzers muß in bestimmten Maße als "formale Anforderungssprache" eingesetzt werden. Die Anschaulichkeit einer Anforderungsdefinition wird durch den Einsatz von graphischen Sprachen (zweidimensionale Sprachen) wesentlich erhöht.

8.) *formal definierte Syntax und Semantik*

Natürliche Sprachen sind mehrdeutig und somit zur Anforderungsdefinition schlecht geeignet. Mißverständnisse und Fehlinterpretationen werden durch eine formal definierte Sprachbasis ausgeräumt. Eine Sprache ist formal definiert, wenn sie eine formale Syntax und eine formal definierte Semantik besitzt. Zur Veranschaulichung der Anforderungen ist es nützlich, wenn die Sprache operational ist.

9.) *'was" statt "wie"*

Für eine Anforderungsdefinition ist die Frage nach dem "was soll ein Zielsystem leisten" entscheidend. Es sollen noch keine Entscheidungen bezüglich der Implementierung der Anforderungen getroffen werden. Es werden detaillierte Kenntnisse über die Zielmaschine außer Acht gelassen.

10.) *Modifizierbarkeit, Erweiterbarkeit*

Für eine allgemeine Verbreitung einer Anforderungsbeschreibungssprache muß gewährleistet sein, daß sie nicht nur für eine bestimmte Klasse von Zielsystemen einsetzbar ist. Andererseits bläht diese Forderung nach allgemeinen und anwendungsspeziellen Sprachkonzepten eine Sprache auf. Dadurch wird sie schnell unverständlich. Die Sprache sollte allgemeine Konzepte bereitstellen. Für spezielle Anforderungsbereiche muß sie in Grenzen modifizierbar und erweiterbar sein.

11.)*Testbarkeit, Verifizierbarkeit*

Die an der Anforderungsdefinition beteiligten Personen müssen wissen, ob die definierten Anforderungen auch den realen Anforderungen entsprechen. Da diese Realitätstreue im Prototyping nicht durch formale Beweise sichergestellt werden kann, lassen sich nur durch "face-to-face" Validierungen und Tests eventuell teure Entwurfs- und Implementierungsfehler erkennen und frühzeitig beseitigen. Eine kompakte Sprache mit guten Strukturierungsmöglichkeiten (Abstraktion, Hierarchie) ist Voraussetzung für eine Anforderungsverifikation. Eine weitere Unterstützung der Anforderungsdefinition bietet die Möglichkeit der Ausführung einzelner Komponenten und der gesamten Anforderungsdefinition.

12.)*Wiederverwendbarkeit*

Die Wiederverwendbarkeit der Anforderungsdefinitionen bezieht sich sowohl auf ein gesamtes Zielsystem, als auch nur auf Komponenten des Zielsystems. Der Aufwand (z.B. Kosten, Zeit) für ähnliche Projekte läßt sich durch Wiederverwendung erheblich reduzieren. Ähnliche oder gleiche Anforderungen brauchen nur einmal definiert werden. Dies reduziert nicht nur den Schreibaufwand, sondern läßt schon Schlüsse in Bezug auf eine modulare, hierarchische Systemarchitektur zu.

13.)*Beweisbarkeit, Vollständigkeit, Widerspruchsfreiheit*

Liegt eine Anforderungsdefinition eines Zielsystems vor, so müssen Mechanismen bereitgestellt werden, die die Vollständigkeit und die Widerspruchsfreiheit der Anforderungen sicherstellen. Kann ein Entwurf oder eine Implementierung eines Zielsystems mit der Anforderungsdefinition abgeglichen werden, so können evtl. Fehler oder Inkonsistenzen festgestellt werden.

c) Forderungen an eine Anforderungsbeschreibungsumgebung

Nicht alle Anforderungen an das Prototyping können in einer Methode und einer Sprache berücksichtigt werden. Es verbleiben Eigenschaften, die eine Anforderungsbeschreibungsumgebung erfüllen muß. Eine moderne Entwicklungsumgebung muß eine schnell erstellbare Benutzerschnittstelle durch Werkzeugunterstützung ermöglichen. Die Simulation und die daraus abgeleitete Aspekte der Qualitätssicherung sind im Rahmen des Prototypings unverzichtbar. Weiterhin sollte eine Umgebung folgende Anforderungen erfüllen:

14.)*abgeschlossene Anforderungsanalyse*

Die Anforderungen der an der Anforderungsdefinition beteiligten Personen sind selten vollständig. Viele Anforderungen an das Zielsystem werden vergessen oder einfach schon innerhalb des Spezifikationsprozesses vorausgesetzt. Dieses Informationsdefizit muß durch maschinelle Unterstützung deutlich gemacht werden.

15.)*Simulationsmodell*

Um eine Anforderungsdefinition besser verstehen zu können, brauchen die an der Anforderungsdefinition beteiligten Personen eine operationale Sprachbasis. Durch Simulationsinstrumente können prinzipielle Entwicklungsentscheidungen verdeutlicht werden. Das Simulationsmodell wird zum Kommunikationsgegenstand zwischen Anwender und Entwickler. Die Simulation ermöglicht eine kontrollierte Beobachtung von Hypothesen. Dabei können zu einem Zeitpunkt größere Zusammenhänge zwischen Systemkomponenten unberücksichtigt bleiben.

16.)*Evaluierungsmethoden*

Um Fehlentscheidungen bei der Entwicklung des Produktes zu vermeiden, braucht der Entwickler Bewertungsmethoden, die zum frühest möglichen Zeitpunkt eingesetzt werden können, um Widersprüche deutlich zu machen.

17.)*aufeinander abgestimmte Werkzeuge*

Eine Entwicklungsumgebung besteht aus mehreren Werkzeugen. Die Bedienungsoberfläche der Werkzeuge muß einheitlich sein. Es muß zu jedem Zeitpunkt für den Benutzer und Entwickler einsichtig und klar sein, welches Werkzeug wann und für welchen Zweck eingesetzt wird.

18.)*Dokumentation*

Eine Dokumentation der Anforderungsdefinition muß möglichst in der Beschreibung der Anforderungen integriert erfolgen. Für verschiedene Versionen und Personen muß eine Datenbank zur Verfügung stehen, in der alle während des Prototypings anfallenden Dokumente als Objekte abgelegt werden.

3.6 Profil eines Basismodells zum Prototyping

Der traditionelle Software-Life-Cycle wird in den nächsten Jahren umgestaltet werden. Schon jetzt wird der traditionelle Zyklus in einigen Vorschlägen neudefiniert. Doch lassen sich mit der Neudefinition die prinzipiellen Schwierigkeiten dieser Vorgehensweise (siehe Kap. 2.2) nicht vollkommen umgehen. Daher wird der Prototypingansatz zunehmend Einfluß auf die Softwareentwicklung nehmen.

Die in dieser Arbeit vorgestellte Vorgehensweise zur Prototypenerstellung wird durch das folgende Basismodell verdeutlicht:

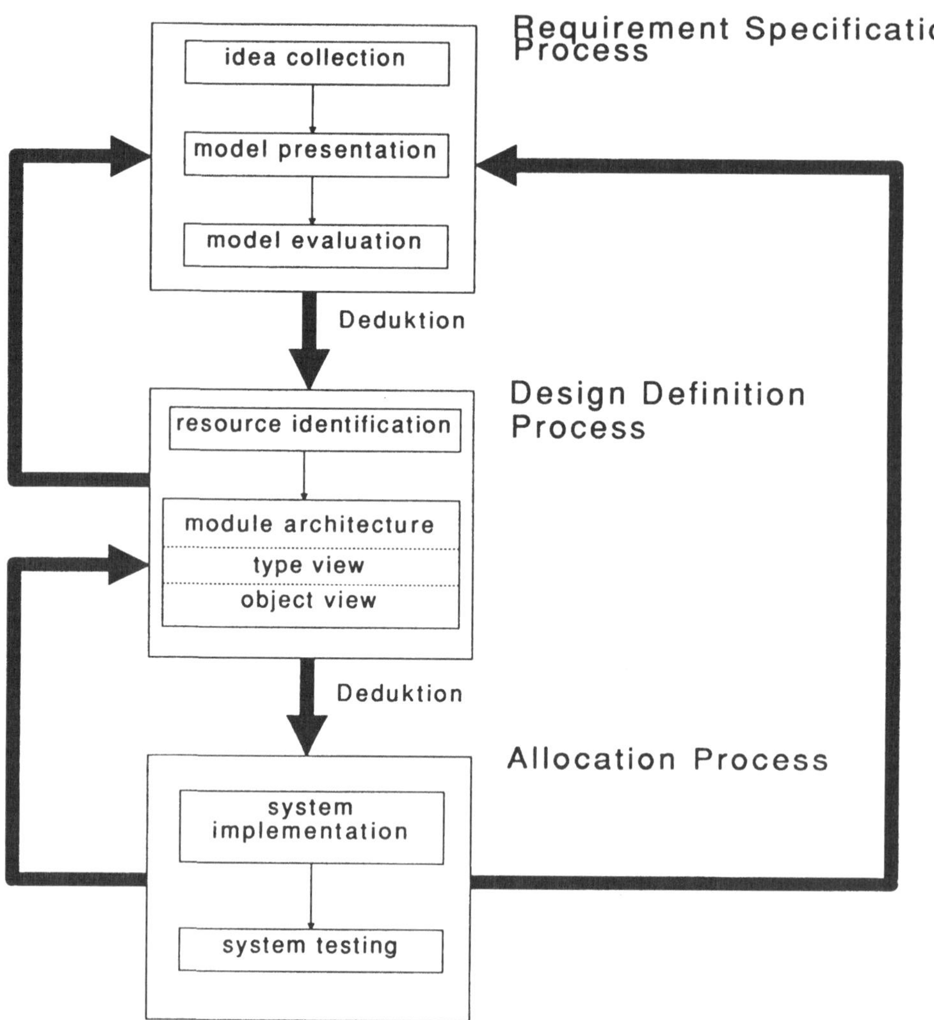

Fig.3-4: Profil des Basismodell zum Prototyping

Das Basismodell (siehe Figur 3-4) wird in mehrere Prozesse unterteilt. Jeder Prozeß ist allerdings nicht als abgeschlossen aufzufassen, hat aber Merkmale, die in anderen Prozessen weniger oder gar nicht beachtet werden. In einem Prozeß wird eine bestimmte Intention zusammengefaßt, auf die zu diesem Zeitpunkt durch die Anwendung einer Methode besonders aufmerksam hingewiesen wird. Als Resultat eines Prozesses werden spezielle Erkenntnisse abgeleitet, die in dem folgenden Prozeß Berücksichtigung finden. Dieses Vorgehen wird auch mit Deduktion bezeichnet.

a) Requirement Specification Process

In diesem Prozeß werden die Anforderungen an das System herausgefiltert. Die Ideen und Vorstellungen verschiedener Personen, die an der Anforderungsdefinition des Zielsystem beteiligt sind, werden gesammelt, durch einen Formalismus (Graphik, Sprache) präsentiert und durch ein Werkzeug evaluiert. Es entsteht zuerst ein Modell, das durch unterschiedliche Sichtweisen verschiedener Personen definiert wird. Daraus wird ein operationaler Prototyp, der als Kommunikationsgegenstand zwischen den verschiedenen Personengruppen abgeleitet, anhand dessen ein Ausgleich von Interessengegensätzen vorgenommen werden kann. Akzente werden auf die *Beobachtung*, auf das *empirische Testen von Hypothesen*, auf die *Entwicklung und Entdeckung von Modellsituationen* (Experimente und Handlungsalternativen) und auf die *Instrumentalisierung* gesetzt. Der Prozeß wird abgebrochen, wenn es möglich ist, spezifische Aussagen aus dem Prototyp abzuleiten und automatisch Vorschläge für den anschließenden Design Definition Process zu generieren.

b) Design Definition Process

Sind die Anforderungen mit Hilfe eines operationalen Prototypen beschrieben, so werden in dem Design Definition Process die zur Verfügung stehenden Ressourcen und die Grobarchitektur festgelegt. Ein zentrales Ziel ist die Ableitung einer modularen hierarchisch strukturierten Architektur und deren Verfeinerung. Unter einem Modul wird ein eingekapselter abstrakter Datentyp mit entsprechenden, darauf operierenden Funktionen verstanden. Auf der Basis von vordefinierten Modulen und deren exportierten Operationen entsteht durch die ''benutzt-Relation'' eine Modulhierarchie /GHW88/. Neben dieser Typsicht existiert eine Objektsicht. In der Objektsicht werden zusätzlich Inkarnationen von Typen (Objekte genannt), in die modular und hierarchisch strukturierte Architektur aufgenommen.

c) Allocation Process

Nachdem das Design in Form einer Modulhierarchie feststeht, wird in der Zielsprache das System implementiert und getestet. Die Implementierung wird größtenteils automatisch aus dem Design vorgenommen. Der Test wird durch Vorschläge zur maximalen Testüberdeckung (z.B. Erzeugung eines Testplans) vom Design Definition Process unterstützt. Der Allocation Process beschreibt den Schritt vom Labormodell zum Pilotsystem und schließlich zum Produkt.

Ziel dieses Buches ist es, einen integrierten und koordinierten Prototypenentwicklungsansatz einzuführen, der den Anforderungen an eine Anforderungsbeschreibungsmethode, an eine Anforderungsbeschreibungssprache und an eine Anforderungsbeschreibungsumgebung nachkommt. Der prinzipielle Ablauf einer evolutionären Softwareentwicklung entspricht dem Prototyping-Basismodell. Anforderungen (z.B. funktionale Korrektheit, leistungsmäßige Effektivität, Strukturiertheit) sollen inkrementell beschrieben, analysiert und leicht modifiziert werden können. Ein geeignetes Instrument der Prototypenentwicklung ist die Simulation.

Der Schwerpunkt des vorliegenden Buches liegt auf dem Requirement Specification Process. Eine Anforderungsbeschreibungsmethode wird in Kapitel 5 vorgestellt. Sie dient als Leitfaden zur Ideensammlung und Strukturierung. Eine, auf das Konzept der Methode abgestimmte Anforderungsbeschreibungssprache wird in Kapitel 6 eingeführt. Diese Formulierungsmöglichkeit erlaubt die Präsentation eines Modells. Eine entsprechende Werkzeugumgebung wird in Kapitel 7 diskutiert. Dort werden Möglichkeiten zur Evaluierung des Modells vorgeschlagen. Für den Übergang vom Requirement Specification Process zum Design Definition Process werden in Kapitel 8 einige Ideen skizziert. Dort wird beschrieben, wie ein Prototyp in eine modulare vorgegebene Architektur übertragen werden kann.

Für die Entwicklung komplexer Systeme, die u.a. Anforderungen an Schutzmechanismen (d.h. *Privacy* = Ausführungsverbot unerlaubter Operationen; *Security* = Zuverlässigkeit gegenüber Fehlfunktionen) stellen, erscheinen transaktionsorientierte Systeme geeignet. Daher sollen in dieser Arbeit primär transaktionsorientierte Systeme betrachtet werden. Da aber während der Anforderungsdefiniton noch nicht mit Sicherheit gesagt werden kann, ob das Zielssystem auch ein transaktionsorientiertes System ist, wird erstmal die Hypothese aufgestellt: "ein komplexes System kann als transaktionsorientiertes System dargestellt werden". Das Zutreffen oder Nichtzutreffen dieser Hypothese kann erst während der Anforderungsdefinition erfahren werden. Die grundlegende Idee dieses Buches besteht darin, daß schon Anforderungen an ein Zielsystem in Form von Transaktionen aufgestellt werden können. Somit ist es nicht nur vorteilhaft sondern auch zweckmäßig, den Transaktionsbegriff zentral im Prototypingentwicklungsansatz zu verankern. Dies wird in den folgenden Kapiteln dargestellt.

Die Richtigkeit der vorgestellten Konzepte kann nätürlich nicht im mathematischen Sinne bewiesen werden. Die Schlüssigkeit, die Folgerichtigkeit, der Grad der Allgemeingültigkeit und die Einsetzbarkeit der Konzepte können erst im tatsächlichen praktischen Einsatz erprobt werden. Ein erster Schritt dahin sind verschiedene Beispiele, die in diesem Buch vorgestellt werden.

4 Transaktionen in komplexen Softwaresystemen

Transaktionen sind insbesondere im Zusammenhang mit relationalen Datenbanken eingeführt worden.. Transaktionen werden in diesem Buch als gundlegendes Konzept zur inkrementellen Anforderungsbeschreibung benutzt, die im folgenden Kapitel 5 genauer vorgestellt werden. Eine genauere Analyse existierender Systeme zeigt, daß Transaktionen in fast allen Systemen eine grundlegende Rolle spielen können, um Störungen und Interferenzen von dem Benutzer eines Systems möglichst fernzuhalten. Die Eigenschaften transaktionsorientierter Systeme ermöglichen dem Benutzer ein störungsfreies Arbeiten. In diesem Kapitel wird einführend der Begriff Transaktion definiert. Anschließend werden Applikationen für Transaktionssysteme vorgestellt, bevor abschließend neue Anforderungen an das Prototyping-Basismodell (siehe Kap. 3.6) gestellt werden.

4.1 Grundlagen von Transaktionen

Der Begriff der Transaktion ist aus dem Bereich der Datenbanksysteme (DBS) bekannt /Gray78/. Die Definition des Transaktionsbegriffs ist eng mit Begriffen wie *Integrität*, *Konsistenz*, *Recovery* und *Concurrency Control* verbunden. Zunächst sollen diese Begriffe in den folgenden Definitionen eingeführt werden.

Definition 4-1: *Konsistenz (oder Integrität)*
Mit Konsistenz wird die Übereinstimmung eines Modells mit der Realität (d.h. Widerspruchsfreiheit und Realitätstreue) bezeichnet. Das Modell kann durch Operationen an veränderte Realitäten angepaßt werden. Gesetzmäßigkeiten, die Zusicherungen an das Modell berücksichtigen, werden durch Konsistenzbedingungen (auch Integritätsbedingungen genannt) formuliert. Dies sind logische Zustands- und Übergangsprädikate, deren Gültigkeit bei Änderungen überprüft wird.

Definition 4-2: *Transaktion*
Durch eine Transaktion werden eine oder mehrere Operationen zusammengefaßt, die dann eine atomare Bearbeitungseinheit bilden.
Eine Transaktion beginnt in einem konsistenten Zustand und endet wieder in einem konsistenten Zustand. Die Transaktion wird durch ein *''Begin-Transaction''* und ein *''End-Transaction''* geklammert und bildet eine Handlungseinheit, die immer vollständig oder gar nicht ausgeführt wird.

Definition 4-3: *Persistenz (oder Isolation)*
Unter Persistenz wird die Dauerhaftigkeit einer Transaktion verstanden. Die Wirkung einer einmal abgeschlossenen Transaktion geht nicht verloren. Zwischenzustände während der Abarbeitung einer Transaktion werden nach außen nicht bekanntgemacht.

Definition 4-4: *Recovery*
Maßnahme zur Zurücksetzung des DBS's in den konsistenten Zustand, aus dem eine Transaktion gestartet wurde, falls während ihrer Abarbeitung ein Fehler aufgetreten ist.

In traditionellen DBS'en ist eine Transaktion meistens benutzerdefiniert. Das System, in dem eine Transaktion gestartet wird, hat gewöhnlich die Ausführungskontrolle. Die Dauer der Transaktionsbearbeitung ist normalerweise kurz (maximal im Sekundenbereich). Eine Datenbanktransaktion wäre beispielsweise eine Abfrage nach der Adresse eines dort gespeicherten Mitarbeiters. Diese Transaktion ist unkritisch, da keine Konsistenzbedingungen verletzt werden können, die zu einem Abbruch und somit zu einem Rücksetzen der Transaktion führen würden. Sollen Werte verändert werden, so kann eine Verletzung der Integrität (z.B. Alter des Mitarbeiters < 15) zu einem Abbruch führen. Durch ein Recoverykonzept wird die Datenbank wieder in den alten konsistenten Zustand überführt.

Werden parallel laufende Transaktionen zugelassen, so muß auch sichergestellt werden, daß durch gleichzeitige Änderungen im Modell die Integritätsbedingungen nicht verletzt werden. Protokolle, die eine Synchronisation der konkurrierenden Transaktionen sicherstellen, werden dann notwendig (z.B. Zweiphasen-Sperrprotokoll). Die Abarbeitung parallel laufender Transaktionen hat denselben Effekt, als wenn die Transaktionen in einer bestimmten sequentiellen Reihenfolge bearbeitet würden. Diese Eigenschaft wird auch mit ''Serialisierung'' bezeichnet.

Definition 4-5: *Concurrency Control*
Mechanismus, der die korrekte Abarbeitung von parallel laufenden Transaktionen überwacht und steuert.

In dem Zweiphasen-Sperrprotokoll werden die Phase der Sperranforderung und die Phase der Sperrfreigabe einer Transaktion unterschieden. Ein Objekt wird für den Zugriff anderer Transaktionen gesperrt, falls eine Transaktion den Wert des Objektes verändern will. Die Transaktion kann mehrere Objekte nacheinander sperren. Gibt sie aber ein Objekt wieder frei, so darf sie keine weiteren Sperren mehr setzen.

4.1.1 Nicht-Standard-Transaktionskonzepte

Das traditionelle Transaktionskonzept ist ursprünglich für Einprozessorsysteme entwickelt worden. Damit ist zwar die parallele Ausführung mehrerer Transaktionen möglich, innerhalb einer Transaktion wird die parallele Ausführung von Aktionen jedoch nicht unterstützt. Bei einem verteilten System, bei dem Aktionen einer Transaktion auf mehreren Knoten (mehreren geographisch verteilten Prozessoren) verteilt ausgeführt werden, ist deren nebenläufige Ausführung prinzipiell möglich. Die ''flache'' Struktur des traditionellen Transaktionskonzeptes

- ermöglicht keine Nebenläufigkeit innerhalb einer Transaktion,
- impliziert das Vorhandensein einer zentralen Kontrollinstanz und
- bewirkt, daß Recovery und Concurrency Control auf die ganze Transaktion angewendet werden.

Insbesondere die ersten beiden Schwachpunkte führen zu der Forderung nach geeigneten Transaktionskonzepten für verteilte Systeme. Im einzelnen lassen sich die folgenden Anforderungen nennen:

(i) die Schachtelung von Transaktionen

Durch eine stärkere Strukturierung der Aktionen innerhalb einer Transaktion und ihre Zusammenfassung zu einer komplexen Einheit können diese Untereinheiten (Subtransaktionen) als Einheiten des Recovery und der Concurrency Control benutzt werden.

(ii) langlebige Transaktionen

Will man das Transaktionskonzept auf verteilte Entwicklungssysteme (z.B. für CAD oder Softwareentwicklung) als spezielle Klasse verteilter Systeme anwenden, ergibt sich die Forderung nach der Unterstützung von Transaktionen mit langer Ausführungszeit. Bei direkter Übertragung des traditionellen Konzeptes auf solche langlaufenden Anwendungen würde die Deadlock-Wahrscheinlichkeit gesteigert, Daten würden sehr lang gesperrt und damit andere Transaktionen ausgeschlossen werden und durchgeführte Änderungen auf einem Entwurfsobjekt wären bei einem Systemzusammenbruch verloren, falls die Transaktion schon lange läuft.

(iii) Ausnutzung der Kenntnis der Semantik von Transaktionen

Beim traditionellen Konzept wird die Konsistenz einer Datenbank u.a. durch die Serialisierbarkeit und die Isolation der Transaktion gewährleistet. Zur Erhöhung der Nebenläufigkeit wird die Semantik nur insoweit ausgenutzt, als daß bei der Vergabe von Sperren auf Daten bei der Regelung des Zugriffs auf gesperrte Objekte nach Lese- und Schreibzugriffen unterschieden wird. Durch die Kenntnis der Semantik einer Transaktion in dedizierten Systemen sind hier fortgeschrittene Ansätze möglich, die die Konsistenz der Daten unter Umgehung der o.g. Eigenschaften bewahren. Dadurch ist eine Leistungssteigerung durch die Erhöhung der Nebenläufigkeit möglich. Im folgenden werden aus dem reichhaltigen Literaturangebot über

Transaktionen das Thema der geschachtelten und das Thema der semantischen Transaktionen kurz vorgestellt.

Geschachtelte Transaktionen

Transaktionen sind ursprünglich nur Aktionsfolgen, die zu einer komplexen Einheit zusammengefaßt werden. Oben wurde eine Motivation für eine Konzepterweiterung bei verteilten Systemen gegeben. Diese Überlegungen führten Moss 1981 /Moss81/ zur Definition von geschachtelten Transaktionen. Eine geschachtelte Transaktion besteht aus einer Menge von Subtransaktionen, die wiederum aus Subtransaktionen oder aus Aktionsfolgen bestehen können. Die nach dieser Definition entstehenden Transaktionsbäume können auf verschiedenen Knoten eines verteilten Systems ausgeführt werden. Daraus resultieren neue Anforderungen an das Recovery und die Kontrolle der Nebenläufigkeit. Hinzu kommt die Notwendigkeit eines Synchronisationsmechanismus, der die Atomarität der Ausführung einer verteilten Transaktion bewahren muß. Zur Kontrolle der Nebenläufigkeit wird das 2-Phasen Sperrverfahren modifiziert. Bei geschachtelten Transaktionen werden die von den Sohntransaktionen gehaltenen Sperren bei Beendigung der Sohntransaktion an die Vatertransaktion vererbt. Während beim traditionellen Konzept die fehlerhafte Ausführung einer Aktion innerhalb einer Transaktion zu deren Abbruch und dem Zurücksetzen der gesamten Transaktion durch den Recovery-Mechanismus führt, ist dies bei geschachtelten Transaktionen nicht mehr unbedingt erforderlich. Beim Abbruch einer Subtransaktion muß diese zwar zurückgesetzt werden, die Vatertransaktion kann jedoch den weiteren Verlauf der gesamten Transaktion bestimmen. Sie kann versuchen die gescheiterte Subtransaktion wieder aufzusetzen oder eine andere Subtransaktion zu initiieren; sie kann aber auch selbst abbrechen und damit die Entscheidung an die Transaktion weiterreichen, von der sie initiiert worden ist. Die Synchronisation zwischen auf verschiedenen Knoten ablaufenden Subtransaktionen bei der Beendigung der gesamten Transaktion wird durch das 2-Phasen-Commit-Protokoll erzielt. In der ersten Phase werden die Subtransaktionen von der Wurzeltransaktion aufgefordert sich auf die Beendigung der Transaktion vorzubereiten (prepare to commit). Gehen von allen Subtransaktionen Rückmeldungen ein, daß sie erfolgreich enden können, wird von der koordinierenden Wurzel ein Commit gegeben, um die gesamte Transaktion erfolgreich zu beenden. Andernfalls entscheidet die Wurzel auf Abbruch (abort) der Transaktion und die Subtransaktionen müssen zurückgesetzt werden, oder auf die Initiierung neuer Subtransaktionen.

Semantische Transaktionen

Als semantische Transaktionen werden Transaktionen bezeichnet, deren Semantik durch die Anwendung festgelegt und somit schon vor ihrer Ausführung bekannt ist. Damit ist es möglich die Transaktionsmechanismen so zu realisieren, daß sie die Semantik der Transaktion ausnutzen. Das hat eine höhere Leistungsfähigkeit des Systems zur Folge. Spector und Schwarz /SpSc83/ motivieren semantische Transaktionen auf der Basis abstrakter Datentypen. Sie führen eine Reihe von Beispielen an, aus denen ersichtlich ist, daß die Forderung nach der Serialisierbarkeit von Transaktionen häufig zu restriktiv hinsichtlich der möglichen Nebenläufigkeit ist. Falls z.B. die Reihenfolge von Elementen innerhalb einer Liste ohne Bedeutung ist, so ist das parallele Einfügen von Listenelementen möglich, ohne das die Konsistenz gefährdet wäre. Nach dem traditionellen Konzept werden zwei Transaktionen, die Elemente einfügen, serialisiert. Ist die Semantik der Transaktion jedoch bekannt, können beide parallel ausgeführt werden. Ist nun ein System nach dem Konzept der abstrakten Datentypen implementiert, lassen sich bereits zur Implementierungszeit die Abhängigkeiten zwischen den Operationen innerhalb eines Objektes auf der Basis ihrer Semantik festlegen. Damit verbunden ist das typspezifische Sperren von Daten sowohl in Bezug auf das Anfordern und Freigeben als auch im Hinblick auf die typgebundene Definition von Verträglichkeiten zwischen Sperren. Ebenso ist ein typgebundenes Recovery möglich. Dieser Ansatz hat bei der Implementierung des TABS Prototypen Anwendung gefunden.

Garcia-Molina /Garc83/ beschreibt ein mehr formales Modell, bei dem hinsichtlich der Art der Systemimplementierungen keine Voraussetzungen gemacht werden. Er geht ebenfalls von einer vorgegebenen Menge von Transaktionstypen aus, von denen die Semantik von vornherein bekannt ist. Allerdings wird hier die Semantik nicht auf Systemebene, sondern auf Benutzerebene festgelegt. Er unterteilt die Menge der Transaktionstypen in verschiedene Klassen auf der Grundlage der Verträglichkeit ihrer Semantiken und in Bezug auf die Konsistenz des Systems. Um diese semantisch verträglichen Transaktionen nebenläufig ausführen zu können, werden semantische Konsistenzbedingungen definiert, die schwächer sind, als die Konsistenzbedingungen des traditionellen Konzepts. Dadurch ist die nicht-serialisierbare Ausführung von Transaktionen möglich und trotzdem bleibt die semantische Konsistenz gewahrt. Eine Transaktion wird nach Garcia-Molina in mehrere Schritte (steps) zerlegt, die auf verschiedenen Knoten eines verteilten Systems ausgeführt werden können. Aufgrund der anwendungsspezifischen Semantik der Transaktionen ist es möglich invertierende Schritte (countersteps) vorzudefinieren. Damit erfolgt das Recovery einer Transaktion durch die Ausführung der inversen Schritte. So wird die semantische Atomarität der Transaktion gewahrt. Allerdings ist dazu die Anpassung der Locking-und Concurrency Control Mechanismen erforderlich.

Der interessierte Leser findet in /Weik88/ eine genauere und erschöpfende Darstellung des Themas Transaktionen in einer allgemeingültigen Form.

4.1.2 S-Transaktionen

Ein weiteres interessantes Konzept von Nicht-Standard Transaktionen wird in /Holt87/ und /HaHo87/ vorgeschlagen. Das Konzept der S-Transaktionen (''semantischen Transaktionen) ist speziell für dezentrale Systeme mit wandernder Ausführungskontrolle (z.B. Multidatenbanken) entwickelt worden. Es gibt also keine zentrale Kontrolle. Jedes angeschlossene Subsystem ist autonom, d.h. es bestimmt selber, ob, wann und wie eine Transaktion ausgeführt werden soll. S-Transaktionen (ST) sind geschachtelte Transaktionen, die auf einer Menge von traditionellen (oder lokalen) Transaktionen (LT) basieren. Im folgenden sollen diese S-Transaktionen genauer beschrieben werden, da sie von fundamentaler Bedeutung für die im weiteren Verlauf des Buches vorgestellte Prototyping Methode (siehe Kapitel 5) sind. In Kapitel 6 wird wieder auf S-Transaktionen Bezug genommen, allerdings mehr aus einer Architektursicht.

In dem Vorschlag der S-Transaktionen werden folgende Annahmen gemacht:

- eine lokale Transaktion ist global bekannt und syntaktisch und semantisch wohldefiniert.
- für die Implementierung einer LT ist ein Subsystem verantwortlich.
- eine grundlegende Anforderung an das Konzept der S-Transaktionen ist die Möglichkeit zu jeder ST und LT eine inverse (kompensierende, -ST, -LT) anzugeben, die die Wirkung einer ST oder LT rückgängig macht. Für arithmetische Operationen kann leicht die inverse Operation angegeben werden. Schlägt die Ausführung einer LT fehl, so muß das subsystemlokale Datenbanksystem diesen Fehler abfangen.

Nach diesen einführenden Grundannahmen kann eine S-Transaktion folgendermaßen definiert werden: Eine globale ST besteht aus einer Wurzel-ST, untergeordneten ST's und LT's. Diese Struktur kann durch einen Graphen repräsentiert werden, indem die LT's die Blätter des Baumes darstellen.

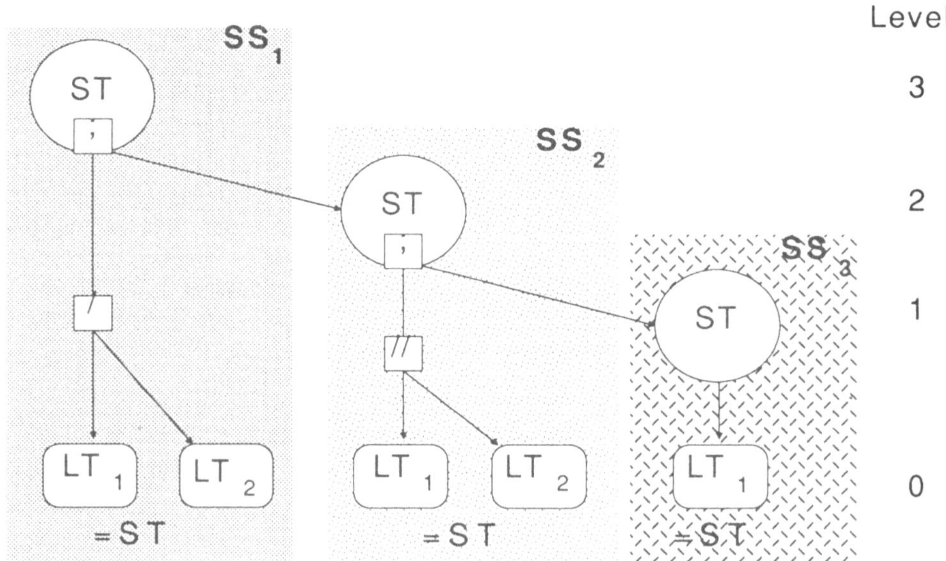

Fig 4-1: S-Transaktionsbaum

Untergeordnete ST's und LT's können auf verschiedenen Subsystemen (SS) ausgeführt werden. Sie werden durch eine einkommende Nachricht mit den entsprechenden Parametern initialisiert. ST's unterstützen nicht die Isolationseigenschaft. Zwischenresultate sind also sichtbar. Sie sind auch nicht serialisierbar, aber sie bilden dennoch eine atomare Einheit, die vollständig oder gar nicht ausgeführt wird. Dies wird im Fehlerfall durch kompensierende Transaktionen erreicht. Dies ist möglich, da die Semantik der ST's a priori bekannt ist. Wie im Fehlerfall zurückgesetzt werden kann wird in einem ''Ausführungsplan'' festgehalten.

Formaler kann eine ST folgendermaßen definiert werden: ST = (M, O, LT, C) mit M eine Menge von Nachrichten, die zur Initiierung einer untergeordneten ST (Sub-ST) an ein anderes Subsystem geschickt wird, O ist eine partielle Ordnung, in welcher Reihenfolge Sub-ST's und LT's gestartet werden sollen, LT ist eine Menge von lokalen Transaktionen, die an der Ausführung einer ST beteiligt sind, C sind globale Konsistenzbedingungen, die während der Ausführung einer ST nicht verletzt werden dürfen.

Als Beispiel diene ein Reisereservierungssystem, an dem Hotels, Reisebüros, Fluglinien und Autovermietungen als Subsysteme angeschlossen sind. Ein Kunde kommt in ein Reisebüro und möchte eine Reise buchen. Sie besteht aus einem Hin- und Rückflug, mehreren Übernachtungen und der Anmietung eines Autos am Zielort. In dem Reisebüro wird eine entsprechende S-Transaktion mit den Kundendaten (Name, Zielort, Reisedaten etc.) gestartet. Diese startet ihrerseits Sub-S-Transaktionen bei einem Hotel, einer Fluglinie und einer Autovermeitung. Ist die Buchung bei den angesprochenen Subsystemen möglich wird eine Reservierung vorgenommen und dies dem Reisebüro mitgeteilt. Geht der Kunde dort auf den Vorschlag ein, so wird automatisch eine Bestätigung, ansonsten eine Stornierung, rausgeschickt.

4.2 Komplexe Softwaresysteme als Transaktionssysteme

Viele existierende Systeme können durch Transaktionen und deren Eigenschaften beschrieben werden. Die ersten Softwaresysteme, die Transaktionen und deren notwendige Transaktionsverwaltung bereitgestellt haben, waren Datenbanksysteme. In diesem Kapitel soll anhand von Beispielapplikationen gezeigt werden, das transaktionsorientierte Systeme ein weites Interessenspektrum abdecken oder sogar Beschreibungsmechanismen allgemeingültiger Art sind.

4.2.1 Traditionelle und verteilte Datenbanken

Die Architektur eines DBS ist dreischichtig und wird durch folgende Schemata definiert:

- externes Schema (Benutzerschnittstelle, z.B. entity-relationship),
- konzeptuelles Schema (Datenmodell, z.B hierarchisches, netzwerkartiges oder relationales Datenmodell),
- internes Schema (physische Speicherung).

In traditionellen, dies sind zentralisierte, Datenbanken werden Transaktionen schon seit längerer Zeit genutzt. Es wird sichergestellt, daß das DBS immer in einem konsistenten Zustand bleibt. Dazu muß ein mehr oder weniger aufwendiger Algorithmus die Verwaltung einer Transaktion übernehmen. Zu einem bestimmten Zeitpunkt wird nur eine Transaktion bearbeitet. Die zu verwaltenden Objekte haben eine einfache Struktur. Eine erste Aufweichung dieses Konzepts innerhalb konventioneller Datenbanken wurde durch den parallelen Ablauf von Transaktion erreicht. Ein Kontrollmechanismus (*concurrency control*) überwacht die Vermeidung von Inkonsistenzen bezüglich Lese- und Schreiboperationen auf Objekten.

Ein verteiltes DBS ist ein System, in dem mehrere lokal autonome Datenbanksysteme mittels eines Kommunikationsnetzwerkes verbunden sind. Die lokal autonomen DBS'e werden auch Knoten genannt. Die Benutzer haben Zugriff auf die Daten in allen Knoten. Das System wird homogen genannt, wenn in allen Knoten gleichartige DBS'e zur Verfügung stehen /CePe85/. Die Knoten des verteilten DBS besitzen ein homogenes zugrunde liegendes Modell, d.h. gleiche externe und konzeptuelle Schemata. Die Vorteile eines verteilten DBS's sind:

- organisatorische und wirtschaftliche Interessen,
- Verbindung lokal autonomer DBS'e,
- inkrementeller Zuwachs,
- Entlastung existierender Kommunikationsnetze,
- erhöhte Gesamtkapazität und Flexibilität,
- Effizienz und Performance und
- Zuverlässigkeits- und Verfügbarkeitssteigerung.

Zur Vermeidung von Deadlocks müssen in der Transaktionsverwaltung Vorkehrungen getroffen werden. Bisher sind verschiedene verteilte DBS'e implementiert worden (z.B. ENCOMPASS, SDD-1, R^*, DDM, Distributed-INGRES, POREL, SIRIUS-DELTA).

4.2.2 Multidatenbanken

Unter einer Multidatenbank wird ein heterogenes, verteiltes Datenbanksystem verstanden /CePe85/, /Litw85/. Die Heterogenität wird auf folgende Aspekte bezogen:

- ungleiche Rechner und/oder Betriebssysteme,
- ungleiche zugrundeliegende semantische Modelle,
- verschiedene Hersteller und/oder verschiedene Softwareprodukte,
- gleiches Softwareprodukt in verschiedenen Versionen.

Beim Entwurf von heterogenen Systemen wird der Datenbank-Designer mit zusätzlichen Problemen konfrontiert:

- Wahl eines gemeinsamen (globalen) Datenmodells und einer zugehörigen Datenmanipulationssprache,
- Übersetzung in das globale Datenmodell,
- Integration der verschiedenen Schemata und
- Bearbeitung von Anfragen.

Einige Multidatenbanken sind als Prototypen fertiggestellt (z.B. MULTIBASE, DDTS und heterogeneous SIRIUS-DELTA).

Für eine sinnvolle Kooperation der Datenbanksysteme reicht die alleinige Bereitstellung eines Übertragungsnetzes nicht aus. Einheitliche Beschreibungen und Definitionen von Protokollen und Diensten müssen bereitgestellt werden (siehe Normierungsmodell vom Internationalen Normungsgremium ISO /ISO84/).

4.2.3 Offene Systeme

Die Definition eines offenen Systems basiert auf dem Basic Reference Model IS 7498 /ISO84/. Danach wird unter einem offenen System die Kommunikation und Kooperation von herstellerunabhängigen Systemen verstanden. Ein System ist, bei der Betrachtung von rechnergestützter Kommunikation, eine Menge von einem oder mehreren Rechnern, sowie die zugehörige Software, aber auch Peripheriegeräte, menschliche Bediener, physikalische Prozesse usw., die ein autonomes Ganzes bilden und die Fähigkeit besitzen, Informationen zu verarbeiten und zu übertragen. Unter OSI (Open System Interconnection) wird die Übertragung von Information mit Hilfe eines verbindungsorientierten Kommunikationssystems zwischen offenen Systemen verstanden. In /ISO84/ wird ein sieben-schichtiges Referenzmodell präsentiert, das die Kommunikation zwischen zwei "application processes" repräsentiert. Das Referenzmodell muß frei von Realisierungsvorstellungen sein, genügend Flexibilität besitzen, um gegen neue technologische Entwicklungen invariant zu sein, und spätere Benutzeranforderungen erfassen und integrieren zu können. Die siebte Schicht (der Application Layer) ist zur Zeit Diskussionsgegenstand. Die Architektur der "Application Layer" ist noch nicht stabil. Es existieren sogar noch Mehrdeutigkeiten bei der Verwendung der Termini.

Der Name *offenes System* resultiert daraus, daß ein offenes System eine bestimmte Zielstellung besitzt, zu deren Lösung eine nicht fixierte Menge von dezentralen Subsystemen eingesetzt wird. Ein offenes System verändert sich kontinuierlich gegenüber der Zeit in dem Sinne, daß Subsysteme innerhalb eines offenen Systems ausscheiden oder neu hinzukommen. Diese Veränderungen können auch in kleinsten Zeiteinheiten gemessen werden, da nicht alle Subsysteme zu jedem Zeitpunkt ansprechbar sind. Weiterhin ist ein offenes System in dem Sinne inkrementell veränderbar, daß neue Anforderungen und Dienste hinzukommen oder geändert werden.

Jedes Subsystem verwaltet eine Menge von Objekten. In einem offenen System ist sehr schwer zu bestimmen, welche Objekte zu einem gegebenen Zeitpunkt existieren. In einem offenen System existieren keine globalen Objekte.

Ein offenes System basiert auf Kommunikationsmöglichkeiten über ein Nachrichtenmedium. Die Kommunikation in der Art und Weise von ''Verhandlungen'' wird häufig benutzt. Erst wenn sich die kommunizierenden Subsysteme über eine Zielstellung geeinigt haben, wird die Kommunikation abgebrochen /HeJo84/. Jedes Subsystem ist auf einem Rechner (oder mehreren Rechnern) installiert. Der Rechner eines Subsystems läuft zu den Rechnern anderer Subsysteme parallel im nonstop-mode, d.h. Subsysteme kommunizieren mit anderen Subsystemen, solange sie an das offene System angeschlossen sind.

Der Anwendungsbezug offener Systeme wird meist durch Dienstleistungsunternehmen hergestellt, die an ein internationales Rechnernetz angeschlossen sind, z.B. Banken im internationalen Zahlungsverkehr, Reisebüros mit Flug- und Hotelreservierungen etc..

4.2.4 Bürokommunikation

Mit dem Rechnereinzug in das Büro steht eine tiefgreifende Umwälzung der traditionellen Bürotechnologie (Schreibmaschine, Telefon, Kopiergerät, Diktiergerät, Rechenmaschine, Fernschreiber etc.) bevor. Im Büro wird Information entgegengenommen, verfügbar gemacht, verarbeitet, archiviert und schnell weitergeleitet. Die Rechnerunterstützung dieses Prozesses wirft Grundfragen der bisher zentralisierten Büroorganisation neu auf. Der in den siebziger Jahren eingeführte monofunktionale Arbeitsplatz war und ist zugeschnitten auf das eingeschränkte Funktionsspektrum der Geräte (z.B. Textsystem, Fernschreiber, Telefon, Terminal, Drucker, Kopierer). Der Engpaß dieser ''Insellösungen'' liegt in der fehlenden Übertragung der Information von einem System zu einem anderen. Die Systeme kommunizieren nicht über ein technisches Medium sondern durch das Versenden von Papierdokumenten.

Dieser Nachteil wird in den neuen multifunktionalen Arbeitsplätzen der dezentralen Büroorganisation umgangen. Informationen werden elektronisch übermittelt. Netze und Dienste der Telekommunikation (z.B. Teletex, Datex-P) und im kleineren Bereich LANs (z.B. Ethernet) schaffen die technischen Voraussetzungen. Als Informationsträger werden Sprache, Daten, Texte, Graphiken und auch Bewegtbilder versandt. Ein Schwerpunkt bei der Entwicklung von Büroautomationssystemen ist die offene Architektur, so daß neue Dienstleistungsfunktionen eingeführt werden können (z.B. elektronischer Schreibtisch, Textsoftware, Tabellenkalkulation, Planungswerkzeug, Zentralarchiv, Terminkalender, elektronische Post, Bürographik). Große Schwierigkeiten bei der Konstruktion einer offenen Architektur für Büroautomationssyteme bereiten die zahlreichen externen Schnittstellen beim Dokumentenaustausch, die Flexibilität der Softwarestruktur und die Anpassungsmöglichkeiten unterschiedlicher Hardwarekomponenten.

Die Bürokommunikation ist ein ausgezeichnetes Beispiel einer möglichen transaktionsorientierten Anwendung. Der Austausch von Objekten, deren lokale Bearbeitung, etc., deuten auf atomare Arbeitseinheiten mit Isolationseigenschaften hin. Bisher waren die beteiligten Personen, von ihrer manuellen Tätigkeit her, durchaus daran gewöhnt, daß eine Transaktion nur bis "zur Hälfte" gekommen ist. Daraus entstanden viele Organisationsschwierigkeiten, die mit einem transaktionsorientierten Bürokommunikationssystem behoben werden können.

4.2.5 Softwareentwicklungsumgebungen

Durch den Einsatz von Softwareentwicklungsumgebungen soll die Erstellung von komplexen Softwaresystemen durch Werkzeuge unterstützt werden. Die Reihenfolge des Werkzeugeinsatzes, sowie die Struktur der Objekte, die von den Werkzeugen verarbeitet werden, wird durch den zugrunde liegenden Software Life Cycle definiert. In jeder Phase entstehen also Teilergebnisse, wie z.B. ein Anforderungskatalog, Pseudocode-Module, bindefähige Objekt-Module, Sourcecode, Testergebnisse etc.. Objekte werden durch Manipulationsoperationen verfeinert oder verändert und durch Transformationsoperationen für Werkzeuge der nächsten Phase semantisch äquivalent aufbereitet. Kern einer Softwareentwicklungsumgebung ist eine Objektbank, die die Objekte verwaltet und den einzelnen Werkzeugbenutzern zur Verfügung stellt. Da Objekte von vielen Benutzern gleichzeitig verarbeitet werden können, verschiedene Versionen von Dokumenten existieren können und Rechnerausfälle durch Recoverymaßnahmen aufgefangen werden müssen, werden in der Literatur Transaktionskonzepte für Softwareentwicklungsumgebungen vorgeschlagen /KSUW85/ /GoLo85/. Aus der Diskussion ragen folgende Punkte heraus: das Datenmodell, die Datenintegrität, die Konsistenz, die Mehrbenutzbarkeit, die Datensicherheit, der Datenschutz und die Leistungssteuerung.

Eine weitergehende Forderung an ein Transaktionskonzept ist die Verteiltheit der Werkzeuge. In /Webe84/ wird ein, auf sogenannten ''units'' basierendes, verteiltes Softwareentwicklungssystem zur Entwicklung hierarchisch modularer Systeme vorgeschlagen. Jede ''unit'' entspricht dem Einsatz einer Menge logisch zusammengehöriger Werkzeuge. Die Hardwarearchitektur besteht aus einem Hostrechner und mehreren Serverrechnern, die mit dem Hostrechner vernetzt sind.

Wie bereits erwähnt sind Entwicklungsumgebungen dadurch charakterisiert, daß sie Objekte verwalten müssen, die komplexerer Natur sind als jene, die üblicherweise von relationalen Datenbanken verarbeitet werden müssen. Als Beipiele können Grafiken, Programmlistings, Dokumentationen, Managementinformationen etc. angegeben werden. Zur Manipulation dieser Objekte in einer Entwicklungsumgebung ist ein geeigneter Transaktionsmechanismus erforderlich. Die Struktur verteilter Entwicklungsumgebungen kann folgendermaßen dargestellt werden (siehe Figur 4-2).

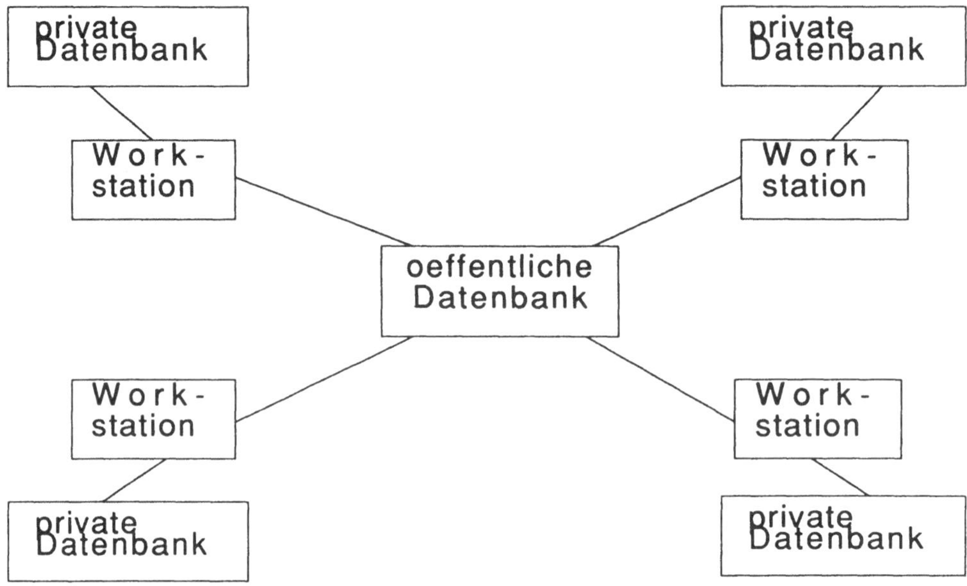

Fig. 4-2: Allgemeine Struktur verteilter Entwicklungsumgebungen

Der Kern des Systems bildet eine sogenannte öffentliche Datenbank, an die in der Regel Workstations angeschlossen sind. Die Entwickler an den Workstations holen sich Entwurfsobjekte aus dem zentralen System in ihre private Datenbank und operieren dort auf ihnen. Nach der Bearbeitung werden die Objekte aus dem privaten wieder in den öffentlichen Bereich zurückgeschrieben. Nach der Auslagerung eines Objektes aus der öffentlichen in eine private Datenbank ist es für weitere Zugriffe von anderen Anwendern gesperrt (Abweichungen von diesem Prinzip sind möglich). Um jedoch die Kooperation von Entwicklern zu unterstützen, besteht häufig die Möglichkeit, Teilobjekte zwischen den Entwicklern auszutauschen, bevor das gesamte Objekt wieder in den öffentlichen Bereich zurückgebracht wird. Zur Manipulation dieser Objekte ist ein geeigneter Transaktionsmechanismus erforderlich. Der Transfer zwischen öffentlicher und privater Datenbank wird durch die Operationen check_in bzw. check_out unterstützt. Check_out wird von einem Entwickler benutzt, um ein Objekt aus der öffentlichen Datenbank in seine private zu kopieren. Nach dem check_out existiert das Original in der öffentlichen und die Kopie in der privaten Datenbank. Check_in wird benötigt um ein modifiziertes Objekt aus dem privaten Bereich in die öffentliche Datenbank zurückzuschreiben oder ein neues Objekt einzufügen. Beim Zurückschreiben werden das alte Original in der öffentlichen und die modifizierte Kopie in der privaten Datenbank gelöscht. Während bei konventionellen Datenbanksystemen Sperren auf Objekten nur für die Laufzeit der anfordernden Transaktion gehalten werden, wird nun durch die check_out Operation eine permanente Sperre gesetzt, die erst durch ein entsprechendes check_in aufgehoben wird. Diese Sperre ist dem Objekt fest zugeordnet und wird als Attribut mit abgespeichert. Unter Berücksichtigung des hohen Maßes an Arbeitsteilung bei der Softwareentwicklung wird in /KSUW85/ auf der Basis des check_in check_out Mechanismusses ein gruppenorientiertes Transaktionsmodell für SPU 'en beschrieben.

4.2.6 Eingebettete Systeme

Unter einem eingebetteten System wird eine Einheit aus einem oder mehreren Kontrollrechner(n) und einer zu überwachenden Umgebung verstanden, deren Ausführungsabläufe von Operationen in festgelegter logischer Aufeinander- oder Parallelabfolge, unter strikten Zeitbedingungen, verarbeitet werden müssen. Das System arbeitet im Realzeitbetrieb, da die Kommunikation zwischen dem Rechensystem und seiner Umgebung Zeitbedingungen unterliegt. Informationen werden zu festgelegten Zeitpunkten von der Umgebung aufgenommen oder an die Umgebung abgegeben, so daß ein geschlossener Wirkungskreis entsteht. Beispiele solcher Systeme sind Flugleitsysteme, integrierte Transportsysteme und verfahrenstechnische Prozeßüberwachungssysteme.

Der Kontrollrechner (oder Prozeßrechner) muß das Prozeßgeschehen eines technischen Prozesses beobachten, steuern, regeln, bewerten und protokollieren. Zudem muß das Prozeßgeschehen einer Sicherheitsüberwachung unterzogen werden. Dazu müssen große Datenbestände schnell und sicher übertragen werden, eine möglichst parallele Auftragsabwicklung (unter Berücksichtigung von zeitkritischen Aufträgen) zur Verfügung gestellt werden und die Ablaufsteuerung direkt beeinflußt werden können.

Die Entwicklung der Rechnertechnologie und der Meß- und Regeltechnik zeigt, daß diese Bereiche immer weiter zusammenwachsen. Damit werden auch Bereiche wie die Kommunikationstechnologie, Realzeit-Datenbanken und vereinfachende Modellbildung integriert. Probleme bereiten indes die Erstellung und Bewertung von Arbeitsablaufplänen oder langfristigen Einsatzplänen. Nur wenn der direkte Nachweis des wirtschaftlichen Nutzens (Einsparung von Energie, Rohstoffen oder anderen Ressourcen, Erhöhung der Verfügbarkeit und der Betriebssicherheit des Systems etc.) geführt werden kann, können notwendige Investitionen für entsprechende, eingebettete Systeme getätigt werden.

4.2.7 Computer Integrated Manufacturing (CIM)

Unter "Computer Integrated Manufacturing" (CIM) wird ein einheitliches und aufeinander abgestimmtes Modell aus den Komponenten Produktion, Konstruktion, Fertigung und Verwaltung innerhalb eines Betriebes verstanden. Der Schwerpunkt des Begriffes CIM liegt auf der Integration der informationstechnischen Anwendungsgebiete. Eine einheitliche Interpretation ist allerdings noch nicht abzusehen. Allen beteiligten Bereichen muß ein einheitliches konzeptionelles Modell zugrundeliegen, da alle Eingaben in das System nur einmal vorgenommen werden sollen, so daß nachgelagerte Systeme auf diese Eingaben zugreifen müssen.

Nach U. Geitner /Geit86/ umfaßt CIM (siehe Figur 4-3) die Anwendungsgebiete Computer Aided Engineering (CAE), die strategische Produktionsplanung und -Steuerung (PPS) und Computer Aided Manufacturing (CAM), die für sich als "Insellösungen" betachtet werden können (weitere Abkürzungen: CAD rechnergestützter Entwurf; CAP rechnergestützte Fertigungsvorbereitung; CAQ rechnergestützte Qualitätssicherung; STVW Stammdatenverwaltung; MW Materialwirtschaft; KW Kapazitätswirtschaft; FT,L flexibler Transport und Lagerung; FH flexible Handhabung; FF flexible Fertigung).

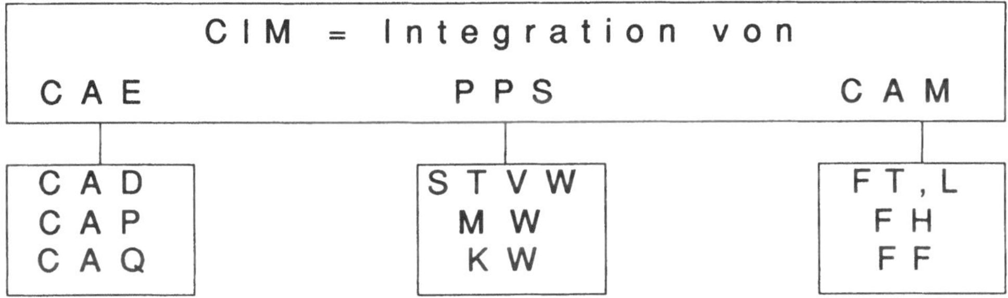

Fig. 4-3: Der CIM-Begriff

Nach dieser Begriffsdefinition sind die Lagerung, der Transport, die Handhabung und die Fertigung in einen geschlossenen Kreis eingebunden, der einen manuellen Eingriff überflüssig macht. Zwar ist diese Vorstellung noch Idee, jedoch gibt es schon Teilbereiche, für die solche Konzepte realisierbar sind. Ausgeschlossen aus der Begriffsdefinition sind die gesamten kaufmännischen Anwendungen (z.B. Finanzbuchhaltung, Kostenrechnung, Personalwesen, Vertrieb), für die der Begriff CAO (Computer Aided Office) geprägt wurde. Diese Trennung ist nicht ganz einsichtig, da beispielsweise der Vertrieb mit der Planung eng zusammenarbeiten kann.

Im folgenden Szenario beschreibt A. Scheer /Sche87/ deutlich, wie durch Transaktionen parallele Arbeits- und Betriebsabläufe innerhalb des CIM-Konzeptes beschrieben werden können:

"Die Auftragsbearbeitung beginnt z.B. mit der Frage des Kunden an den Vertrieb nach der Realisierbarkeit einer speziellen Produktänderung. Der Vertrieb reicht das Anliegen an die Konstruktion weiter und will wissen, mit welchem Aufwand diese Änderung verbunden ist und welcher Termin dafür eingesetzt werden kann. Diese Information geht zurück zum Vertrieb. Parallel dazu wird eine Anfrage an die Material- und Zeitwirtschaft gestellt, ob die benötigten Materialien und Kapazitäten verfügbar sind. Dieser Prozeß setzt sich fort. Der Auftrag durchläuft somit planerische Funktionen, die mehr der kaufmännischen Seite zugeordnet sind, und technische Funktionen wie Arbeitsvorbereitung, später NC-Programmierung und zuletzt die Umsetzung in die Fertigung selbst. Der Ablauf durchzieht eine Kette von Organisationseinheiten, die aufgrund der Arbeitsteilung gebildet wurden ..."

Innerhalb des CIM-Konzeptes fehlt es an einer strategischen Planung von solchen oben skizzierten Arbeitsabläufen. Die Entwicklung von verbindender Software und die Konzeption offener Systemarchitekturen sind weitere Diskussionspunkte. Da CIM aufbau- und ablauforganisatorische Konsequenzen für Unternehmen fordert, es aber an Werkzeugen zur Unterstützung von Wirtschaftlichkeitsuntersuchungen fehlt, haben die Unternehmen Probleme solche Änderungen durchzuführen.

In jüngster Zeit werden Transaktionskonzepte in CAD-Umgebungen in der Literatur vorgeschlagen. Aufbauend auf einem Systemmodell werden insbesondere Recovery- und Kommunikationsaspekte sowie die organisatorische Struktur eines Entwicklungsprojektes betrachtet /Holt87/.

Ein typischer Bereich für Engineering Design Transaktionen ist der computergestützte Entwurf (CAD). Der Ansatz von Katz und Weiss /KaWe84/ deckt sich weitgehend mit dem in Kapitel 4.2.5 beschriebenen Struktur von verteilten Entwicklungsumgebungen. Zu ergänzen ist das Recovery-Konzept. Zu jedem aus der öffentlichen Datenbank ausgelagerten Objekt gibt es in der privaten Datenbank eine Log-Datei, in der die lokal durchgeführten Änderungen protokolliert werden, eine Kopie des Objekts in der öffentlichen Datenbank, eine zugehörige Log-Datei, die die von der Workstation übertragenen aber noch nicht permanent gemachten Änderungen enthält, und ein Redo-Log, das die für ein Forward-Recovery benötigten Daten bereitstellt. Die Transaktionen enthalten Sicherungspunkte (savepoints), an denen der aktuelle Zustand des Objekts gesichert wird. An diesen Sicherungspunkten setzt dann das Recovery im Falle eines Systemabsturzes auf.

Auch der Ansatz von /KLMP84/ orientiert sich an der in Kapitel 4.2.5 vorgestellten Architektur. Zur Unterstützung der Kommunikation zwischen Entwicklern kann allerdings innerhalb einer Transaktion eine halb-öffentliche Datenbank angelegt werden. In diese kann ein Entwickler Teilobjekte eines von ihm ausgelagerten Objekts einbringen und damit anderen Entwicklern den Zugriff darauf ermöglichen bevor das gesamte Objekt in die öffentliche Datenbank zurückgeschrieben ist. Die halb-öffentliche Datenbank ist der Transaktion zugeordnet, von der sie initiiert wird. Sie existiert nur für die Dauer der Transaktion und ist physikalisch auf dem zentralen Knoten angesiedelt. Ein anderer Entwickler kann nur Objekte aus der halb-öffentlichen in seine private Datenbank transferieren und seinerseits wiederum Teile dieser Objekte über eine von ihm eingerichtete halb-öffentliche Datenbank weiterreichen. Damit handelt es sich hier um geschachtelte Transaktionen, die sich allerdings von den in Kapitel 4.1.1 vorgestellten Ansatz unterscheiden. Hier ist aus der Sicht eines Entwicklers seine Transaktion eigenständig und nur durch die Weitergabe der Datenobjekte ergibt sich aus logischer Sicht eine Transaktionshierarchie. Aufgrund der Eigenständigkeit der Transaktionen innerhalb der Hierarchie ist bei diesem Ansatz die strenge Konsistenz des traditionellen Konzeptes nicht mehr gegeben, da hier nicht wiederholbares Lesen möglich ist. Jede langlebige Transaktion innerhalb der Hierarchie besteht aus einer Folge von konventionellen, kurzen Transaktionen. Innerhalb der langen Transaktionen sind neben dem check_out bzw. check_in die üblichen Datenbankoperationen wie Datendefinition und -manipulation etc. zugelassen.

Der am weitesten fortgeschrittene Ansatz für CAD-Transaktionen ist in /BKK85/ dargestellt. Er reflektiert nicht nur die organisatorische Struktur eines Entwicklungsprojektes sondern trägt auch den Fähigkeiten der Hardware eines CAD-Systems Rechnung. Nach dem hier beschriebenen Modell besteht eine Transaktion nicht aus einer Folge von Subtransaktionen sondern aus einer Menge, auf der eine partielle Ordnung definiert ist. Damit lassen sich sowohl die Zerlegung eines Projektes in Teilprojekte als auch das Window-Konzept moderner Workstations modellieren. Gleichzeitig ist auch die Kooperation zwischen verschiedenen Designern in einem (Teil-) Projekt darstellbar. Innerhalb einer von einem Designer initiierten Transaktion können Teilaufgaben in Form von Subtransaktionen an andere Entwickler weitergereicht werden. Dadurch entsteht eine Kunde/Bediener-Beziehung zwischen Transaktionen. Für dieses intuitive Modell von CAD-Transaktionen wird in /BKK85/ eine formale Definition gegeben, deren Sinn an einem Beispiel demonstriert wird.

4.3 Architektur- und Kommunikationskonzepte

Softwaretechnisch eröffnet die Philosophie der Transaktionssysteme eine ganz neue Perspektive. Der Aspekt der Verteiltheit - für die vorgestellten Applikationen von Transaktionssystemen das Charakteristikum schlechthin -, der Aspekt der Kommunikation und der Aspekt der Systemarchitektur wurde in der Softwaretechnik erst in den letzten Jahren intensiver behandelt. In diesem Kapitel werden, ausgehend von Architektur- und Kommunikationskonzepten, in existierenden Ansätzen besondere Anforderungen von Transaktionssystemen bezüglich Kommunikation diskutiert.

Ein verteiltes System besteht aus einzelnen Subsystemen, die über ein Kommunikationsmedium kommunizieren. Jedes Subsystem läuft auf einem eigenen abstrakten Prozessor ab und bietet Dienste an. Diese Dienste sind Teil des Gesamtsystems. Unter dem Begriff Umgebung werden lokal zur Verfügung gestellte Benutzerschnittstellen oder Interaktionen mit anderen (nicht zum verteilten System gehörenden) Systemen zusammengefaßt.

Für die Spezifiaktion, den Entwurf und die Implementierung verteilter Systeme werden Modelle und Sprachen mit besonderen Eigenschaften benötigt. Einige Vorschläge zur Spezifikation und zum Entwurf verteilter Systeme sind DPMS/ DYMOL /AvWi85/, CSR /Hoar78/, Distributed Processes /Hans78/, ADA /DoD83/, COSY (basiert auf Netz- und Pfadausdrücken) /LTS75/ und distributed system specification technique (basiert auf temporaler Logik) /RaKe81/.

Aus der Literatur (/AnSc83/, /Lisk79/, /Habe72/, /SeEb86/) sind verschiedene Kommunikationskonzepte bekannt, die in unterschiedliche Modelle und Sprachen eingegangen sind: *no-wait send*, *synchronization send* (CSP), *remote invocation send* (ADA, SR, Distributed Processes), *rendezvous concept* (ADA, SR), *remote service call*.

Zur Klassifikation können bestimmte charakteristische Eigenschaften der Kommunikationsmechanismen herausgestellt werden, die allerdings von einem bestimmten Abstraktionsniveau abhängen. Wir betrachten dazu Systeme mit kooperierenden Prozessen, also Prozessen, die gemeinsam bestimmte Berechnungen durchführen /Spie85/. In Bezug zum, in dieser Arbeit später vorgestellten integrierten Prototypingmodell ist es nicht von Bedeutung, ob die Kommunikation über ein lokales Netz, auf der "Application Layer" des ISO/OSI-Referenzmodells oder nur über gemeinsamen Speicher abläuft. Wichtig ist vor allem, daß die folgenden Aspekte überhaupt berücksichtigt werden.

a) Kooperationsaspekt
Unter dem Kooperationsaspekt werden direkt und indirekt kooperierende Prozesse unterschieden. Indirekt kooperierende oder kommunizierende Prozesse benutzen gemeinsame Datenobjekte. Entsprechende Zugriffsoperationen zur Sicherstellung der Datenintegrität werden bereitgestellt (z.B. Monitore). Meist benutzen indirekt kooperierende Prozesse gemeinsam einen Speicher. Direkt kooperierende Prozesse heißen *nachrichten*-orientiert, wenn Prozesse Daten senden und empfangen können.

Sie heißen *operationen*-orientiert, wenn die Prozesse Operationen definieren, die von anderen Prozessen in Anspruch genommen werden. Jedes Datenobjekt ist bei direkt kooperierenden Prozessen lokal genau einem Prozeß zugeordnet.

b) Nachrichtenaspekt
Unter dem Nachrichtenaspekt werden Typ, Struktur und Semantik der Nachricht bei direkt kooperierenden Prozessen betrachtet. Die Adressierung kann einerseits direkt (d.h. der Empfänger der Nachricht wird explizit angegeben) oder indirekt sein (d.h. der Empfänger der Nachricht wird implizit angegeben). Bei der indirekten Kommunikation zwischen zwei Prozessen werden die Nachrichten an ''Behälter'' (*Ports*, *Mailboxes*, *Gates*) geschickt. Mehrere Prozesse können Nachrichten von einem ''Behälter'' empfangen und an einen ''Behälter'' senden. Weitere Unterschiede sind die symmetrische (sowohl der Sender als auch der Empfänger werden identifiziert) oder asymmetrische (nur der Empfänger wird identifiziert) Adressierung. Bei der einfacheren asymmetrischen Adressierung kann der Empfänger nicht mehr selektiv auf eine Nachricht eines Senders eingehen.

c) Synchronisationsaspekt
Mit der Synchronisation werden die Reihenfolge und die zeitliche Abhängigkeit eines Senders und eines Empfängers bezeichnet. Ein Nachrichtenaustausch zwischen Sender und Empfänger kann synchron oder asynchron vorgenommen werden. Dies ist äquivalent zu einer blockierenden und nicht-blockierenden Kommunikation. Es wird jeweils für den Sender und den Empfänger einer Nachricht unterschieden, ob der Sender nach dem Senden der Nachricht blockiert wird (oder nicht) und der Empfänger vor dem Empfangen der Nachricht blockiert ist (oder nicht).

d) Casting
Unter dem Aspekt Casting werden Sender-Empfänger-Beziehungen (unidirektionaler Nachrichtenaustausch) und Auftraggeber-Auftragnehmer-Beziehungen (bidirektionaler Nachrichtenaustausch) unterschieden. Neben dem 1 : 1 Sender/Empfänger-Verhältnis (*unicasting*) werden auch 1 : n, m : 1 und m : n Beziehungen klassifiziert. Werden durch das n eine bestimmte Menge von Empfängern identifiziert, so spricht man von *multicasting*. Werden mit n alle möglichen Empfänger bezeichnet, so spricht man von *broadcasting*.

Die Knoten eines verteilten transaktionsorientierten Systems kommunizieren zum Zwecke der Transaktionsverarbeitung. Die meisten Transaktionssysteme setzen auf Kommunikationssubsystemen auf, die für andere Anwendungsklassen entwickelt wurden. Es können allgemeine Kommunikationssubsysteme wie ARPANET, DECNET, SNA und die in neuerer Zeit entwickelten, verteilten, transaktionsorientierten Betriebssysteme TABS, LOCUS oder CLOUDS unterschieden werden. In /Roth85/ werden die Nachteile existierender Kommunikationssubsysteme für Transaktionen (unflexibel, teuer, zu speziell) diskutiert und ein, auf die Bedürfnisse von verteilten transaktionsorientierten Systemen zugeschnittener, Kommunikationsdienst als Kern einer Architektur vorgestellt.

4.4 Anforderungsanalyse in Bezug zum Basismodell

Aus der vorangegangenen Diskussion über verteilte transaktionsorientierte Systeme und deren Kommunikations- und Architekturkonzepten wird klar, daß die Anforderungen an das Prototyping-Basismodell aus Kapitel 3.6 erweitert werden müssen.

19.) *Systemstrukturierung durch Objektzuordnung*

Ein verteiltes System besteht aus mehreren Subsystemen. Jedes Subsystem verwaltet eine Menge von Objekten und darauf operierende Operationen. Durch die Verteilung und Zuordnung der Objekte und somit auch der Operationen auf Subsysteme wird eine Strukturierung des Zielsystems erreicht. Jedes Subsystem ist autonom, d.h. es ist für die Manipulation von Objekten eigenverantwortlich und es existiert kein systemglobaler Kontrollmechanismus.

20.) *Parallelität, Kommunikationsmechanismus*

Viele Softwaresysteme sollen auf verschiedenen Rechnern ablaufen, die miteinander kommunizieren. Die parallel ablaufenden Softwareteile des Zielsystems müssen durch Konstrukte und zugrunde liegende einfache Kommunikationsmechanismen spezifiziert werden können. Dazu sind direkt kooperierende Prozesse mit sowohl symmetrischer als auch asymmetrischer Adressierung nötig. Weiterhin wird ein flexibles Konzept für die Synchronisation sowie ein umfassender Castingmechanismus benötigt (uni-, multi,- broadcasting; uni- bidirektional). Ein anfragender Prozeß muß asynchron auf verschiedene Antworten von verschiedenen angesprochenen Prozessen reagieren können.

21.) *Transaktionsmechanismus*

Eine Transaktion verbindet verschiedene Operationen, die auf verschiedenen Subsystemen ablaufen können, zu einer Handlungseinheit. Möglichkeiten zur Initiierung und zum Commit müssen bereitgestellt werden. Für die Anforderungsdefinition kann der Transaktionsbegriff "aufgeweicht" werden, da keine Mechanismen zum Recovery benötigt werden. Auch die Serialisierbarkeit und das Concurrency Control spielen keine große Rolle, da die Semantik der Transaktion vom Benutzer spezifiziert werden soll, und es keine globale Kontrolle über alle Subsysteme gibt.

22.) *Zeitanforderung, Zeitverbrauch*

Einige Anforderungen sind an feste Antwortzeiten des Systems geknüpft. Für die Formulierung solcher Anforderungen müssen Sprachkonstrukte zur Verfügung stehen. Zeitanforderungen müssen gegenüber der Umgebung oder anderen parallel laufenden Softwareteilen ausgedrückt werden können.

23.) *Schutzmechanismen*

In verteilten Systemen müssen Schutzmechanismen gegen einen unberechtigten Zugang eingebaut werden. Objekte müssen vor der Ausführung unerlaubter

Operationen (d.h. Privacy) geschützt werden. Zuverlässigkeit des Systems gegenüber Fehlfunktionen (d.h. Security) muß spezifizierbar sein /DaPr84/.

Nachdem nun mögliche transaktionsorientierte Applikationen für das Prototyping vorgestellt worden sind, werden in den nächsten Kapiteln eine transaktionsorientierte Anforderungserfassungsmethode und eine transaktionsorientierte Anforderungsbeschreibungssprache vorgeschlagen, die sowohl auf das Prototyping-Basismodell (vergl. Kapitel 3.6) als auch auf den umfangreichen Anforderungskatalog abgestimmt sind.

Teil II

Vorschlag einer integrierten Vorgehensweise

5 Die Prototypingmethode REMOS

Im vorangegangen Kapitel sind Transaktionen und Transaktionssysteme vorgestellt worden. In diesem Kapitel wird eine objektorientierte Methode angegeben, um solche komplexen Systeme als lauffähige Prototypen zu erstellen. Die Prototypingmethode REMOS (**RE**quirement **M**ethodology for transaction-oriented **O**pen **S**ystems) basiert auf der Vorstellung, daß transaktionsorientierte Systeme gegenüber anderen Systemen wesentliche Vorteile bieten und nur inkrementell erstellt werden können. In Kapitel 3.3 ist eine Methode folgendermaßen definiert worden: durch die planmäßige Durchführung von Tätigkeiten, wird ein Problem auf ein zu grundeliegendes konzeptionelles Modell abgebildet. In diesem Kapitel werden die Tätigkeiten und das konzeptionelle Modell informell eingeführt.

Durch den Einsatz der Methode REMOS werden die, an der Anforderungsanalyse beteiligten Personen angeleitet, bestimmte Tätigkeiten zu bestimmten Zeitpunkten auszuführen. Die grundlegende Vorgehensweise von REMOS heißt:

- transaktionsorientierte Systeme haben gegenüber anderen Systemen positive Eigenschaften, daher versuche ein solches System zu erstellen;
- mach dir schon beim Requirement Engineering Gedanken über später auszuführende Transaktionen;
- jedes System hat eine Struktur und eine Dynamik. Versuche beides gleichzeitig zu definieren. Konzentriere dich aber zu einem Zeitpunkt auf einen wesentlichen Teil des Systems;
- beginne mit der Beschreibung von logisch zusammengehörigen Operationen und einer Ablaufbeschreibung. Beschreibe den Kontroll-, den Datenfluß und zugehörige Begriffe in einem Datenlexikon;
- füge die als wesentlich identifizierten Teile zusammen. Kennzeichne, welche Funktionalität das System haben soll und was durch die Umgebung des Systems, in dem es eingebettet ist, abgedeckt wird;
- falls sich im Verlauf der Prototypenerstellung herausstellt, daß die Ablaufbeschreibungen keine Transaktionseigenschaften haben (z.B. Recovery, Concurrency Control, Kompensation etc.), so benutze die spezifizierten Abläufe als normale Kontrollflußbeschreibungen weiter.

Neben der Methode werden zur Beschreibung von Transaktionssystemen eine entsprechende, auf der Definition von Transaktionen basierende, Anforderungsbeschreibungssprache und eine Entwicklungsumgebung benötigt. Diese werden in den folgenden Kapiteln 6 und 7 vorgestellt.

Durch REMOS wird den Personen, die an der Anforderungsdefinition beteiligt sind, eine Anleitung gegeben, wie sie aus verschiedenen Vorstellungen über ein geplantes Softwaresystem inkrementell einen Prototypen erstellen und evaluieren können. Der Prototyp wird auf der Basis einer Simulationsvorschrift konstruiert. Jeder Leser kann die vorgestellte Methode im Detail nach seinen Wünschen abändern. Viele gute Ideen zur Methodendefinition, insbesondere der Methode SA (Structured Analysis, vergl. Kapitel 3.2.2), können in /HaPi88/ und

/McPa88/ nachgelesen werden und können ohne Schwierigkeiten in Grundzügen auf REMOS übertragen werden. Aus Platzgründen kann REMOS nicht so umfassend dargestellt werden wie die Methode SA in den oben angegebenen Büchern.

In diesem Kapitel soll die Grundidee von REMOS skizziert werden. Nach einer Einführung in die allgemeine Vorgehensweise, in der das Basismodell und dessen Erweiterungen (siehe Kap. 3.6 und 4.5)aufgegriffen werden, wird ein Überblick über zugrunde liegende Konzepte und Ziele von REMOS gegeben.

5.1 Allgemeine Vorgehensweise

An dieser Stelle wird ein Überblick über die Vorgehensweise in REMOS gegeben. REMOS entspricht dem Requirement Specification Process des Basismodells aus Kapitel 3.6. REMOS ist eine Anleitung zur inkrementellen objektorientiertenErstellung von Prototypen auf der Basis von sukzessiv definierten Transaktionen. Die hier betrachteten Transaktionen sind logisch zusammengehörige Operationen, die aber gegebenenfalls von verschiedenen Benutzerinstanzen (Objekten)auszuführen sind. Die Operationen werden Sub-Transaktionen und die Benutzerinstanzen Subsysteme genannt (der Begriff Subsystem kann im folgenden als Synomym zu dem allgemeineren Begriff Objekt angesehen werden) Der Zweck eines Subsystems ist die Verarbeitung einer Eingabe in eine Ausgabe nach einem vorliegenden Plan. Die Zusammengehörigkeit von solchen Plänen über Subsystemgrenzen hinweg wird auch durch eine Transaktion ausgedrückt - den semantischen Transaktionen (vergl. Kap 4.1.2.; dort werden die hier benötigten S-Transaktionen eingeführt.)

Ziel der Methode REMOS ist es, dem Entwickler eine Anleitung zu geben, wie er sein Zielsystem als Transaktionssystem bauen kann. Das Transaktionssysteme entsprechende Vorteile bieten ist in Kapitel 4 besonders herausgestellt worden. Wie kommt man nun von den Vorstellungen in vielen Köpfen zu dem implementierten Zielsystem?

Stellen sie sich vor, Sie sollten beispielsweise ein Bürokommunikationssystem erstellen. Mit dem System müssen der Chef, die Sekretärin, die Mitarbeiter, die Verwaltungsangestellten usw. umgehen. Jeder hat unterschiedliche Anforderungen und Erwartungen an das System. Jeder möchte aber in seiner gewohnten Arbeitsumgebung und seinem eingeschliffenen Arbeitsstiel weiterarbeiten. Ersteres kann dadurch sichergestellt werden, daß jede Person einen eigenen Rechner zur Verfügung hat. Die Arbeitsstiele sind jedoch sehr unterschiedlich organisiert. Abstrahierend kann man jede Person als Subsystem bezeichnen. Ein Subsystem ist eine Strukturierungseinheit, die aus der Realität abgebildet wird und ist ein handelndes oder informationsverarbeitendes Entity. Es wird durch äußerliche Einflüsse (z.B. Aufrufe von anderen Subsystemen) auf etwas aufmerksam gemacht. Diese eingehenden Informationen werden irgendwann mit den eigenen Mitteln (Operationen) und dem eigenen Wissen (Datenbank) verarbeitet und gegebenenfalls die daraus entstandene Information an andere weitergegeben. Woher kommt nun die Information? In dem Beispiel des Bürokommunikationssystems ist eine Informationsquelle die eingehende Post, z.B per elektronische Post. Die Sekretärin wird die Post sortieren und an die Mitarbeiter verteilen. Der Chef liest seine Post und macht Mitarbeiter X auf eine besondere Stelle im Brief aufmerksam. Dieser erstellt daraufhin eine Hausmitteilung an alle Mitarbeiter und ... . Jeder kann den Faden für seine Organisation beliebig weiterspinnen.

Grundidee von REMOS ist nun, daß die Information, die eingehende Post, nach bestimmten Typen (z.B. Werbung, Rechnung, Rundbrief, Hausmitteilung etc.) unterschieden werden kann. Kommt eine Post eines Typs Y in das System, so ist seine Verarbeitung durch viele Subsysteme (Personen) vorbestimmt. Die Semantik der Verarbeitung ist bekannt und kann somit als S-Transaktion ausgeführt werden. Durch die Methode REMOS wird die Menge der Subsysteme und deren interne Organisation und die Typen und Verabeitungswege der S-Transaktionen herausgefunden. Bevor das fertige Bürokommunikationssystem die spezifizierten S-Transaktionen ausführen kann, müssen einerseits diese und andererseits die ausführenden Subsysteme identifiziert werden. Daher wird in den früheren Phasen der Prototyperstellung nicht von S-Transaktionen sondern von Szenarien gesprochen, um vom Transaktionsbegriff zu abstrahieren.Nach der REMOS-Philosophie kann das gesamte Softwaresystem durch eine Menge von Szenarien charakterisiert werden. Der Begriff Szenario ist dem der Transaktion übergeordnet. Subsysteme und Szenarien bilden also die Basisstrukturierungseinheiten der Methode. Neben der später auszuführenden Transaktionsdefinition werden in einem Szenario noch andere Informationen, z.B. über die Struktur des Prototypen oder über die Instanziierung der Transaktion mit Werten und die Terminierung der Transaktion, defi-niert. Durch welche eingehende Post wird beispielsweise eine Transaktion initiiert und wann ist deren Verarbeitung bei unterschiedlichen Personen erledigt.

Systeme sind sehr komplex. Daher werden Modelle entworfen, um sich auf das Wesentliche konzentrieren zu können. Szenarien bieten die Möglichkeit, zu einem Zeitpunkt bestimmte wesentliche Merkmale eines Modells (Struktur, Dynamik) zu bestimmen.

Bei der Anforderungsdefinition wird der Entwickler schrittweise die Szenarien definieren. Dabei werden zuerst primitive Szenarien und später komplexe Szenarien entworfen, die dann teilweise auf den primitiven aufbauen (''bottom-up''-Entwicklungs-prozeß). Für diesen Zweck wird eine Szenarienkomposition bereit-gestellt.

5.2 Überblick über Konzepte und Ziele von REMOS

Die in den vorangegangen Abschnitten skizzierte Methode REMOS zur Konstruktion von Prototypen auf der Basis einer uniformen Systemarchitektur orientiert sich an den Anforderungen von Transaktionssystemen.

Da das Software Engineering ein konstruktiver Prozeß ist, der somit auch intuitiv beeinflußt wird, kann der gesamte Prozeß allerdings nicht vollständig mathematisch formal beschrieben werden. Ein formaler Rahmen wird in Figur 5-1 und den folgenden Ausführungen gegeben.

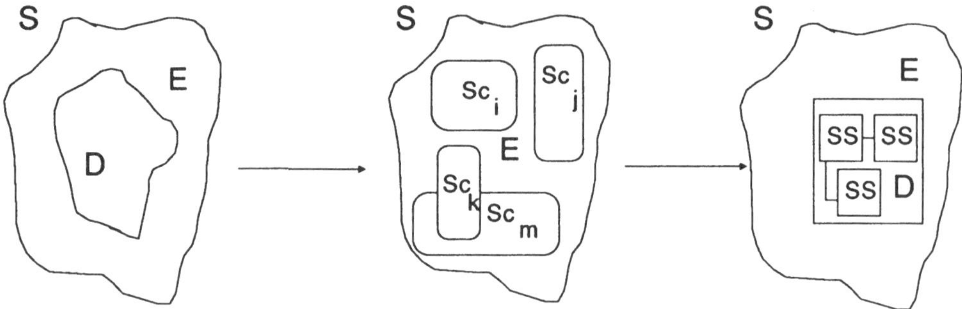

Fig. 5-1: inkrementelle Systemerstellung in REMOS

Ein zu erstellendes transaktionsorientiertes System S mit einer Struktur D, soll in der Umgebung E ablaufen. Die Vorstellungen über und Anforderungen an S sind allerdings auf alle an der Anforderungsbeschreibung beteiligten Personen ver-teilt. Durch die Definition einer Menge von Szenarien Sc wird eine erste Idee der Systemstruktur festgelegt und ein Interessenausgleich zwischen unterschiedlichen Anforderungen vorgenommen. In REMOS wird die abstrakte Struktur von S, bestehend aus kommunizierenden Subsystemen SS, vorausgesetzt. Diese Voraussetzung schränkt die Anwendung von REMOS nicht ein. Im Gegenteil -eine Methode kann nur dann angewendet werden, wenn das Ziel in Form eines initialen abstrakten Modells des Beschreibungsgegenstandes bekannt ist (vergl. Def. 3-1). Zu Beginn des Requirement Specification Process ist allerdings noch unklar, welches Aussehen die Subsysteme haben und was sie wann ausführen. Das informell vorliegende Problem wird durch eine Menge von Szenarien Sc beschrieben. Durch ein Szenario wird dem Modell der kommunizierenden Subsysteme eine Ordnung aufgeprägt und die Interaktion zwischen der Struktur D und der Umgebung E beschrieben. Die Problemanalyse ist ein kreativer Prozeß. Unter Ordnung wird hier die Problemstrukturierung unter gewissen Gesichtspunkten verstanden. Die sub-systemspezifische Beschreibung eines Szenarios wird "Subview" und aller Szenarien wird "View" genannt. Aus den Beschreibungen der Subviews und der Views wird der Prototyp des Systems S abgeleitet.

In REMOS steht für diese Aufgabe das Szenarien- und Sichtenkonzept bereit. Ein Szenario Sc beschreibt für eine konkrete Menge von Anforderungen sowohl eine Idee als auch eine Erwartung vom Verhalten von S und von der internen Struktur D von S. Das Verhalten betrifft nicht nur die Ein-/Ausgabetransformation E, sondern auch das Einhalten von Einschränkungen C etc. Durch eine Menge von Sc können Handlungsalternativen gefunden werden. An dieser Stelle sei Sc nur informell soweit beschrieben, daß ein $\underline{Sc}$ nur ein Teil der Funktionalität von $\underline{S}$ ist und von den Beobachtern, die Element von $\underline{OBS}$ sind, definiert wird. Die $\underline{OBS}^k{}_i(<Rolle_j>)$, die an der Beschreibung des Szenarios beteiligt sind, definieren die Anforderungen aus ihrer Sicht (aus ihrer Rolle j). Alle $\underline{R}_v$ (v=1..r) bezüglich S sind in dem Anforderungsraum $\underline{S}$ zusammengefaßt. Ein $\underline{Sc}$ ist ein Element der Potenzmenge P($\underline{S}$), d.h. daß $\underline{S}$ durch eine Menge $\underline{Sc}$ beschrieben wird. Unterschiedliche $\underline{Sc}$ können von verschiedenen $\underline{OBS}^k{}_i(<Rolle_j>)$ aufgestellt werden. Elementare Anforderungen an das System S können erkannt werden, falls mindestens ein $\underline{R}_i$ ($1 \leq i \leq r$) existiert, das in zwei oder mehreren verschiedenen Szenarien aufgenommen worden ist. Als Übersicht über die Vorgehensweise sei auf das Konzept der Szenarien und Sichten in Kapitel 5.3.3 verwiesen.

Die Ziele von REMOS zur Unterstützung des Anwenders und Entwicklers können folgendermaßen zusammengefaßt werden:

- schrittweise Definition und Strukturierung der Anforderungen durch Szenarien,
- Konsistenzüberprüfung der Anforderungen,
- Betrachtung und Validierung von Szenarien,
- Entwicklung verschiedener Benutzersichten,
- inkrementelle und evolutionäre Systementwicklung,
- uniforme Subsystemarchitektur (oder Objektarchitektur)),
- Definition von Kommunikationsprotokollen zwischen Subsystemen auf hohem Abstraktionsniveau,
- Beschreibung der zwischen Subsystemen auszutauschenden Objekte,
- Hierarchisierung eines Subsystems,
- Abstraktion und Verfeinerung eines transaktionsorientierten Systems und
- Herleitung erster Entwurfsentscheidungen.

Die verschiedenen Ziele dieser Aufzählung werden durch das Konzept der uniformen Subsystemarchitektur, das Konzept der Szenarien und Sichten, das Konzept der Trennung von Daten- und Dienstbeschreibung und das Konzept der Hierachisierung und Komposition erreicht, die in den folgenden Abschnitten vorgestellt werden. Neben einer informellen Einführung in die Konzepte, werden an entsprechenden Stellen noch weitere formale Definitionen des REMOS Systemmodells gegeben.

5.2.1 Das Konzept der uniformen Subsystemarchitektur

Viele Applikationen für Transaktionssysteme (siehe Kap. 4.2) sind von sehr heterogener Natur, d.h. sowohl die verwendete Hardware als auch die Software sind unterschiedlich. Alle an der Applikation beteiligten Subsysteme besitzen eine spezielle Schnittstelle zum Benutzer und zum Kommunikationsmedium. Nur durch allgemein akzeptierte Standardisierungsvorschläge und deren Realisierung im Produkt können diese Schnittstellen wartungsfreundlicher gemacht werden. Das Konzept zur Entwicklung einer uniformen Subsystemarchitektur bietet die Möglichkeit, alle Subsysteme des Zielsystems aus einheitlichen Komponenten aufzubauen. Dadurch wird die Entwicklung und Wartung eines Systems wesentlich erleichtert. Änderungen und Erweiterungen können schnell vorgenommen werden.

Das Konzept der uniformen Subsystemarchitektur basiert auf der Unterscheidung zwischen extern und intern angestoßenen Diensten deren Bedeutung in der Figur 5-2 erläutert wird. Ein Subsystem besteht aus folgenden Komponenten:

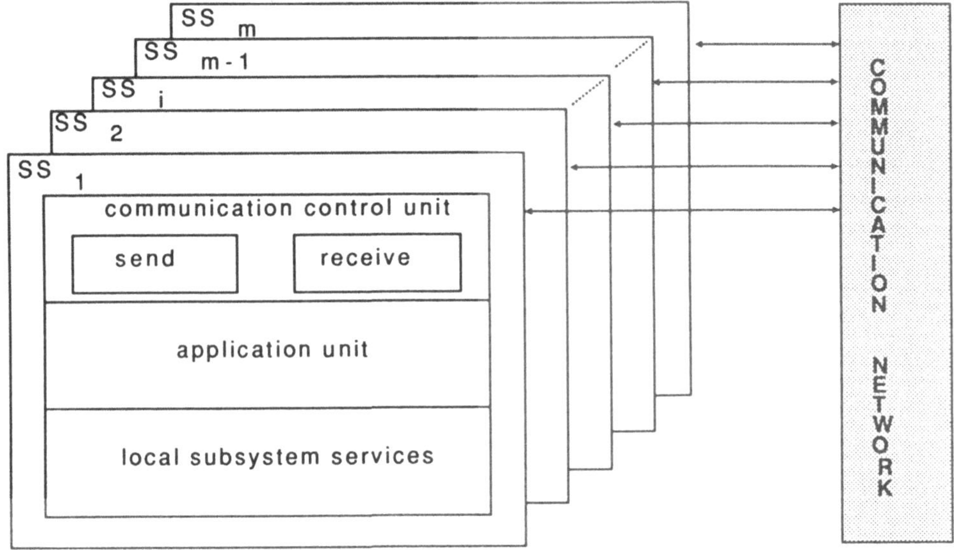

Fig.5-2: uniforme Subsystemarchitektur

subsystem (SS)

Ein Subsystem ist ein autonomer Teil eines verteilten Systems. Es kommuniziert mit anderen Subsystemen über ein Kommunikationsmedium durch den Austausch von Nachrichten. Ein Subsystem ist ein allgemeines Strukturierungsentity eines Systems, z.B. Sekretärin. Jedes Subsystem besteht aus den Komponenten *local subsystem services*, *application unit* und *communication control unit*, die weiter unten beschrieben werden.

communication network

Ein Communication Network ist ein System, welches primitive Dienste zur Kommunikation von Subsystemen bereitstellt. Im Rahmen der uniformen Subsystemarchitektur ist es unerheblich, ob CN ein Wide-Area-Network, ein Local-Area-Network oder gar nur ein von Subsystemen gemeinsam benutzter Speicher ist. Jede Nachricht, die zwischen Subsystemen ausgetauscht wird, wird über das CN als zwischengeschaltetes Kommunikationsmedium vom Sender zum Empfänger geschickt.

application unit (au)

In dieser Komponente eines Subsystems wird eine Menge von vordefinierten Diensten spezifiziert, die anderen Subsystemen angeboten werden. Diese global angebotenen Dienste können nur von remote Subsystemen durch Senden von Nachrichten initiiert werden, denen auch der Dienst bekannt ist (z.B. alle eingehende Post zu SS-A). In der Formulierung einer Ausführungsvorschrift eines globalen Dienstes ist das Subsystem autonom. Die Ausführungsvorschrift ist Teil des gesamten Kontrollflusses des Systems. Die Sekretärin organisiert das Verteilen der Post selber. Zur Ausführung werden einerseits die lokal angebotenen Dienste der Komponente *local subsystem services* benutzt, und andererseits andere Dienste initiiert, die von der *au* fremden Subsystemen angeboten werden.

local subsystem services (lss)

In dieser Komponente eines Subsystems werden eine Menge von subsystemintern auszuführenden Diensten definiert. Die Dienste können nur von der *application unit* initiiert werden. Andere Subsysteme haben keine Möglichkeit diese Dienste zu benutzen. (Nur die Sekretärin selber weiß, wie die eingehende Post verteilt wird.) Das Subsystem hat lokale Autonomie, d.h. es läßt die Ausführung dieser Dienste nur lokal (oder intern) zu und besitzt die Verantwortung diese Dienste korrekt zu bearbeiten. Die *lss*- Komponente verschiedener Subsysteme bleibt weitgehend, wegen der lokalen Autonomie, heterogen. Beispielsweise haben im internationalen Zahlungsverkehr andere Banken keinen Zugriff auf die lokale Datenbank einer Bank. Eventuell werden spezielle Funktionen (z.B. lesen bestimmter Relationen) angeboten. Die Ausführung aller anderen Funktionen (z.B. update) sind nur lokal zulässig.

communication control unit (ccu)

Die gesamte Kommunikation mit anderen Subsystemen geschieht über Funktionen, die die *communication control unit* bereitstellt. Nachrichten können zur Initiierung von Diensten zu anderen Subsystemen verschickt werden (*Send*-Instanz). Empfangene Nachrichten (*Receive*-Instanz) initiieren eine Dienstausführung auf dem entsprechenden Subsystem. Die *ccu*- Komponente der Subsystemarchitektur ist fester Bestandteil aller Subsysteme. Die konkrete Realisierung des Kommunikationskonzeptes wird an dieser Stelle außer acht gelassen . Die konkrete Realisierung kann beispielsweise durch Kommunikationssysteme auf der Basis von X400 /CCITT84/ (vergl. sieben Schichten des ISO/OSI Referenzmodells) realisiert werden.

Im folgenden werden Subsysteme durch einen Namen und grafisch durch Kästen dargestellt. Eingehende und ausgehende Pfeile symbolisieren den Nachrichtenfluß (Datenfluß) zwischen den jeweiligen kommunizierenden Subsystemen. Der Kontrollfluß, zu welchem Zeitpunkt welche Nachricht an welches Subsystem geschickt wird, wird innerhalb des Subsystems in der application unit spezifiziert. Die Benutzer der Methode REMOS werden während des Konstruktionsprozesses eines Systems zur Durchführung bestimmter Tätikeiten angehalten. Wie schon oben angedeutet wurde, besteht nach REMOS Philosophie ein System aus vielen kommunizierenden Subsystemen, die wiederum die gerade vorgestellte uniforme Architektur haben. Im folgenden soll kurz der Systembegriff von REMOS erläutert werden.

Es ist schwierig eine Definition des Begriffs *System* exakt zu fassen, weil die

Auffassungen darüber stark von dem Bezugsfeld abhängen Unter dem Begriff System (der Terminus stammt aus dem Griechischen und bedeutet Zusammenstellung) wird "ein mehr oder weniger geordnetes Ganzes" verstanden. Definitionen von Systemen gibt es in der Biologie, in den Wirtschafts- und Sozialwissenschaften, genauso wie in der Astronomie und den Ingenieurwissenschaften. Erst zu Anfang dieses Jahrhunderts wurde durch das Forschungsgebiet der Systemtheorie der Versuch unternommen, Strukturen, Ableitungen bestimmter Regeln, Gesetze und Prinzipien in verschiedenen Wissenschaften zu untersuchen (Mitbegründer der Systemtheorie war Forrester). Wichtigstes Ergebnis der Systemtheorie war die Kybernetik, die durch Arbeiten von Wiener in vielen Wissenschaften bekannt gemacht wurde. Eine allgemein akzeptierte Definition des Begriffs Systems kristallisierte sich nicht heraus. Verbleibende Diskussionspunkte sind: Ist die Umgebung Teil eines Systems? Hat ein System auch notwendigerweise ein Verhalten? Tritt ein System mit der Umgebung in Interaktion? Für das hier vorgestellte Systemmodell nehmen wir folgenden Grundkonsens an:

- ein System S hat ein beobachtbares Ein- / Ausgabeverhalten und
- ein System S besteht aus interagierenden Subsystemen, die Struktur von S genannt werden.

Aus diesen beiden Charakteristika kann gefolgert werden, daß ein System S Eingaben I aus einer Umgebung E annimmt und Ausgaben O an die Umgebung E abgibt. Nur aus der Sicht von S ist E eine Umgebung. E kann zusammen mit S von einer "höheren" Betrachtungsebene auch wieder als ein System S^k (k =/ 1) aufgefaßt werden. S^k hat eine Struktur, die aus n interagierenden Subsystemen S^k_i ($1 \leq i \leq n$) besteht. Das System S ist dann also eines dieser S^k_i (für ein i). Wir gehen also von hierarchisch geordneten Systemen aus, wobei der Index k die Betrachtungsebene (höchste Ebene k = 1, die willkürlich gewählt wird) und der Index i ein Subsystem dieser Ebene angibt (vergl. Kapitel 5.2.5).

Es sei S ein System einer Betrachtungsebene k, also $S = S^k_i$ (für ein festes i und ein festes k, $1 \leq i \leq n$ und k =/ 1), welches konstruiert werden soll. Das System S hat die Struktur D und befindet sich in einer Umgebung E. Mit Hilfe einer Transformationsbeschreibung F werden Eingaben X zu Ausgaben Y transformiert. Dabei werden die Ressourcen P verbraucht und es müssen Einschränkungen C eingehalten werden. S kann folgendermaßen definiert werden (Mengensymbole werden zur besseren Unterscheidung von Symbolen für Abbildungen durch Fettdruck hervorgehoben):

Definition 5-1: *System*
Ein System S ist ein 7-Tupel S = (**X**, **Y**, F, D, **ST**, **P**, C) mit:
X ist eine Menge von Eingaben in das System S,
Y ist eine Menge von Ausgaben des Systems S,
F ist eine Transformationsbeschreibung, auf welche Weise X nach Y transformiert wird,
D definiert die Design- oder Strukturkomponenten des Systems S,
ST ist eine Menge von Zuständen, die ein system annehmen kann,
P ist eine Menge von Ressourcen, die bei der Durchführung von F verbraucht werden (bspw. Speicher, Zeit, aber auch natürliche Ressourcen wie Energie etc.),

C sind Konditionen, Einschränkungen, die bei der Transformation eingehalten werden müssen.

Definition 5-2: *Umgebung*
Sei S = (**X**, **Y**, F, D, **ST**, **P**, C) ein System. E heißt Umgebung von S, wenn die Eingaben **X** aus E empfangen und die Ausgaben **Y** an E abgegeben werden.

Das Problem der konstruktiven Ingenieurwissenschaften besteht darin, daß das zu beobachtende System noch konstruiert werden muß. Es besteht also nur eine Vorstellung davon, was S leisten soll. Diese Vorstellung über S soll $\underline{S}$ = ($\underline{\mathbf{X}}$,$\underline{\mathbf{Y}}$,$\underline{F}$,$\underline{D}$,$\underline{\mathbf{ST}}$,$\underline{\mathbf{P}}$,$\underline{C}$) heißen. Die Vorstellungen über S sind auf verschiedene Personengruppen verteilt (z.B. Designer, Benutzer, Wartungs-, Qualitätssicherungsingenieur, Systemverwalter etc.), die in irgendeiner Weise an der Anforderungsdefinition oder Entwicklung von S beteiligt sind. $\underline{S}$ heißt Anforderungsraum und bildet die Menge aller möglichen Anforderungen $\underline{S} = \{\underline{R}_1,..,\underline{R}_v|$ v ist Element der natürlichen Zahlen) an S.

5.2.2 Das Konzept der Szenarien, Sichten und Rollen

Das Szenarien- und Sichtenkonzept hilft den Spezifizierern und / oder Entwicklern eines Zielsystems bei der Transformation einer informellen Problemstellung zu einem Prototyp. Die Struktur des Prototypen besteht aus vielen Subsystemen der oben vorgestellten Architektur besteht. Die Transformation vollzieht sich in vier Schritten, die im folgenden beschrieben werden. Die Schritte 1 und 2 haben konstruierenden Charakter. Hier müssen Ideen entwickelt, analysiert und formuliert werden. Die anschließenden Schritte 3 und 4 haben synthetisierenden Charakter. Hier werden die Beschreibungen der Ideen komponiert und in einen Prototyp transformiert. Im folgenden werden diese vier Schritte genauer dargestellt und durch ein Beispiel aus dem internationalen Zahlungsverkehr verdeutlicht. Jeder Transformationsschritt wird in einem Meilenstein festgehalten. Als Meilensteine werden in REMOS die Szenarien, die Teilsichten, die Sichten und das System definiert. Diese Meilensteine können das Zielsystem vollständig oder unvollständig, aber auch informell, semiformal oder formal beschreiben.

a) Analyseschritt 1: Problemstellung -> Szenarien

Unter informeller Problemstellung wird ein in Papierform, als Realität (Organisation) oder in der Vorstellung verschiedener Personen vorliegendes, nicht klar definiertes System verstanden. Diese Form der Problemstellung wird im Anschluß an eine Analyse durch Szenarien strukturiert. Ein Szenario ist die Beschreibung einer bestimmten Aufgabe oder einer Handlungsalternative in Form einer zusammengesetzten Ablaufbeschreibung die später als eine Transaktion formuliert wird. Es beinhaltet ein globales Verständnis eines Teilproblems, das in dem Prototypen realisiert werden soll. Es wird zunächst die Frage gestellt: ''Was soll das System leisten?'' Aus der Menge der Anworten können Szenarien abgeleitet werden. Ein Szenario wird, aus Sicht der Anwendung, für zusammengehörige Ablaufbeschreibungen entwickelt, die sich über ein oder mehrere Subsysteme erstrecken. Durch die Definition eines Szenarios werden neben einer Idee über die Systemstruktur noch Informationen über die Instanziierung einer Transaktion mit Werten und Terminierung einer Transaktion festgehalten. Ein Szenario prägt dem Modell von kommunizierenden Subsystemen in dem Sinn eine Ordnung auf, indem eine mögliche Systemstruktur und eine Ablaufbeschreibung für die Transaktion definiert wird. Das informell vorliegende Problem der Erstellung eines Systems für den internationalen Zahlungsverkehr kann durch einzelne Szenarien strukturiert werden. Z.B.

a) Überweisung eines Geldbetrages von Bank-A (auch "ordering bank" genannt) nach Bank-B (auch "beneficiary bank" genannt) über Bank-C (auch "corresponding bank" genannt). Dies ist immer dann notwendig, falls Bank-A und Bank-B gegenseitig keine Konten führen. Bank-C führt Konten von beiden anderen Banken und ist bspw. für einen Währungswechsel des zu überweisenden Betrages zuständig.
b) Bilanzreport eines großen Unternehmens, mit auf vielen Banken verteilten Konten. Die benachrichtigten Banken senden den Kontostand des Unternehmens zu dem mitgesandten Zeitpunkt an eine sammelnde Babnk, die die Informationen zu einem Bilanzreport auswertet.
c) Börsendienst mit Angebot- und Nachfrageregelung. Eine Bank fragt bis zu einem angegebenen Limit bspw. nach Gold nach und bietet Dollar.

Für die sicherheitstechnische Abwicklung dieser Dienste gibt es bspw. die in Kapitel 1.1 eingeführte Organisation S.W.I.F.T. .

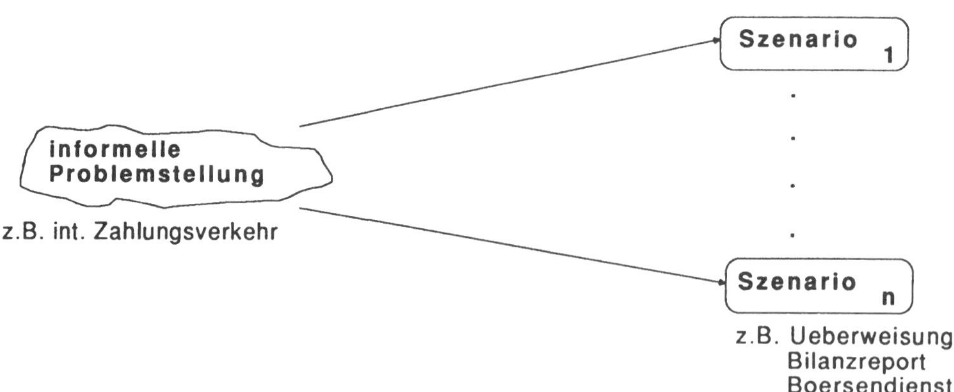

Fig.5-3: Problemstellung - Szenarien

Neben der Aufgabenformulierung können Randbedingungen definiert werden, die innerhalb eines Szenarios eingehalten werden müssen. Das System $\underset{\sim}{S}$ soll alle möglichen Anforderungen von verschiedenen Personengruppen erfüllen. Eine Anforderung kann formal folgendermaßen aufgefaßt werden:

Definition 5-3: *Anforderung*
Eine (funktionale) Anforderung $\underline{R}$ ist ein 4-Tupel $R = (\mathbf{X}^R, \mathbf{Y}^R, \underline{F}^R, \mathbf{P}^R)$ mit:
$\mathbf{X}^R$ ist eine Vorstellung von der Eingabe in $\underline{S}$,
$\mathbf{Y}^R$ ist eine Vorstellung von der Ausgabe von $\underline{S}$,
F^R ist eine Vorstellung von der Transformationsbeschreibung, wie $\mathbf{X}^R$ nach $\mathbf{Y}^R$ transformiert wird,
$\mathbf{P}^R$ ist die Anforderung an die Effektivität, die bei der algorithmischen Formulierung von $\underline{F}^R$ erfüllt werden muß (z.B. Forderungen an das zeitliche Verhalten, Forderungen an die Ressourceninanspruchnahme etc.). In $\mathbf{P}^R$ können auch Forderungen über die Umgebung E (z.B. gefordertes Zeitverhalten bei einer bestimmten Last) festgehalten werden.

Das Zeitverhalten eines Systems kann erst nach der Fertigstellung beobachtet werden. Durch ständige Verfeinerung wird ein System top-down entwickelt. Schwierigkeiten entstehen bei einer entwicklungsbegleitenden Leistungsanalyse. Die Einhaltung von Zeitanforderungen können in einem Prototypen nicht nachgewiesen werden. Die internen Leistungsdaten (Zeitverbrauch, Ressourceninanspruchnahme) können bei der entwicklungsbegleitenden Leistungsanalyse nur auf Annahmen basieren, solange das System auf keinem realen Prozessor ablauffähig ist. Die Annahmen müssen sinnvoll gewählt werden, damit die Erfüllung der externen Leistungsdaten (Effektivität) vor der endgültigen Entwicklung und Implementierung des Systems bewertet werden können
Es ist Aufgabe des Requirement Engineering für alle Anforderungen $\underline{R}_v$ (v=1..r)
a) die möglichen Eingaben $\mathbf{X}^R{}_v$ auf $\mathbf{X}$, b) die möglichen Ausgaben $\mathbf{Y}^R{}_v$ auf $\mathbf{Y}$,
c) die mögliche Abbildungsvorschrift $\underline{F}^R{}_v$ auf $\underline{F}$ und $\underline{C}$ und
d) die möglichen Leistungsparameter $\mathbf{P}^R{}_v$ auf $\mathbf{P}$ abzubilden,
um somit eine konkrete Vorstellung von dem zu konstruierenden System $\underline{S} = (\mathbf{X}, \mathbf{Y}, \underline{F}, \underline{D}, \mathbf{ST}, \mathbf{P}, \underline{C})$, dem Prototypen, zu erzeugen.

Während dieses Konstruktionsprozesses ist die Grenze zwischen System, dem Design des Systems und seiner Umgebung fließend, da die Vorstellungen der verschiedenen an der Anforderungsdefinition beteiligten Personengruppen möglicherweise weit auseinanderliegen. Die Transformation von $\underline{S}$ nach S (d.h. vom Prototypen zum Produkt) ist nicht mehr Aufgabe des Requirement Engineerings, sondern der nachfolgenden Softwareentwicklungsprozesse (vergl. Prototyping-Basismodell in Kapitel 3.6).

Das Verhalten eines Systems kann beobachtet werden. Soll das System erst noch erstellt werden, so bestehen die Bebachtungen noch im Kopf des Beobachters. Er wünscht sich oder erwartet sozusagen, daß er diese Beobachtungen beim realen System machen wird. ("Wenn ich das System mit dem Wert X initiieren, erwarte ich die Ausgabe Y_1 oder Y_2, falls ..."). Der Beobachter hat eine Art rudimentäre Wertetabelle in seinem Kopf, die aber für das gesamte System nicht ausreicht. Ein Beobachter kann während der Anforderungsdefintion in verschiedenen Rollen sein. Dadurch kommt zum Ausdruck, daß er sich in einer Rolle auf bestimmte Eigenschaften des Systems konzentriert. Durch diese Vorgehensweisen wird dem Beobachter klar, daß er in verschiedenen Situationen auch unterschiedliche Anforderungen stellen kann.

Definition 5-4: ***Beobachter***
Verschiedene Personengruppen (z.B. zukünftige Benutzer, Konstrukteure, Entwickler, Wartungsingenieure etc.) mögen das System $\underline{S}_i$ ($1 \leq i \leq n$) beobachten. Ein Beobachter von $\underline{S}_i$ heißt $\underline{OBS}_i$(<Rolle$_j$>) (j=1..q), wenn er sich in einer spezifischen Rolle j befindet und Anforderungen an $\underline{S}_i$ stellt.
$\underline{OBS}$ heißt die Menge aller Beobachter.

b) Analyseschritt 2: Szenario -> Teilsichten

Nachdem die informelle Problemstellung durch Szenarien zerlegt wurde, wird nun im pragmatischen Sinne festegelegt, wer welche Teile der Ablaufbeschreibung auszuführen hat. Die im Szenario i beschriebene Aufgabe wird auf verschiedene (m) beteiligte Subsysteme weiter zerlegt, die neu zu definieren sind. Die Zerlegung ist ein kreativer Prozeß der an der Anforderungsdefinition beteiligten Personen. Jedes Subsystem definiert ihr lokales Verständnis der zu bearbeitenden Transaktionen. Hier wird das "wie" der Transaktionsausführung definiert. In diese Aufteilung gehen schon erste grobe Architekturentscheidungen ein. Jedes Subsystem kann als abstrakter Prozessor aufgefaßt werden. Ein Subsystem ermittelt und beschreibt die Dienste, die es "als Beitrag" zur Ausführung der Transaktion zur Verfügung stellt. Ein Dienst ist eine extern angebotene Sub-Transaktion. Die Subsysteme definieren nur den lokalen, subsystemspezifischen Teil der Ablaufbeschreibung einer Transaktion (Teilsicht, subview), wobei sie ihren Einflußbereich nach außen abgrenzen und ihr "lokales Gedächtnis", oder die lokal zu verwaltenden Ressourcen beschreiben.

Da ein Szenario durch unterschiedliche Teilsichten beschreiben und daraus ein Prototyp erstellt wird, gehen Informationen über die Transaktion in den Prototypen S ein (gestrichelter Pfeil in Firgur 5-4). Das Szenario einer Geldüberweisung besteht aus vielen Teilsichten, z.B. auftraggebender Kunde, beauftragte Bank, ausführende Bank, Empfänger des Geldes etc.

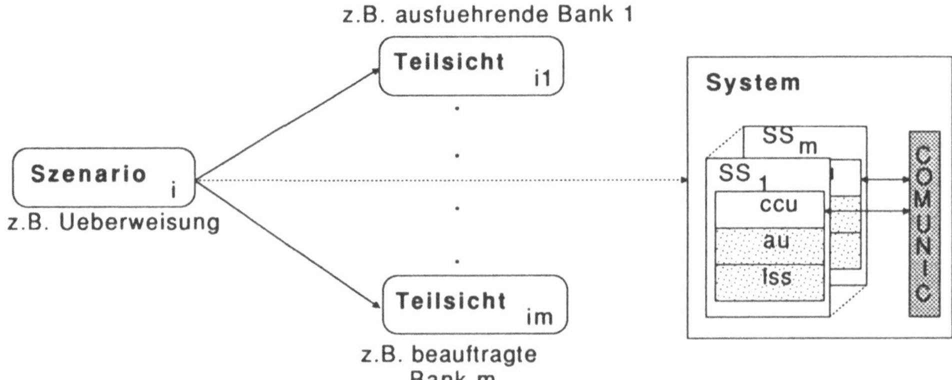

Fig.5-4: Szenario - Teilsichten

In der Figur 5-5 ist die, bis zu diesem Zeitpunkt, beschriebene Vorgehensweise dargestellt. Ein Szenario wird von einer Personengruppe definiert, die es mit Eingabewerten "füttern" und Ausgabewerte erwarten. Die gesamte Ablaufbeschreibung ist auf verschiedenen Subsysteme verteilt, die über Nachrichtenaustausch miteinander kommunizieren. Jedes Subsystem hat dieselbe Architekturstruktur. Die Nachrichten m haben einen Typ und einen Wert. In ein Subsystem eingehende Nachrichten werden von diesem autonom verarbeitet. Dazu stehen lokale Dienste zur Verfügung.

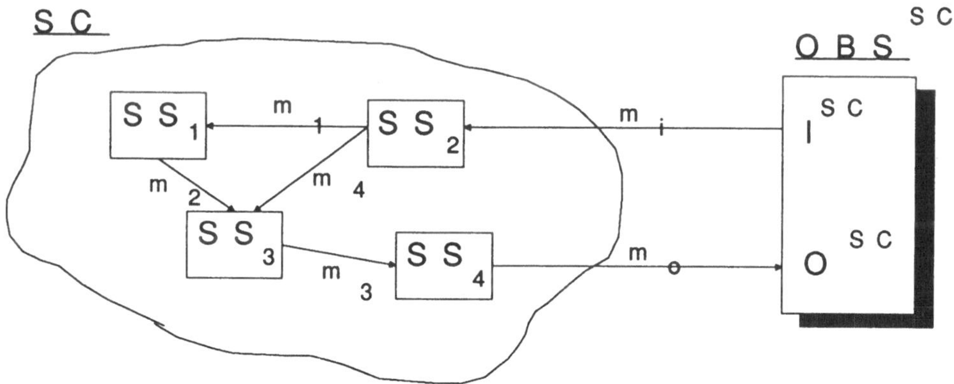

Fig. 5-5: Beobachter eines Szenarios

Während der Anforderungsdefinition und insbesondere bei der Beschreibung eines Szenarios müssen alle beteiligten Personen unter bestimmten Begriffen und Namen dasselbe verstehen. Jede auszutauschende Nachricht hat einen Namen, z.B. "Betrag". Alle Namen müssen in einem Lexikon, dem Data Dictionary, festgehalten werden und schrittweise genauer definiert werden. Jede Nachricht hat einen Namen und einen Typ. "Betrag" könnte als Wertebereich den Typ der ganzen Zahlen zugewiesen bekommen. Namenskonflikte, daß Personen verschiedene Dinge mit demselben Namen (hier spricht man von Homonymen) oder gleiche Dinge mit verschiedenen Namen bezeichnet werden, kommen während der Anforderungsdefiniton häufig vor und führen meist zu Kommunikationsproblemen. Für eine genauere Spezifikation eines Namens im Data Dictionary wird im folgenden Kapitel 6 eine speziell auf REMOS zugeschnittene Sprache eingeführt.

c) Syntheseschritt 3: Teilsichten -> Sicht

Ein Subsystem k spielt verschiedene Rollen in verschiedenen Szenarien (i,j). Der dritte Transformationsschritt synthetisiert diese verschiedenen Teilsichten zu einer Sicht k (oder auch view k). Unter Sicht wird eine Sammlung der nach außen angebotenen Dienste und des lokalen Verständnisses (*local subsystem services*) eines Subsystems verstanden.

Eine Bank kann bspw. in verschiedenen Szenarien verschiedene Teilsichten haben. Bei einer Überweisung ist sie vielleicht ausführende Bank, bei einem Bilanzreport wird sie als kontoführende Bank angesprochen.

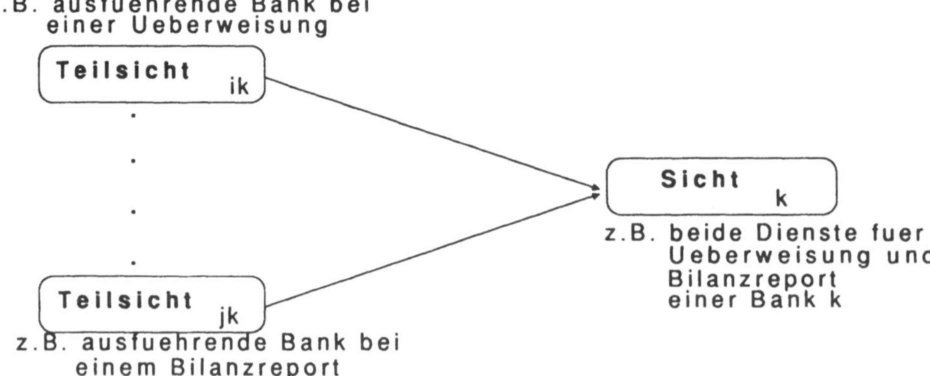

Fig.5-6: Teilsichten - Sicht

d) Syntheseschritt 4: Sichten -> Systemmodell

Der vierte und letzte Schritt in der Transformationsfolge wird durch die Synthese der Sichten der Subsysteme zu einem Prototyp definiert. Das Systemmodell S des Prototypen besteht aus einer Menge kommunizierender Subsysteme, deren uniforme Architektur aus den Komponenten *communication control unit*, *application unit* und *local subsystem services* besteht. Das Systemmodell ist in einer operationalen Sprache formuliert und ist somit ein Prototyp. Dieser Prototyp kann ein Softwaresystem, ein eingebettetes System, ein Fertigungssystem etc. sein. Die Beschreibungen der Szenarien (also die Idee der Transaktionen) gehen durch das Design des Systemmodells S in den Prototypen ein.

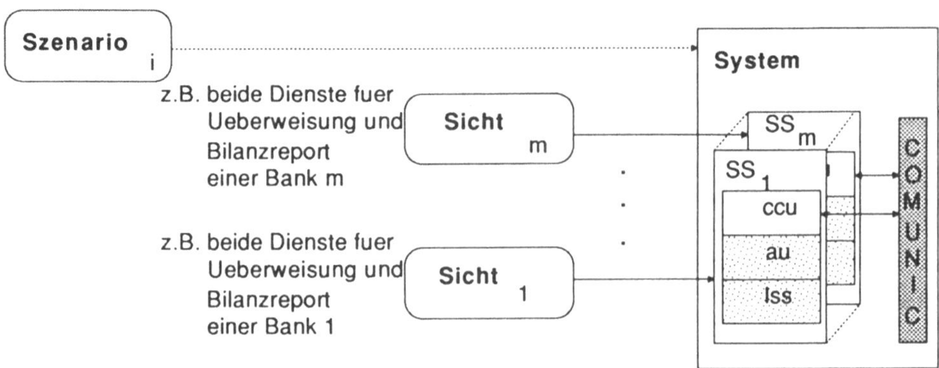

Fig.5-7: Sichten - Systemmodell

Die Entwicklung eines Prototypen nach der Methode REMOS ermöglicht eine Analyse der informellen Problemstellungen in der Art, daß sukzessive architekturuniforme kommunizierende Subsysteme gebildet werden. Die Analyse orientiert sich an folgenden Fragestellungen:

1.) Welche Szenarien mit welchen Transaktionen gibt es?
 (Welche Randbedingungen existieren?)
2.) Welcher Dienst wird von welchem Subsystem bereitgestellt?
3.) Welche Informationen sollen zwischen den Subsystemen übertragen werden?
 (Welchen Bedingungen müssen die Nachrichten genügen?)
4.) Wie wird der Dienst innerhalb des Subsystems ausgeführt?
5.) Welche Ressourcen werden vom Subsystem verwaltet?
6.) Welche Dienste anderer Subsysteme werden benötigt?

5.2.3 Das Konzept der Trennung von Daten- und Dienstbeschreibungen

Für jedes Subsystem werden wohldefinierte Kommunikationsschnittstellen spezifiziert, über die es mit anderen Subsystemen kommuniziert. Diese Kommunikationsschnittstellen eines Subsystems werden durch *globale Dienste* (auch ''global services'' oder kurz ''GS'' genannt) in der *application unit* dargestellt. Ein globaler Dienst eines Subsystems muß anderen Subsystemen bekannt sein. Über die globalen Dienste werden Nachrichten ausgetauscht. Über die Art und den Aufbau der Nachricht müssen sich jeweils die kommunizierenden Subsysteme einig sein. Es müssen nicht notwendigerweise genau zwei Subsysteme sein, die zu einem Zeitpunkt Nachrichten austauschen. Der Empfang einer Nachricht initiiert auf dem betreffenden Subsystem eine Sub-Transaktionen, deren Ablauf vom globalen Dienst gesteuert wird. Die Ausführung einer initiierten Sub-Transaktion geschieht in den *lokalen Diensten* (auch ''local services'' oder kurz ''LS'' genannt) der *local subsystem services* eines Subsystems. Die Menge der lokalen Dienste ist außerhalb des Subsystems nicht bekannt. Daß ermöglicht die Spezifikation von Autonomie und Eigenverantwortung eines Subsystems. Es existiert kein ausgezeichnetes ''Monitorsubsystem'', das die Ausführung der anderen Subsysteme überwacht.

Neben den globalen und lokalen Diensten gibt es Nachrichten und lokale Ressourcen, die von diesen Diensten verarbeitet werden. Die Nachrichten und lokalen Ressourcen sind Daten. Nachrichten (oder auch *messages* genannt) sind zu empfangende und zu versendende Daten. Lokale Ressourcen (oder auch *local resources* genannt) sind lokal zur Verfügung stehende Daten.

5.2.4 Das Konzept der unterschiedlichen Detaillierungsgrade

Die Methode REMOS bietet dem Anwender vier sukzessiv durchzuführende Transformationsschritte an, um von einer informell vorliegenden Problemstellung zu einem ausführbaren Prototypen zu gelangen. Der Prototyp muß, damit er auf einem abstrakten Prozessor ausführbar ist, in einer formalen Notation beschrieben werden. Eine mögliche formale Notation wird im Kapitel 6 durch die Sprache RELOS eingeführt. Kapitel 7 zeigt, auf welcher Art von abstraktem Prozessor RELOS-Prototypen ablaufen. Keiner kann den Prototypen in einer solchen formalen Sprache direkt hinschreiben. Dazu müssen Ideen und Gedanken schrittweise verfeinert werden. Neben den vier Transformationsschritten gibt es noch darin verzahnte Beschreibungen in informeller, semiformaler und schließlich formaler Form. Folgende Figur 5-8 faßt die REMOS Methode zusammen und zeigt, welche möglichen Beschreibungsformen zu welchem Zeitpunkt möglich sind. Die Vorgehensweise ist bisher von links nach rechts beschrieben worden. Nicht jeder Meilenstein kann während der Transformation in jeder Notation angegeben werden.

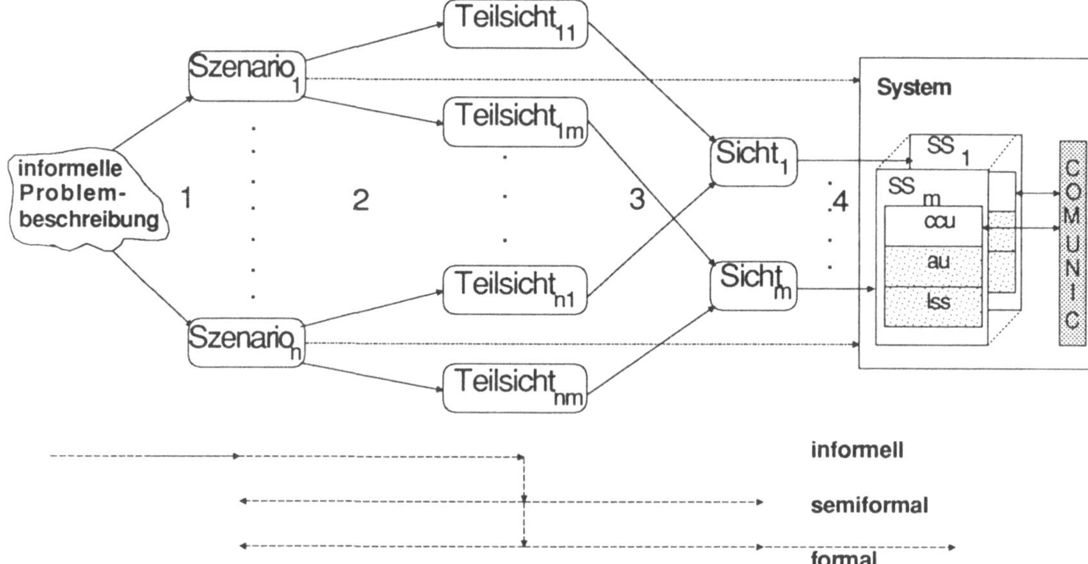

Figur 5-8: Beschreibungsformen

Eine informelle Beschreibungsform ist eine umgangssprachliche Darstellung des Problems, des Szenarios, der Teilsichten oder der Sichten. Eine gewisse primitive Strukturierung der Sprache ist zwar gegeben, jedoch sind Ablaufbeschreibungen oder Nachrichten nicht exakt dokumentiert. Was Subsysteme ausführen, wird beispielsweise in Deutsch oder Englisch beschrieben. Z.B. "entweder schickt Subsystem A die Nachricht X an Subsystem B oder an Subsystem C".

Die nächste Detaillierungsstufe der semiformalen Notation wird dadurch erreicht, daß Nachrichten oder Ablaufbeschreibungen nach bestimmten formalen Richtlinien beschrieben werden. Es werden für bestimmte Vorgänge, Verben, Substantive etc. der informellen Beschreibung abkürzende Symbole gefunden. Details werden allerdings noch außer Acht gelassen. Z.B. "SS-A(X): SS-B(X) / SS-C(X)"

Die Detaillierungsstufe einer formalen Notation des Problems ermöglicht erst die Ausführung des Prototypen auf einem abstrakten Prozessor. Bis auf bestimmte Ausnahmen müssen alle Details genau beschrieben sein (siehe Kapitel 6).

Die Figur 5-8 zeigt, welche Meilensteine in welchem Detailierungsgrad beschrieben werden können. Auch wenn Szenarien semiformal dargestellt werden können, muß an dem Meilenstein der Teilsichten eine formale Beschreibung erreicht werden, damit schon einzelne Szenarien (also Teile eines Prototypen der inkrementell wächst und bewertet wird) ausgeführt werden können. Mögliche und sinnvolle Detaillierungsstufen für Meilensteine und deren zeitliche Abfolge wird in Figur 5-8 durch die Pfeile im unteren Bildbereich dargestellt. Verfolgen Sie die Pfeilrichtung, so stellen Sie fest, daß z.B. die semiformale Beschreibung eines Szenarios aus der semiformalen Beschreibung der Teilsichten entsteht.

5.2.5 Das Konzept der Hierarchisierung

Das Konzept der Hierarchisierung erstreckt sich auf Subsysteme. Es werden *top-down* und *bottom-up* Entwicklungprozesse unterstützt.

Ein Subsystem zeichnet sich durch die globalen und die lokalen Dienste aus, die auf einem abstrakten Prozessor ausgeführt werden. Das Subsystem kommuniziert mit anderen Subsystemen innerhalb eines transaktionsorientierten Systems (vergl Fig. 5-2). Diese vorgeschlagene Struktur eines Systems ist flach und der Aufbau eines Subsystems erscheint einschränkend. Ein Subsystem kann aber wiederum aus mehreren Subsystemen bestehen. Dieses Strukturierungsprinzip wird hierarchische Dekomposition, oder auch Hierarchisierung genannt. Es ist für ein Subsystem mit der oben skizzierten Struktur vorstellbar, daß zur Ausführung eines lokalen Dienstes je ein abstrakter Prozessor zur Verfügung steht. Dies würde eine Hierarchisierung des Subsystemmodells ermöglichen, indem die globalen Dienste auf einem Host- und alle lokalen Dienste auf Serverrechnern ausgeführt würden.

Diese Sicht der Host- und Serverrechner erlaubt es dem Entwickler, ein bestimmtes Subsystem SS_i (für ein i, i=1..m) hierarchisch zu modellieren. Dabei werden zuerst die globalen Dienste spezifiziert. Sukzessive wird dann für jede lokale Ressource LR_{ia} (a=1..k) und den darauf operierenden lokalen Diensten LS_{ia} ein eigenes Sub-Subsystem SS_{ia} (a = 1..k, für ein festes i) erstellt. Dieser Prozeß der *top-down* Entwicklung ist an der Disziplin der Datenabstraktion orientiert. Die uniforme Subsystemarchitektur wird durch die Hierarchisierung bewahrt. Subsysteme werden durch diese Vorgehensweise ineinandergeschachtelt. Das SS_i hat dann kontrollierenden Charakter über die Sub-Subsysteme SS_{ia} (a = 1..k). Alle SS_{ia} können sowohl untereinander als auch mit ihrem "Vater-Subsystem" SS_i kommunizieren. Die Strukturierung durch Hierarchisierung wird in der folgenden Figur 5-9 verdeutlicht. Die unterschiedlichen Kommunikationsnetzwerke symbolisieren verschiedene technische Ausprägungen (z.B. WAN, LAN, shared memory).

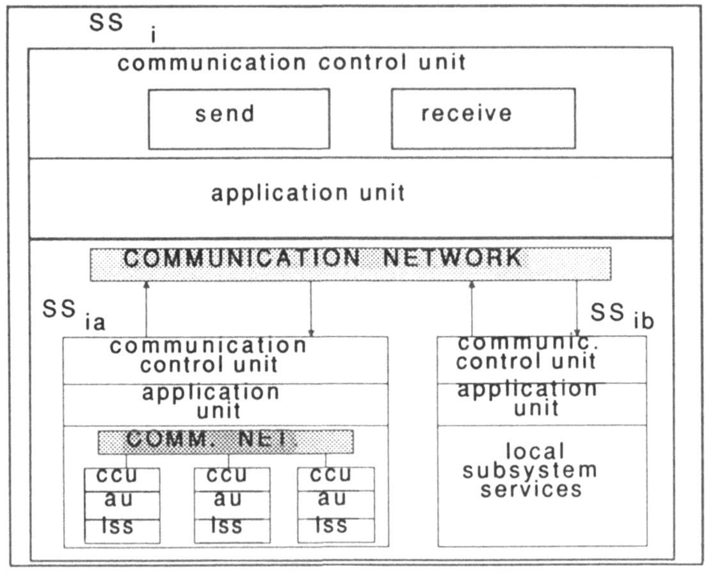

Fig.:5-9: Strukturierung durch Hierarchiesierung

Nach dieser Hierarchiestruktur wird ein System S initial durch eine Menge von kommunizierenden Subsystemen beschrieben. Die Verfeinerung eines Subsystems ergibt wieder eine Menge kommunizierender Subsysteme. So entsteht als Gesamtstruktur ein Baum. In diesem Baum ist eine Bruder-Bruder- und eine Vater-Sohn-Subsystemkommunikation erlaubt. diese idealierte Vorstellung eienr Hierarchie sollte während der Anforderungsspezifikation angestrebt werden, da dies Kommunikationsmöglichkeit zwischen Subsystemen schnell verstanden werden können. Oft kann schon bei der Analyse der informellen Problemstellung eine Baumhierarchie erkannt werden, die sich dann leicht übertragen läßt. Weiterhin bietet dieses Hierarchiekonzept Vorteile in Bezug zum modularen Entwurf und der späteren Implementierung eines Systems. Trotzdem kann es während der Anforderungsdefinition Situationen geben, in denen eine solche strenge Hierarchie nicht mehr aufrechtzuhalten ist. In diesem Fall müssen gegebenenfalls Vatersubsysteme (also Knoten innerhalb eines Hierarchiebaumes) gelöscht werden. An ihre Stelle treten dann direkt Sohnsubsysteme.

Die Hierarchiesierung führt während der Anforderungsdefinition zu weiteren Problemen, da sie zu diesem Zeitpunkt noch nicht sofort auf das Problem übertragen werden kann. Sie soll ja gerade erst durch das Konzept der Beobachter (vergl. Kap. 5.2.2) erstellt werden. Stellen Sie sich eine Subsystemhierarchie (vergl. Figur 5-10). Alle Subsysteme werden durch zwei Indizes eindeutig identifiziert. k beschreibt die Ebene, auf der sich das Subsystem in Relation zur Wurzel befindet und durch i sind alle Subsysteme einer Ebene eindeutig identifizierbar.

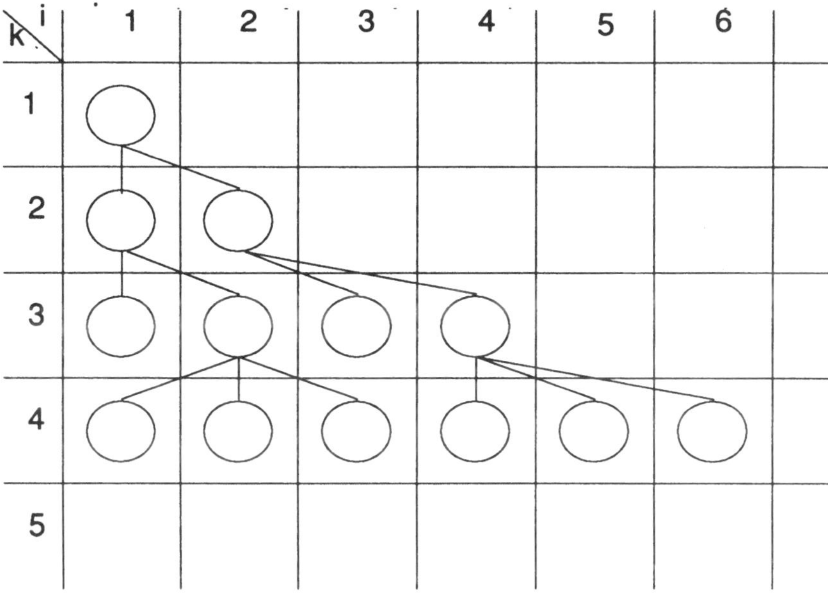

Fig. 5-10: Subsystemhierarchie

Ein Beobachter OBS^k_i ($k \geq 1$, $1 \leq i \leq n$) eines Systems S^k_i wird genaue Aussagen über das Ein-/Ausgabeverhalten von S^k_i machen können, aber nur sehr unzureichende über das hierarchisch höher liegende System S^{k-1}. Dies führt zu der folgenden These auf der REMOS basiert:

> Das beobachtete Verhalten eines Systems S^k_i ($k \geq 1$, $1 \leq i \leq n$) hat nur dann Aussagekraft, wenn sich der Beobachter $OBS^{k'}_i$ auf derselben Betrachtungsebene k befindet wie das System S^k_i (also k = k'). Die Aussagekraft dieses Beobachters OBS^k_i über andere Systeme S^m_i ($1 \leq m \leq k$ oder $m > k$) nimmt mit der Distanz $|k-m|$ der Betrachtungsebenen ab. Die Aussagen über andere S^k_j ($i \neq j$) sind hypothetisch, da sie nur aus der Interaktion von S^k_i mit diesen S^k_j abgeleitet werden können.

Dies heißt nichts anderes als: "Ich kann nur über das S Aussagen machen, welches ich selber erkenne oder mir direkt vorstellen kann (z.B. eine Sekretärin über ihren eigenen Arbeitsbereich). Über jedes andere S, was mit meinem S irgendwie in Verbindung steht, sind meine Aussagen sehr vage".

Dieses hierarchische Systemmodell erscheint sehr streng und einschränkend. Es hilft jedoch ein System so zu strukturieren, daß Abhängigkeiten und Widersprüche erkannt werden können. Ein hierarchisch strukturiertes Systemmodell für die Anforderungsdefinition ermöglicht eine einfache Übertragung in einen modularen

Entwurf und schließlich in eine Implementierungssprache. Die Entwicklungssicht wird in REMOS auf offene, transaktionsorientierte Systeme übertragen. In offenen Systemen ist die Anzahl i der S^k_i variabel. Weiterhin kann die Interaktion von Systemen nicht fest definiert werden, da Dienste eines S^k_i neu hinzukommen oder schon angebotene Dienste wegfallen können.

Es ist allerdings unklar, ob alle Beobachter, die Element von $\underline{OBS}$ sind, $\underline{S}$, E oder die interne Struktur $\underline{D}$ von $\underline{S}$ spezifizieren. Somit wird auf verschiedene Anforderungen unterschiedlich großer Wert gelegt. Ein Beobachter $\underline{OBS}^k_i$(<Rolle$_1$>) wird seine Anforderungen $\underline{R}_{v'}$ (v' ist Element von {1..r}), bezüglich des Systems $\underline{S}$, nach seinen intuitiven Strukturmerkmalen definieren, wobei ein anderer $\underline{OBS}^k_i$(<Rolle$_2$>) andere Strukturmerkmale und andere Prioritäten setzt. Die einzelnen Anforderungen $\underline{R}_v$ (v=1..r) können also nur sehr schwer beschrieben werden, da nicht klar ist, ob alle Beobachter, die Element von $\underline{OBS}$ sind, dieselbe Hierarchieebene k ($k \geq 1$) und dasselbe Subsystem i ($1 \leq i \leq n$) meinen. Es ist Aufgabe des Requirement Engineering diese unterschiedlichen Abstraktionsebenen herauszufiltern, zu analysieren und einen Interessenausgleich vorzunehmen.

5.2.6 Das Konzept der Komposition

Ein Szenario wird durch die Definition einer (oder mehrerer) Transaktion(en) gebildet. Nach der REMOS-Philosophie besteht das gesamte Softwaresystem aus einer Menge von Transaktionen. Bei der Anforderungsdefinition wird der Entwickler schrittweise die Transaktionen definieren. Dabei werden zuerst primitive Szenarien und später komplexe Szenarien entworfen, die sich dann teilweise auf die primitiven abstützen. Dieser Prozeß der *bottom-up* Entwicklung ist an der Disziplin der Strukturierung von Anforderungen orientiert. Für diesen Zweck wird eine Szenarienkomposition definiert.

Durch die Komposition wird eine Zusammensetzung von Szenarien ausgedrückt. Da an allen Szenarien Subsysteme durch die Beschreibung der Teilsichten beteiligt sind, wird die Komposition über die Subsysteme definiert. In dem Bürokommunikationsbeispiel wird das Subsystem "Sekretariat" beispielsweise an den Szenarien Schreibdienst und Postverteilung teilnehmen. Da es für beide Szenarien unterschiedliche Ausführungsschritte angibt, muß bei der Komposition der Szenarien geklärt werden, was passiert, wenn eine eintreffende Post das Sekretariat zu einem Briefschreiben veranlaßt.

Folgende Unterscheidungen werden bei der Komposition von Szenarien getroffen:

a) nicht überdeckend

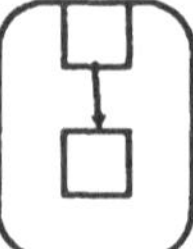
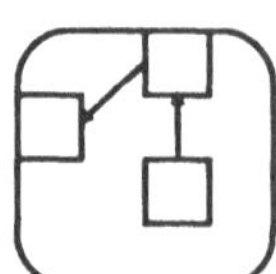

Zwei oder mehr Szenarien sind unabhängig voneinander beschrieben worden und es wird kein Subsystem angegeben, das in beiden oder mehreren Szenarien benötigt wird. Die Szenarien sind semantisch völlig unabhängig voneinander. Dienstaufrufe von einem Subsystem des Szenarios A zu einem Subsystem des Szenarios B gibt es nicht. Die Schnittmenge der Subsysteme ist disjunkt. Eine Komposition kann durch die Vereinigung der Subsysteme leicht geschehen.

b) teilweise überdeckend

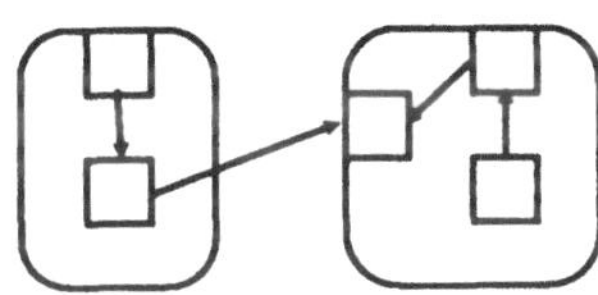

Zwei oder mehr Szenarien sind unabhängig voneinander beschrieben worden. Es gibt mindestens ein Subsystem, das einen Dienst eines Subsystems aufruft, welches in einem anderen Szenario definiert ist. Die Szenarien sind semantisch nicht völlig unabhängig voneinander, da die Ausführung eines Szenarios von einem anderen angestoßen wird. Die Schnittmenge der Subsysteme ist disjunkt. Eine Komposition kann durch die Vereinigung der Subsysteme geschehen.

c) überdeckend

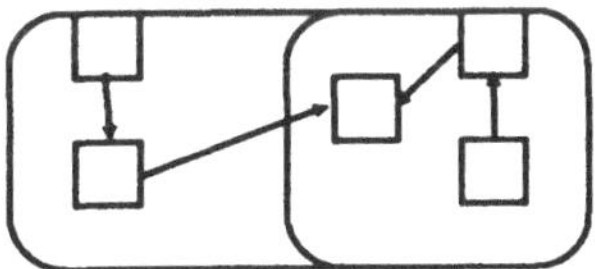

Zwei oder mehr Szenarien sind unabhängig voneinander beschrieben worden. Es gibt mindestens ein Subsystem, das seine Dienste in zwei oder mehreren Szenarien anbietet. Die Szenarien sind semantisch abhängig voneinander, da die Ausführung eines Szenarios von einem anderen angestoßen wird. Die Schnittmenge der Subsysteme ist nicht disjunkt. Eine Komposition kann durch die Vereinigung der Subsysteme geschehen. Dabei muß auf die Verträglichkeit der in dem Subsystem definierten Dienste geachtet werden.

Wichtigstes Kriterium bei der Szenarienkomposition ist Lösung des Problems der Namenskonflikte. Werden gleiche Subsysteme in verschiedenen Szenarien mit unterschiedlichen Namen oder verschiedene Subsysteme mit gleichen Namen belegt, so kann die Komposition zwar durchgeführt werden, jedoch ist dies ein Indiz dafür, das das Requirement Engineering nicht gründlich genug durchgeführt worden ist.

5.3 Evaluierung und Validierung eines Prototypen

Zur face-to-face Validierung und zum Test eines Prototypen gegenüber den Vorstellungen des Benutzers über das Zielsystem ist die Simulation ein geeignetes Mittel. In den letzten Jahren wird in der Literatur die Integration der Simulation in den Spezifikations- und Entwurfsprozeß häufiger diskutiert /Sang79/, /Zeig84/. Nachteile der Simulationsmodelle bestehen darin, daß die Modelle selbst sehr komplexe Programme sind und somit auch weiterentwickelt und gewartet werden müssen. Dies erhöht die Fehleranfälligkeit. Weiterhin können Simulationen, je nach Häufigkeit des Eintretens von Ereignissen pro Zeiteinheit, sehr lange dauern. Als Vorteil kann der geringe Unterschied zwischen Softwaresystem und Simulationsmodell angeführt werden (vergl. auch Kap. 3.2.7 - Simulation).

Folgende Ziele werden bei der Integration der Simulation in die Anforderungs- und Spezifikationsphase verfolgt:

- Erstellung eines ausführbaren Modells zur Validierung gegenüber dem Auftraggeber;
- Erstellung einer Spezifikation des funktionalen Verhaltens;
- Erstellung eines formalen Modells mit definierter Semantik;
- möglichst frühe Evaluierung des logischen Aufbaus und des Performance-Verhaltens des Modells;
- Erkennung von "bottlenecks", "deadlocks" und Terminierungsproblemen;
- Aufzeigen und Vergleichen verschiedener Architekturalternativen des Modells;
- besseres Verständnis der informellen Anforderungen und des implementierten Systems;
- Ausführung auch (teilweise) unvollständiger Programme;
- Ermittlung von fehlenden Informationen;
- Analyse der Anforderungen (Überprüfung der Konsistenz und der technischen Durchführbarkeit).

Andere Möglichkeiten, möglichst früh über ein bewertbares Modell eines realen Systems zu verfügen, stellen ausführbare Spezifikationen oder analytische Modelle dar. Viele der oben aufgeführten Ziele werden von ausführbaren Spezifikationen ebenso wie von der Simulation erfüllt. Eine Übersicht über Gemeinsamkeiten von Simulation und ausführbarer Spezifikation, über die prinzipiellen Unterschiede und über die Vor- und Nachteile der jeweiligen Vorgehensweise ist in Kap. 3.2.7 nachzulesen. Analytische Modelle haben den Vorteil, daß sie exakt berechenbar sind, allerdings bereitet es Mühe das Modell aufzustellen. Analytische Modelle ermöglichen eine starke Abstraktion von Modellierungsdetails. Zur effizienten Erstellung dieser Modelle existieren mittlerweile eine Reihe von Werkzeugen. Allerdings wird dem Modellierer durch deren Einsatz die Aufgabe nach der entsprechenden Parametrisierung des Modells (z.B. geeignete Bedienraten) nicht abgenommen. Nicht für alle Problemstellungen können analytische Modelle aufgestellt werden. Man beschränkt sich oft auf Spezialfälle mit speziellen Eigenschaften (z.B. separable Netze, und Varianten von separablen Netzen, die nur approximative Lösungen zulassen). Dadurch bleibt die Menge der relevanten Modellzustände noch handhabbar. Für diese Spezialfälle sind effiziente Lösungsverfahren bekannt. Die Anzahl der Modellzustände wächst mit der Größe des Modellierungsproblems exponentiell. Daher können approximative und numerische Verfahren, bei denen der Zustandsraum vollständig erzeugt werden muß, nur für kleine Probleme eingesetzt werden (solche Modelle können dann über 10.000 Zustände besitzen).

Für das Requirement Engineering unterstützt REMOS die Konstruktion eines Prototypen, der zusammen mit dem Auftraggeber analysiert werden kann. Der Prototyp dient also als Kommunikationsgegenstand zwischen Auftraggeber und Entwickler. Mit Hilfe von REMOS wird ein Modell beschrieben und anschließend durch Simulation ausgeführt. Die Modellüberprüfung muß durch Verifikation und Validation durchgeführt werden. Unter Verifikation versteht /Sarg82/:

"*ensuring that the model behaves as intended*".

Validation wird dort definiert als:

"*determining that an adequate agreement exists between the entity being modelled and the model for its intended use*".

Wenn das betrachtete Modell ein Abbild eines realen Systems ist, wird das Vertrauen in das Modell mit der Anzahl von Modelltests unter allen möglichen Bedingungen steigen. Da der Kostenaufwand bei dieser Vorgehensweise steigt, wird man sich auf eine bestimmte Menge von Modelltests beschränken. Für die Auswahl der Elemente der Testmenge existieren einige Verfahren.

Die Vorgehensweise beim Prototyping im Sinne von REMOS ist ähnlich. Allerdings wird erst ein Modell formuliert und anschließend das Zielsystem daraus abgeleitet. Neben dem logischen Entwurf können auch Leistungsaspekte leicht modelliert werden. Wird Prototyping als Methode zum Requirement Engineering benutzt, existiert als Validationsmöglichkeit nur die Vorstellung des Auftraggebers von dem Zielsystem. Jedoch sollen im Prototypen ja gerade diese Vorstellungen festgehalten werden, so daß eine ausführbare Spezifikation erstellt wird.

Die Figur 5-11 zeigt einen Überblick über die Verifikations- und Validationsmöglichkeiten in REMOS (nach /Sarg82/).

Die durchgezogenen, beidseitig gerichteten Pfeile deuten auf eine notwendige Validation und / oder Verifikation zwischen den beteiligten Abstraktionsebenen hin. Die gestrichelten, gerichteten Pfeile zeigen Möglichkeiten der Modelltransformation auf.

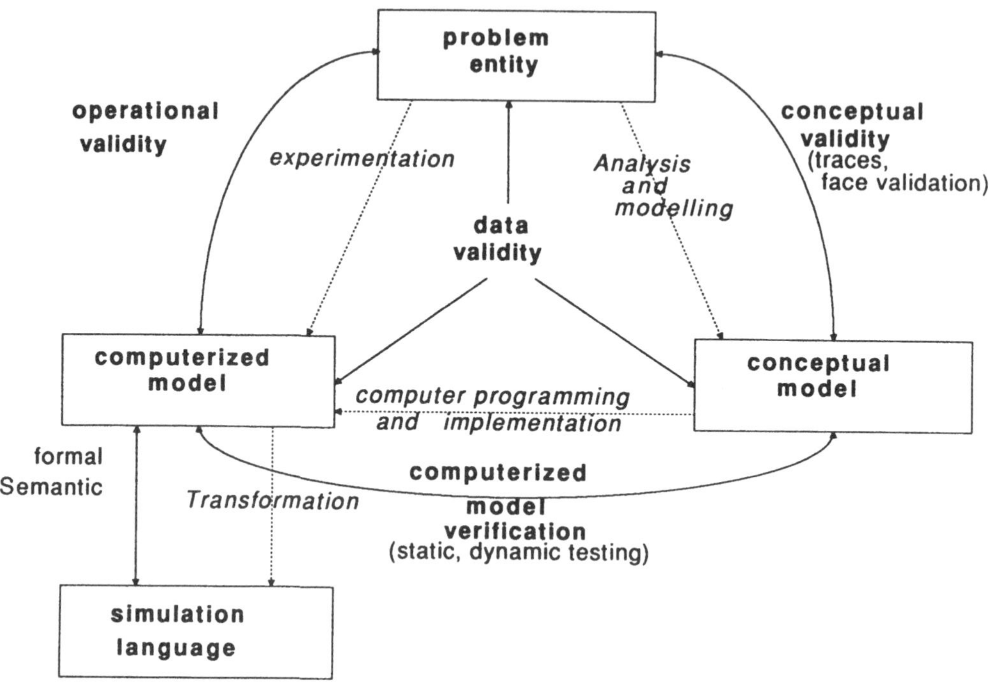

Fig. 5-11: Validierung und Verifikation

In der Figur 5-11 werden vier Modelle unterschieden, die sehr verschiedene Abstraktionsebenen darstellen.

- *Problem Entity*: Unter *Problem Entity* wird das reale oder das Zielsystem, eine Idee oder eine Situation verstanden. Dieses Modell existiert beim Prototyping im "Kopf" des Anwenders.
- *Conceptual Model*: Unter *Conceptual Model* wird die mathematische, logische oder verbale Repräsentation des *Problem Entity* verstanden. Das *Conceptual Model* wird durch eine Analyse des *Problem Entity* während einer Modellierungsphase erstellt.
- *Computerized Model*: Unter *Computerized Model* wird die Darstellung des *Conceptual Models* in einer einem abstrakten Prozessor verständlichen Sprache verstanden. Das *Computerized Mode*l wird während einer Implementierungsphase erstellt. Interferencen zwischen *Problem Entity* und dem *Computerized Model* wird in einer Experimentierphase festgestellt.
- *Simulation Language*: Unter *Simulation Language* wird die Ausführung des *Computerized Models* auf einem abstrakten Prozessor verstanden.

Bei einem Übergang von einer Abstraktionsebene zu einer anderen, muß die Semantik des Modells bewahrt bleiben. Bei dem Requirement Engineering kann dies für sehr abstrakte Modelle nur durch eine "face-to-face" Validierung des Anwenders durchgeführt werden. Er muß entscheiden, ob das aufgestellte Modell auch seinen Anforderungen entspricht. Unter *conceptual validity* wird die Untersuchung der korrekten Anwendung der Theorien und Annahmen verstanden, die dem *Conceptual*

Model zugrunde liegen. In dem gesamten Kapitel 5 wurde gezeigt, wie mit Hilfe von REMOS aus einer informellen Problemstellung ("*Problem Entity*") ein konzeptionelles Modell erstellt werden kann. Dazu wurden Szenarien- und Sichtenkonzept eingeführt. Dieses konzeptionelle Modell basiert auf kommunizierenden architekturuniformen Subsystemen.

Unter *computerized model verification* wird der Korrektheitsnachweis der Implementierung des *Conceptual Models* verstanden. Die *operational validity* ist der Nachweis, daß die Modelleigenschaften auch dem intendierten Gebrauch des Modells aus Sicht des Anwenders entsprechen. Der Nachweis, daß die zur Verfügung stehenden Daten, die für die Modellkonstruktion und für den Modelltest notwendig sind, korrekt sind, wird *data validity* genannt.

Im folgenden Kapitel 6 wird die applikative Sprache RELOS vorgestellt, in der das konzeptionelle Modell der kommunizierenden Subsysteme als "*Computerized Model*" formuliert wird. Es wird gezeigt, wie das konzeptionelle REMOS-Modell (Szenarien, Subsysteme, Kommunikation, uniforme Subsystemarchitektur, Views etc.) auf das *Computerized Model* in der Sprache RELOS abgebildet werden kann. Da RELOS ausführbar ist, können Testläufe zur Überprüfung der *operational validity* für, in verschiedenen Abstraktionsebenen spezifizierten Modelle durchgeführt werden. Im darauf folgenden Kapitel 6 wird gezeigt, wie dieses, in RELOS formulierte Modell operational wird, d.h. auf einem Rechner ausführbar wird. Eine Vorgehensweise zur Definition der formalen Semantik der Sprache wird dort skizziert. Als Grundlage der Operationalisierung der Sprache dient eine virtuelle Maschine, die auf der Simulationssprache SIMULA aufsetzt. In Kapitel 7 wird eine Entwicklungsumgebung vorgestellt, die auch Werkzeuge zur Überprüfung der *operational validity* bereitstellt. Es wird ein Animator vorgeschlagen, der dem Benutzer grafisch die dynamischen Eigenschaften der implementierten Problemstellung widerspiegelt.

Die Vorgehensweise in diesem Buch deckt sich mit dem Vorschlag in der Figur 5-11 auf folgende Art und Weise:

- Abbildung des *Problem Entity* des Anwenders auf das konzeptionelle Modell der kommunizierenden Subsysteme mittels REMOS,
- Übertragung des konzeptionellen Modells in ein *Computerized Model*, das in der Sprache RELOS ausgedrückt wird,
- die Semantik der ausführbaren Sprache RELOS basiert auf einem Simulationsmodell,
- eine Umgebung mit speziellen Werkzeugen ermöglicht eine Veranschaulichung des *Computerized Model* und somit eine experimentelle Modellvalidierung des Anwenders.

Bei allen durchzuführenden Schritten wird eine korrekte Ermittlung und Bereitstellung der anfallenden Daten vorausgesetzt.

6 RELOS: Eine operationale Sprache zum Prototyping

Applikative und funktionale Sprachen eignen sich wegen ihres hohen Abstraktionsniveaus, wegen ihrer konzeptionellen Einfachheit und wegen ihrer hohen Ausdruckskraft sehr gut als Beschreibungsmittel zur Anforderungsdefinition. Während in dem Ansatz der funktionalen Sprachen völlig auf Variablen verzichtet wird, dürfen in dem leichter benutzbaren, applikativen Ansatz Variablen lokal zu einer Funktion benutzt werden. In applikativen Sprachen sind Ausdrücke aus Konstanten, formalen Parametern und Funktionsanwendungen zusammengesetzt. Da ausschließlich der Wert eines Ausdrucks von Interesse ist, kann der Wert durch einen syntaktisch anderen Ausdruck, mit einem anderen Wert, ersetzt werden. Somit kann eine Funktion beliebig geändert werden, solange die definierte Semantik davon nicht betroffen ist. In applikativen Sprachen sind partielle Funktionen das einzige Strukturierungsprinzip. Diese Merkmale ermöglichen ein schnelles Erlernen der Sprachen und einen einfachen Umgang mit diesen Sprachen.

In diesem Kapitel wird die Sprache RELOS (REquirement Language for transaction-oriented Open Systems) vorgestellt, die sich zur transaktionsorientierten Anforderungsdefinition von verteilten transaktionsorientierten Systemen eignet. Die Sprache ermöglicht die Formulierung von Anforderungen in den, durch die Methode REMOS (siehe Kap. 5), eingeführten Simulationsmodellen. Neben dem applikativen Konzept zeichnet sich die Sprache durch ein spezielles Kommunikationskonzept aus.

6.1 Einführung in den syntaktischen Rahmen der Sprache

In RELOS wird ein zu erstellendes Softwaresystem durch eine Menge von Subsystemen (SS) dargestellt, die jeweils auf eigenen abstrakten Prozessoren ablaufen (ähnlich einem Objekt in anderen Formalismen). Ein Subsystem wird folgendermaßen beschrieben: (reservierte Worte sind fett gedruckt und Metasymbole durch '<' '>' geklammert; eine Sektion wird jeweils durch ein entsprechendes Schlüsselwort eingeleitet und durch ''**end**'' beendet)

subsystem <name>
  global_services
  <Menge von globalen Diensten>
  end
  local_resources
  <Menge von lokal zur Verfügung stehenden Ressourcen>
  end
  local_services
  <Menge von lokalen Diensten>
  end
end

In der Sektion ''global_services'' werden die Kommunikationskanäle des

Subsystems definiert. Die Kommunikationskanäle sind die einzig zulässigen Eintrittspunkte in das Subsystem. Die Sektion "local_resources" beschreibt alle nur lokal zur Verfügung stehenden Ressourcen. Die Sektion "local_services" gibt die Menge der Funktionen an, die auf die Ressourcen lokal angewendet werden können.

Ein Szenario wird durch die Menge der beteiligten Subsysteme und der über die Kommunikationskanäle auszutauschenden Nachrichten beschrieben. In einer Sektion, die Transaktivität genannt wird, werden die Initialisierung des Szenarios, die Terminierung und die einzuhaltenden Nebenbedingungen definiert:

scenario <name>
  messages
  <Menge von Nachrichten>
  end
  <Menge von Subsystemen>
  transactivity
  <Initialisierung, Terminierung und Nebenbedingungen>
  end
end

Durch die Komposition aller Szenarien werden die Anforderungen an ein System definiert:

system <name>
  <Komposition von Szenarien>
end

Der Aufbau einer Anforderungsbeschreibung ist streng hierarchisch. Folgende Figur 6-1 verdeutlicht dies.

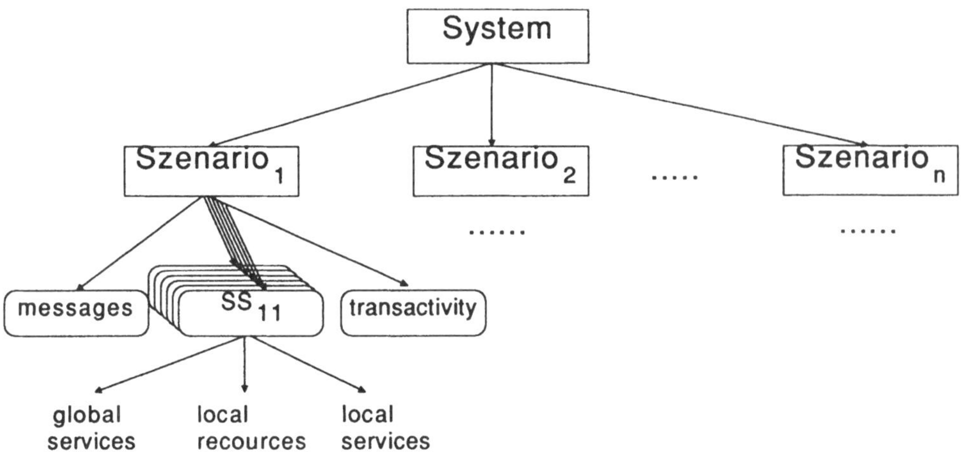

Fig.6-1: Aufbau einer Anforderungsbeschreibung in RELOS

Im folgenden werden zuerst die drei Sektionen der Subsystembeschreibung genauer vorgestellt. Anschließend werden die Transaktivitäten und die Komposition von Szenarien eingeführt.

6.2 Syntax- und informelle Semantikbeschreibung von RELOS

Nachdem der grobe Aufbau einer RELOS-Beschreibung vorgestellt worden ist, werden in diesem Kapitel zunächst Namenskonventionen eingeführt. Anschließend werden die Möglichkeiten zur Datendefinition und Datenmanipulation in Kapitel 6.2.2, die Kommunikationskanäle (globalen Dienste) in Kapitel 6.2.3 und die lokalen Dienste in Kapitel 6.2.4 beschrieben. Schließlich werden Erweiterungen und Einschränkungen der Kommunikationsmöglichkeiten aufgeführt (Kap. 6.2.6) sowie die Transaktivitäten formal eingeführt (Kap. 6.2.7). Abschließend werden zwei spezielle RELOS-Konstrukte zur Unterstützung der interaktiven Simulation vorgestellt. Zur Veranschaulichung dienen Beispiele von Anwendungen aus dem internationalen Zahlungsverkehr.

6.2.1 Namenskonventionen

Um Unklarheiten vorzubeugen, sollen folgende Namenskonventionen gelten:
Ein Dienst endet immer mit eckigen Klammern, deren Bedeutung noch beschrieben wird. Für Subsystemnamen werden führende große Buchstaben vergeben. Dienstnamen werden immer klein geschrieben.
Globale Dienste werden durch: <Subsystemname>_<globaler Dienstname>[] und lokale Dienste werden durch: <lokaler Dienstname>[] bezeichnet. Z.B. ''BankA_gutschrift[]'' steht für den globalen Dienst ''gutschrift[]'' des Subsystems ''BankA''.
Kommentare können an beliebiger Stelle stehen und werden durch /* <Kommentar> */ geklammert. Vordefinierte Funktionen (''built-in functions'') sind unterstrichen dargestellt. Die Namen für Nachrichten und Ressourcen werden groß geschrieben (z.B. BETRAG oder DATENBANK). Eine Konstante wird durch Hochkommata eingeschlossen (z.B. '540' für die Konstante 540).

Sowohl die globalen, als auch die lokalen Dienste sind partielle Funktionen und werden durch eine Funktionsdeklaration und eine Funktionsdefinition festgelegt. In der Deklaration werden die Werte- und Zielbereiche (Angabe der Funktionalität) mit folgender Syntax festgelegt:

<Dienstname> : <Wertebereich> --> <Zielbereich>

In der Definition wird die Abbildungsvorschrift vom Werte- in den Zielbereich mit folgender Syntax festgelegt:

<Dienstname> [<Wertebereich>] == <Abbildungsvorschrift auf Zielbereich>

6.2.2 Sprachelemente zur Datendefinition und Datenmanipulation

Ein Einwand gegen applikative Sprachen resultiert aus dem Umgang mit der Sprache LISP, dem reinsten Vertreter des funktionalen Konzepts. In LISP gibt es als einzigen Datentyp die Liste. Jedes Anwenderproblem muß also einer Listenstruktur angepaßt werden, was zu einem unnatürlichen Umgang mit der Sprache führt.

In RELOS wird dieser Mangel durch umfangreiche Möglichkeiten der Datendefinition und Datenmanipulation ausgeräumt. Unter dem Begriff Daten fassen wir die Definition aller Nachrichten und Ressourcen zusammen. Daten haben einen Namen und einen Typ.

6.2.2.1 Vordefinierte Datentypen und darauf definierte Funktionen

Daten sind einerseits Informationen, die von den Subsystemen empfangen, verarbeitet, zwischengespeichert und wieder versendet werden und andererseits subsystemlokal zur Verfügung stehende Ressourcen, z.B. eine Datenbank. Jedes Datum wird mit einem Namen und einem Typ bezeichnet. Es existieren vordefinierte Typen mit zugehörigen Funktionen, die im folgenden eingeführt werden.

Von den Datentypen werden Kommunikations- und Ergebnistypen unterschieden, die nicht zur Definition von Nachrichten oder Ressourcen benutzt werden können. Die Kommunikationstypen werden ausschließlich für die Kommunikation benötigt. Das applikative Konzept von RELOS wird durch Einführung der Ergebnistypen verdeutlicht.

a) Basisdatentypen BOOLEAN, INTEGER, REAL und STRING
Die Basisdatentypen BOOLEAN, INTEGER, REAL und STRING sind aus anderen Sprachen bekannt (für eine detailliertere Beschreibung der ''built_in'' Funktionen siehe Anhang C).
BOOLEAN = ('TRUE', 'FALSE')
mit den Funktionen and, or und not.
INTEGER = (... '-3', '-2', '-1', '0', '1', '2', '3' ...)
mit den Funktionen add, sub, mul, div, mod, lt, le, gt, ge, eq und neq.
REAL = (<Menge der reellen Zahlen>)
mit den Funktionen add, sub, mul, div:, lt, le, gt, ge, eq und neq.
STRING = (<alle Zeichenfolgen über dem ASCII-Zeichensatz>)
mit den Funktionen eq und neq.

b) Kommunikationstyp COMM
Der Kommunikationstyp COMM
COMM = ('ERROR', 'ACK')
besitzt zwei Elemente, die zur Kommunikation der Subsysteme benutzt werden. Der Kommunikationstyp COMM wird zur Bestätigung einer Ausführung benötigt. Die Verwendung des Typs wird in Kapitel 6.2.6 eingeführt.

c) Kommunikationstyp SITE
Der Kommunikationstyp SITE besteht aus den Namen aller, an der Anforderungsdefinition beteiligten, Subsysteme:
SITE = (<Namen aller Subsysteme>)
Damit ein Subsystem den Aufrufer erkennen kann, der einen seiner angebotenen

globalen Dienste in Anspruch nimmt, kann sich der Aufrufer durch Angabe seiner Identifikation ausweisen. Diese Identifikationen aller Subsysteme sind im Kommunikationstyp SITE vereinigt.

d) Kommunikationstyp EVENT
EVENT = ('SEND', 'RECEIVE')
EVENT ist ein Kommunikationstyp, der die Kommunikationskanäle, also die globalen Dienste, betrifft. Dadurch wird das Empfangen und Versenden einer Nachricht ausgedrückt. Eine detailliertere Erklärung wird in Kapitel 6.2.4.2 gegeben.

e) Ergebnistyp VOID
Der Ergebnistyp VOID besteht aus nur einem Element
VOID = ('NIL')
VOID ist die leere Menge.

f) Ergebnistyp ASSIGN
ASSIGN
ASSIGN ist ein Ergebnistyp lokaler Dienste. Ein ähnlicher Ergebnistyp kommt in imperativen und funktionalen Sprachen nicht vor. Durch den Datentyp ASSIGN werden Zuweisungen an lokal definierte Daten ausgedrückt, falls das Subsystem einen internen Zustand (ausgedrückt durch die lokalen Daten) kennt. Der generische Typ ASSIGN gewährleistet die Seiteneffektfreiheit, da eine Zuweisung Ergebnis einer Funktionsapplikation ist. Auf dem Ergebnistyp ASSIGN ist folgende Zuweisungsfunktion definiert:
let : (<Datentyp> x <zuzuweisender neuer Wert>) --> ASSIGN

6.2.2.2 Konstruktion von Datentypen und deren Geltungsbereich

Durch Konstruktoren können nichtprimitive Mengen konstruiert werden, die sich aber immer auf die vordefinierten Datentypen abstützen. Die Konstruktion wird durch das Gleichheitszeichen definiert. Vor der Benutzung eines konstruierten Datentyps muß dieser definiert worden sein. Die Konstruktoren beziehen sich nur auf Datentypen nicht aber auf Kommunikations- oder Ergebnistypen.

a) Konstruktor Generalisierung (Aufzählung)
Durch die Generalisierung kann eine Menge definiert werden, deren Elemente aufgezählt werden. Die leere Menge wird durch das Element 'NIL' aus dem Datentyp VOID dargestellt. Die Elemente der Menge haben keinen Typ. Z.B.
GRUNDFARBE = ('BLAU','ROT','GELB')
MISCHFARBE = ('GRÜN','LILA','ORANGE','WEISS',SCHWARZ')
Auf Mengen sind die Funktionen Vereinigung (union), Schnitt (intersect) und Enthaltensein (in) definiert. Z.B.
FARBE = intersect [GRUNDFARBE, MISCHFARBE]
ergibt den Ergebnistyp VOID.

b) Konstruktionsreihenfolgen
Prioritäten und Reihenfolgen, welcher Konstruktor auf welchen Datentyp angewendet werden soll, können durch Klammerung festgelegt werden.

c) Konstruktor Aggregation (Kreuzprodukt)
Durch die Aggregation 'x' kann ein Datentyp konstruiert werden, z.B.:
KONTO = (NAME : STRING x
KT-NR : INTEGER x
KT-STAND : INTEGER)
Bei der Konstruktion eines Datentyps durch das Kreuzprodukt, muß jede Komponente einen eindeutigen Namen und einen Typ zugewiesen bekommen.
Durch eine Selektionsfunktion wird eine Projektion auf die i-te Komponente einer Aggregation definiert.
<Datentyp>.<Komponentenname> --> <Komponente>
Z.B. KONTO.KT-STAND ergibt den Wert der dritten Komponente des Datentyps KONTO, also den Kontostand.

d) Konstruktor Alternative
Durch die Alternative '#' kann ein varianter Datentyp konstruiert werden, z.B.:
BANK = (NAME : STRING #
KENNZIFFER : INTEGER)
Bei der Konstruktion eines varianten Datentyps, muß jede Komponente einen eindeutigen Namen und einen Typ zugewiesen bekommen.
Eine Bank wird entweder durch den Namen vom Typ STRING oder durch eine Kennziffer vom Typ INTEGER identifiziert. Auch hier darf die Selektionsfunktion angewendet werden.

e) Konstruktor Liste
Zum Modellieren von Ressourcen, beispielsweise einer Datenbank, wird der Konstruktor Liste angeboten. Eine Liste ist eine sequentielle Aufzählung von Listenelementen. Auf die Elemente kann nur durch spezielle Funktionen zugegriffen werden. Eine Datenbank DB kann dann als Liste von Tupeln dargestellt werden. Dazu wird der Konstruktor 'list_of' benutzt.

DB = list_of KONTO

Auf dem Konstruktor list_of sind folgende Funktionen definiert:
erstes Element (head), Restliste (tail), leere Liste (empty), Länge (length) und Konkatenation (concat).

6.2.2.3 Initialisierung und Bedingungen auf Objekten

Ein Objekt wird als Instanz eines Datentyps verstanden. Der Datentyp beschreibt den abstrakten Aufbau und ein Objekt beinhaltet konkrete Werte diesen Typs.

Anfangs wurde der Begriff Datentyp als Oberbegriff für die Begriffe Nachricht ("message") und lokale Ressource eingeführt. Obwohl der Konstruktionsmechanismus in beiden Fällen gleich ist, ist der Geltungsbereich der Nachrichten und der lokalen Ressourcen unterschiedlich. Unter Nachrichten werden alle Objekte verstanden, die von einem Subsystem zu einem anderen Subsystem versendet werden. Sie existieren für alle Subsysteme eines Szenarios und zu jeder Ausführungszeit. Unter lokalen Ressourcen werden die Objekte eines Subsystems verstanden, die nur diesem Subsystem zur Verfügung stehen und deren Gültigkeit sich ausschließlich auf das umgebende Subsystem beschränken. Auf diesen Objekten wird eine Menge von lokalen Diensten definiert.

Mit der Definition von Datentypen sind oft initiale Werte und Bedingungen verknüpft, die beim Zugriff auf Objekte des Datentyps nicht verletzt werden dürfen. Diese Bedingungen können innerhalb einer Datenkonstruktion oder zwischen mehreren Konstruktionen durch die Funktionen default und legal ausgedrückt werden.

Durch die Funktion default wird implizit ein Objekt des angegebenen Typs kreiert und mit den entsprechenden Werten vorbesetzt. Im folgenden Beispiel werden zwei Objekte vom Typ KONTO, bestehend aus den oben beschriebenen Komponenten, kreiert. Initial sei das Konto leer. Mehrere Objekte gleichen Datentyps unterscheiden sich durch ihren Namen, z.B.

```
local_resources
    KONTO = (NAME : STRING x            /* Datentypkonstruktion */
             KT-NR : INTEGER x
             KT-STAND : INTEGER)
    PERS_1 = KONTO
    PERS_2 = KONTO
    default [PERS_1] == ['NIL','0','0'] /* Objektkreierung */
    default [PERS_2] == ['NIL','0','0']
end
```

Es ist vorstellbar, daß Konten nur bis zu einem bestimmten Betrag überzogen werden dürfen, bspw. bis zu 10000 DM. Diese Einschränkung auf dem Datentyp KONTO gilt für alle Objekte dieses Typs und wird folgendermaßen ausgedrückt:

```
local_resources
    KORRENT = INTEGER
    KONTO = (NAME : STRING x
             KT-NR : INTEGER x
             KT-STAND :INTEGER)
    legal : KONTO.KT-STAND x KORRENT --> BOOLEAN
    legal [KONTO.KT-STAND,'-10000'] == ge [KONTO.KT-STAND,'-10000']
end
```

Die Funktion legal hat einen Zielbereich vom Typ BOOLEAN. legal kann zu jedem spezifizierten Datentyp existieren. Durch sie wird die Bedingung, die mit dem Datentyp verknüpft ist, überprüft. Die formulierte Bedingung muß für die gesamte Anforderungsdefinition, d.h. während der gesamten Laufzeit, den Wert 'TRUE' ergeben. Wird die Legalitätsfunktion für eine Nachricht definiert, die zwischen Subsystemen versendet wird, so kann das nachrichtenempfangene Subsystem die Nachricht nur unter Beachtung der legal Funktion verändert werden. Der Nachricht ist systemweit eine Einschränkung auferlegt. Dadurch wird eine willkürliche Veränderung von empfangenen Nachrichten seitens der Subsysteme verhindert.

6.2.3 Die Kommunikationskanäle: globale Dienste

Die globalen Dienste stellen definierte Kommunikationsstellen dar, die als direktionale Kommunikationskanäle aufgefaßt werden können. Jedes Subsystem besitzt mindestens einen globalen Dienst. Global bedeutet, daß der Name des globalen Dienstes allen anderen Subsystemen des Systems bekannt ist, die diesen Dienst in Anspruch nehmen wollen.

6.2.3.1 Deklaration und Definition von globalen Diensten

Über einen globalen Dienst ("global service") kann ein Subsystem Nachrichten empfangen und Nachrichten senden. Die Ausführung eines globalen Dienstes wird durch das Empfangen einer Nachricht initiiert. Ausführung heißt, daß lokale Dienste des Subsystems zur Ausführung angestoßen werden und Nachrichten an andere Subsysteme gesendet werden. Zur Deklaration von globalen Diensten wird der Kommunikationstyp EVENT = ('SEND','RECEIVE') (siehe Kap. 6.2.2.1) benötigt. Eine zu empfangene Nachricht erzeugt ein RECEIVE-Event und eine zu sendende Nachricht ein SEND-Event. Funktional kann das durch
<glob serv> : EVENT x <messages> --> <result_data> x EVENT
beschrieben werden. Der Zielbereich <result_data> nimmt alle Änderungen auf den lokalen Daten auf, die von den lokalen Diensten nicht weiterverarbeitet werden. Der Kommunikationstyp EVENT im Wertebereich zeigt an, daß der globale Dienst von außen (einem anderen Subsystem) aufgerufen werden kann. Der Kommunikationstyp EVENT im Zielbereich zeigt an, daß ein anderer globaler Dienst eines anderen Subsystems während der Ausführung des globalen Dienstes aufgerufen wird. Es wird also jeweils dann ein Kommunikationskanal zwischen zwei oder mehreren globalen Diensten eingerichtet, wenn ein globaler Dienst des Empfängersubsystems von einem Sendersubsystem aufgerufen wird und ein Match zwischen einem 'SEND' und einem 'RECEIVE' Event stattfindet. Der Kommunikationskanal bleibt eingerichtet ("geöffnet") solange Nachrichten gesendet werden.

Durch einen Match eines 'SEND' und eines 'RECEIVE' Events wird das Empfängersubsystem veranlaßt, den aufgerufenen globalen Dienst für die empfangene Nachricht abzuarbeiten. Der Nachrichtentransfer zwischen den Subsystemen wird durch eckige Klammern verdeutlicht. Die Definition eines globalen Dienstes wird durch einen Pfad mit folgender Syntax veranschaulicht:

<glob serv>(<Attributliste> [<messages>]) == <path>

Links vom Doppelgleichheitszeichen stehen der Name des globalen Dienstes, eine optionale durch runde Klammern eingerahmte Attributliste und eine Menge von Nachrichtenkomponenten in eckigen Klammern. Dieser Teil ist außerhalb des Subsystems (also im ganzen offenen System) bekannt. Die Bedeutung der Attributliste wird in Kapitel 6.2.6 erklärt.

Rechts vom Doppelgleichheitszeichen steht der Abarbeitungspfad, der nur innerhalb des definierenden Subsystems bekannt ist. Dieser Pfad besteht aus den Aufrufen einer Menge von lokalen Diensten und/oder von Aktivierungen anderer globaler Dienste von anderen Subsystemen. Die Reihenfolge der Abarbeitung des Pfades wird durch folgende Kontrollstrukturen bestimmt (serv[] steht sowohl für den Namen eines globalen als auch eines lokalen Dienstes). Die Syntax ist angelehnt an die Beschreibung der Pfadausdrücke in [Seeh87].

a) Sequenz

Für die sequentielle Ausführung von Diensten stehen folgende Möglichkeiten zur Verfügung:

$serv_1$[] ; $serv_2$[]

$serv_1$[] wird vor $serv_2$[] ausgeführt. Dabei werden keine Daten von $serv_1$[] an $serv_2$[] übergeben.

$serv_2$[$serv_1$[]]

Bearbeite erst $serv_1$[] und dann $serv_2$[] und übergebe das Resultat von $serv_1$[] an $serv_2$[].

b) Parallelität

Für die parallele Ausführung von Diensten steht folgendes Konstrukt zur Verfügung:

$serv_1$[] // $serv_2$[]

Bearbeite $serv_1$[] parallel zu $serv_2$[]. Nach der Ausführung findet eine Synchronisation statt.

c) Alternative

Für die Alternative stehen mehrere Sprachkonstrukte zur Verfügung.

$serv_1$[] / $serv_2$[]

Bearbeite entweder $serv_1$[] oder $serv_2$[], die Auswahl geschieht nichtdeterministisch.

(* serv[] *)

Bearbeite serv[] optional, die Auswahl geschieht nichtdeterministisch.

if $serv_1$[] **then** $serv_2$[] **else** $serv_3$[] **fi**

oder

if $serv_1$[] **then** $serv_2$[] **fi**

Bearbeite, in Abhängigkeit des boolschen Ergebnisses von $serv_1$[], im Falle 'TRUE' $serv_2$[] (und $serv_3$[] sonst). Die Auswahl geschieht also deterministisch.

case $serv_1$[] :
<$target_i$>: $serv_i$[]
others : $serv_n$[]
esac

Bearbeite in Abhängigkeit des Ergebnisses von $serv_1$[] ein $serv_i$[] ($1 \leq i \leq n$) oder $serv_n$[]. <target> ist ein Wert aus dem Zielbereich von $serv_1$[]. Die case-Anweisung kann als geschachtelte if-Anweisung aufgefaßt werden.

d) Wiederholung

Eine endliche Wiederholung wird durch das folgende Sprachkonstrukt spezifiziert:

serv[] *n

Wiederhole serv[] n-mal.

e) Klammerung

(serv[])

Klammerung zur Bestimmung der Auswertungsreihenfolge der Ausdrücke.

f) Senden von Nachrichten an andere globale Dienste

Eine Aktivierung eines globalen Dienstes eines anderen Subsystems geschieht durch das Senden von Nachrichten. Dazu müssen der Subsystemname, der globale Dienst und die zu sendenden Nachrichten angegeben werden.

<SubsystemName>_serv[<messages>]

Der Pfad wird von links nach rechts abgearbeitet. Hierbei wird zwischen lokalen Diensten und globalen Diensten unterschieden. Erstere werden vom Subsystem ausgeführt, d.h. die Pfadabarbeitung wird unterbrochen und wartet auf das Ende der Ausführung des aufgerufenen lokalen Dienstes, der ein Ergebnis liefert. Über die Ausführung der globalen Dienste der anderen Subsysteme, deren Aufruf in dem Pfad noch aufgeführt sein können, hat das Subsystem keine Kontrolle. Somit können auch nur SEND-Events zu den anderen Subsystemen zur Abarbeitung dieser globalen Dienste geschickt werden.

Zur Verdeutlichung ein (abstraktes) Beispiel, bei dem $b_1[]$ und $c_1[]$ als lokale Dienste vorausgesetzt werden:

```
subsystem A
    global_services
    a : EVENT --> EVENT
    a[] == B_b[] / C_c[]
    end
end
subsystem B
    global_services
    b : EVENT --> EVENT
    b[] == b1[] // A_a[]
    end
end
subsystem C
    global_services
    c : EVENT --> EVENT
    c[] == if c1[] then A_a[] else B_b[] fi
    end
end
```

Falls ein globaler Dienst nicht explizit eingeschränkt wird, können globale Dienste beliebig oft und ineinandergeschachtelt aktiviert werden. Das heißt, daß ein globaler Dienst von verschiedenen Subsystemen gleichzeitig aktiviert werden kann. Wird durch die Abarbeitung des globalen Dienstes der interne Subsystemzustand durch die Ausführung lokaler Dienste verändert, so sollte die parallele Abarbeitung des Dienstes eingeschränkt werden. Ein globaler Dienst des Subsystems darf sich nicht selber aktivieren (Rekursionsverbot) und auch nicht von anderen Diensten desselben Subsystems aktiviert werden.

Ein globaler Dienst befindet sich jeweils in einem vom umfassenden Subsystem kontrollierten Zustand. Folgende Zustände und Zustandsübergänge sind möglich:

- idle

Der globale Dienst ist bereit Nachrichten zu empfangen.

- active

Der globale Dienst hat eine Nachricht empfangen (ist aktiviert worden) und bearbeitet seinen Pfad.

- blocked

Der globale Dienst hat die Abarbeitung seines Pfades unterbrochen. Es können keine Nachrichten gesendet oder empfangen werden (die genaue Bedeutung dieses Zustands wird in Kap. 6.2.6 erläutert). Die Auflösung dieses Zustandes wird vom umfassenden Subsystem vorgenommen.

- waiting

Der globale Dienst wartet auf das Eintreffen eines spezifizierten Ereignisses (die genaue Bedeutung dieses Zustands wird in Kap. 6.2.6 erläutert). Das erwartete Ereignis muß von einem anderen Subsystem gesendet werden.

Die möglichen Zustandsübergänge werden im folgenden Diagramm dargestellt.

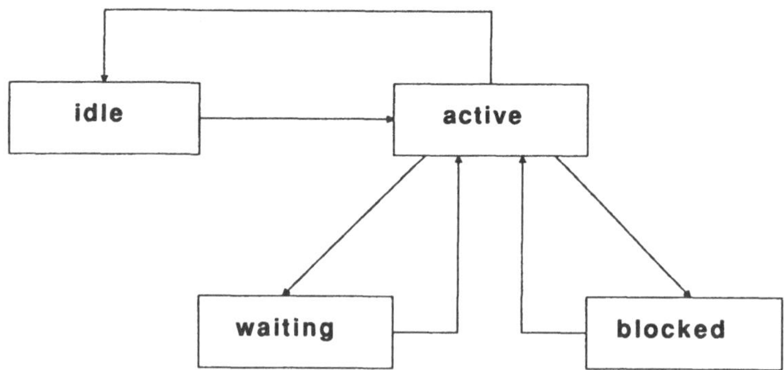

Fig.6-2: Zustandsübergangsdiagramm für globale Dienste

6.2.3.2 Der Datenaustausch über den Kommunikationskanal

Wie schon angedeutet, muß der Name des globalen Dienstes all den Subsystemen bekannt sein, die diesen aktivieren wollen. Ein Kommunikationskanal zwischen Sender und Empfänger wird eingerichtet, falls ein Match zwischen SEND- und RECEIVE-Events stattfindet. Erst dann können Nachrichten vom Sender zum Empfänger geschickt werden. Ein globaler Dienst bildet eine freilaufende Kommunikation über diesen direktionalen Kommunikationskanal, d.h es existiert keine weitere Synchronisation zwischen Sender und Empfänger. Damit das Sendersystem neben den Events zum Aktivieren des globalen Dienstes auch eine Nachricht senden kann, muß zwischen dem Sender und dem Empfänger die Struktur der Nachricht verabredet sein. Dies geschieht durch die Angabe des Datentyps in der "message"-Sektion, durch

Angabe der zu sendenden Daten im Zielbereich der Senderaktivität und durch Angabe der zu empfangenden Daten im Wertebereich der Empfängeraktivität. Durch diese Spezifikationen wird sichergestellt, daß beide kommunizierenden Subsysteme denselben Nachrichtenaufbau meinen.
Eine Gutschrift von 1000 DM zugunsten eines Kundenkontos bei einer Bank kann folgendermaßen beschrieben werden:

```
messages
    NAME = STRING
    BETRAG = INTEGER
end
subsystem KundeA
    global_services
    auftrag : --> EVENT
    auftrag[] == Bank_gutschrift['KundeA','1000']
    end
end
subsystem Bank
    global_services
    gutschrift : EVENT x KONTO.NAME x BETRAG --> INTEGER
    gutschrift[KONTO.NAME,BETRAG] == add[KONTO.KT-STAND,BETRAG]
    end
    local_resources
    KONTO = (NAME :STRING x
                KT-NR :INTEGER x
                KT-STAND :INTEGER)
    end
end
```

In diesem Beispiel wird zur Vereinfachung angenommen, daß die Bank nur dieses eine Kundenkonto verwaltet. Eine Nachricht, bestehend aus mehreren Daten, wird durch eckige Klammern eingeschlossen. Die Anzahl der Nachrichten kann beliebig, muß aber endlich lang sein, wobei die Nachrichtenkomponenten durch Kommata getrennt sind.

6.2.4 Lokale Dienste

Während die globalen Dienste die Kommunikation mit anderen Subsystemen übernehmen, wird durch die lokalen Dienste die Ausführung einer lokal zur Verfügung stehenden Funktion beschrieben. Lokale Dienste verändern den Zustand des Subsystems. Die lokalen Dienste können von anderen Subsystemen nicht benutzt werden. Sie sind außerhalb des sie umfassenden Subsystems nicht bekannt. Die lokalen Dienste werden bei der Beschreibung eines Subsystems an drei Stellen aufgeführt:

a) bei der Abarbeitung des Pfades eines globalen Dienstes;

b) bei der Deklaration, hier werden die Eigenschaften (Werte- und Zielbereich) des lokalen Dienstes beschrieben;

c) bei der Definition, hier wird die Abbildungsvorschrift vom Werte- in den Zielbereich in Form einer Gleichung beschrieben;

Lokale Dienste werden in der "local_services"-Sektion deklariert und definiert.

Die Abarbeitung des Pfades eines globalen Dienstes besteht einerseits aus Aufrufen von lokalen Diensten und andererseits aus dem Senden von Events an andere globale Dienste anderer Subsysteme. Die Reihenfolge der Abarbeitung wird durch die Kontrollstrukturen gesteuert (siehe Kap. 6.2.3.1). Über die Ausführung der lokalen Dienste hat das Subsystem, und somit auch der globale Dienst, die Kontrolle. Wird ein lokaler Dienst im Pfad eines globalen Dienstes aufgerufen, so gleicht dies einem Funktionsaufruf. Der Pfad wird erst dann weiter abgearbeitet, wenn der lokale Dienst beendet ist. Ist ein weiterer lokaler Dienst parallel zum lokalen Dienst spezifiziert, so wird nach dessen Ausführung eine Synchronisation vorgenommen. Zur Verdeutlichung der Benutzung lokaler Dienste im Pfad soll folgendes Beispiel dienen:

subsystem Bank
  global_services
  kt-stand : EVENT x NAME --> EVENT
  kt-stand[NAME] == Kunde_anfrage[nachsehen[NAME]]
  end
  local_services
  nachsehen : KUNDE --> KT-STAND
  end
end

Nach der Abarbeitung des lokalen Dienstes nachsehen[], die in der Menge der Konten nach dem Namen und dem entsprechenden Kontostand sucht, sendet der globale Dienst kt-stand[] ein SEND-Event an Kunde_anfrage[] und zwar mit der Nachricht KT-STAND. KT-STAND ist das Ergebnis des lokalen Dienstes nachsehen[].

Wird ein lokaler Dienst in einem Pfad aufgeführt, so muß er innerhalb des Subsystems deklariert worden sein. Bei der Deklaration werden die Werte- und Zielbereiche des lokalen Dienstes festgelegt. Es wird also beschrieben, mit welchen Objekten der lokale Dienst arbeitet und wohin er sie transformiert. Die Objekte werden mit Hilfe der Konstruktoren aus Kapitel 6.2.3.1 gebildet.

  <loc serv> : <Wertebereich> --> <Zielbereich>

Der lokale Dienst "nachsehen[]" aus dem Pfad des globalen Dienstes "kt-stand[]" könnte folgendermaßen deklariert sein:

  nachsehen : NAME --> KT-STAND # ERROR

Im Wertebereich wird der Datentyp NAME angegeben. Der Zielbereich kann entweder vom Datentyp KT-STAND oder vom Datentyp ERROR sein. Die Angabe der Werte- und Zielbereiche geschieht über Datentypen. Die (konstruierten) Datentypen müssen entweder global (Nachricht) oder lokal (lokale Ressource) definiert sein. Bei der Deklaration können die Konstrukte Kreuzprodukt, Alternative und Klammerung benutzt werden. Der Zielbereich kann, gegenüber dem Wertebereich, nie als leer deklariert sein, weil jeder lokale Dienst ein Ergebnis liefert.

In der Definition eines lokalen Dienstes wird die Abbildungsvorschrift vom Ziel- in den Wertebereich durch eine Gleichung,

<loc serv>[<Wertebereich>] == <Abbildungsvorschrift>

beschrieben, wobei die rechte Seite der Gleichung des lokalen Dienstes auf schon im Subsystem definierte Dienste, auf eingebaute Funktionen oder auf Konstanten reduziert wird. Hierbei ist die Ineinanderschachtelung von Diensten erlaubt. In diesem Fall werden die geschachtelten Dienste sequentiell von innen nach außen ausgewertet. Weiterhin ist die deterministische Alternative erlaubt. Argumente von lokalen Diensten werden in "[ ]" gesetzt und müssen der Deklaration entsprechen. Eine Liste von Argumenten wird durch Kommata getrennt.

Für die Definition eines lokalen Dienstes lserv[] steht nur eine Auswahl der Sprachkonstrukte für globale Dienste bereit.

a) Sequenz
Die sequentielle Ausführung von lokalen Diensten wird durch die Schachtelung von Funktionen ausgedrückt.

$lserv_2[lserv_1[]]$

Bearbeite erst $lserv_1[]$ und dann $lserv_2[]$ und übergebe das Resultat von $lserv_1[]$ an $lserv_2[]$.

b) Alternative
Für die Alternative stehen zwei Sprachkonstrukte zur Verfügung.

if $lserv_1[]$ **then** $lserv_2[]$ **else** $lserv_3[]$ **fi**

Bearbeite, in Abhängigkeit des boolschen Ergebnisses von $lserv_1[]$, nur im Falle 'TRUE' $lserv_2[]$ und $lserv_3[]$ sonst. Die Auswahl geschieht also deterministisch.

case $lserv_1[]$:
<$target_i$>: $lserv_i[]$
others : $lserv_n[]$
esac

Bearbeite, in Abhängigkeit des Ergebnisses von $lserv_1[]$, ein $lserv_i[]$ $(1 < i < n)$ oder $lserv_n[]$. <target> ist ein Wert aus dem Zielbereich von $lserv_1[]$. Die case-Anweisung kann als geschachtelte if-Anweisung aufgefaßt werden.

c) Klammerung

(lserv[])

Klammerung zur Auswertungsreihenfolge der Ausdrücke.

d) direkte Rekursion
Um die Unübersichtlichkeit bei der Verwendung der Rekursion einzuschränken wird in RELOS nur die direkte Rekursion zugelassen.

$lserv_1[lserv_1[]]$

Bei der direkten Rekursion steht der lokale Dienst selbst im eigenen Definitionsteil. Dabei muß ein Rekursions-Abbruchkriterium angegeben sein.

Z.B wird das Suchen nach einer Kontonummer und Ausgeben des zugehörigen Kontobetrages innerhalb einer Datenbank DB eines Subsystems Bank folgendermaßen beschrieben:

```
messages
    NAME :STRING
    KT-STAND :INTEGER
end
subsystem KundeA
    global_services
    kt-anfrage : --> EVENT
    kt-anfrage[] == Bank_kt-stand['KundeA']
    kt-antwort : EVENT x KT-STAND --> VOID
    kt-antwort[KT-STAND] == ...
    end
end /* Kunde A */
subsystem Bank
    global_services
    kt-stand : EVENT x NAME --> EVENT
    kt-stand[NAME] == KundeA_kt-antwort[nachsehen[DB,NAME]]
    end
    local_resources
    KONTO = (NAME : STRING x
             KT-NR : INTEGER x
             KT-STAND : INTEGER)
    DB = list_of KONTO
    ERROR = STRING
    default[ERROR] == ['KONTO nicht gefunden']
    end
    local_services
    nachsehen : DB x NAME --> KONTO.KT-STAND # ERROR
    nachsehen [DB,NAME] == case empty[DB] :
                                 'FALSE' : if eq[head[DB].NAME,NAME] then
                                               head[DB].KT-STAND
                                           else nachsehen[tail[DB],NAME]
                                           fi
                                 others : ERROR
                           esac
    end
end /* Bank */
```

Die Selektion (Dotnotation) kann nicht nur zur Auswahl einer Objektkomponente benutzt werden, sondern auch zur Projektion des Wertebereichs eines lokalen Dienstes auf einen bestimmten Datentyp des Wertebereichs. Z.B. ergibt head[DB] das erste Objekt der Datenbank DB. Von dem Objekt KONTO ist nur die Komponente KT-STAND von Interesse. Durch head[DB].KT-STAND wird der Wertebereich auf die Komponente KT-STAND projiziert.

6.2.5 Datenquelle, Datensenke und Datenvererbung im Pfad

Objekte eines Datentyps können innerhalb des Pfades eines globalen Dienstes erzeugt (Quelle), vererbt und/oder gelöscht (Senke) werden. Dies geschieht durch die Auswertung des Pfades von links nach rechts, bzw. durch die lokalen Dienste. Die empfangenen Nachrichtenobjekte der globalen Dienste können als initial betrachtet werden und werden nach rechts weitergegeben. Im Pfad werden sie entweder durch ein SEND-Event an andere globale Dienste weiterversendet oder den lokalen Diensten übergeben. Dort werden die Objekte verarbeitet. Die lokalen Ressourcen sind eng mit den lokalen Diensten verknüpft. Die lokalen Dienste dürfen auf die lokalen Ressourcen zugreifen (lesen, verändern) ohne das diese explizit im Wertebereich der Dienste angegeben werden müssen. Diese implizite Benutzung lokaler Ressourcen ist notwendig, um die lokalen Ressourcen vor dem Zugriff fremder Subsysteme zu schützen. Müßten die lokalen Ressourcen im Wertebereich der lokalen Dienste angegeben werden, so müßten sie auch im Wertebereich der globalen Dienste angegeben werden, da ansonsten die globalen Dienste die lokalen Dienste nicht aufrufen könnten. Die Angabe der lokalen Ressourcen in der Deklaration von globalen Diensten würde jedoch dem Prinzip der lokalen Autonomie der Subsysteme widersprechen. Der globale Dienst kt-stand[] des obigen Beispiel würde, bei der expliziten Deklaration der lokalen Ressourcen, folgendermaßen spezifiziert:

```
global_services
    kt-stand : EVENT x DB x NAME --> EVENT
    kt-stand[DB,NAME] == KundeA_kt-antwort[nachsehen[DB,NAME]]
end
```

Durch die Angabe von DB im Wertebereich des globalen Dienstes, könnten auch andere Subsysteme auf die Datenbank DB zugreifen. Die Werte der lokal definierten Ressourcen machen den systeminternen Zustand deutlich, der außerhalb des Subsystems nicht bekannt ist.

In dem obigen Beispiel kann folgender Fall eintreten: der lokale Dienst nachsehen[] findet kein Konto mit dem Namen und gibt laut Deklaration statt KT-STAND ein Objekt des Typs ERROR zurück. Es ist nun die Aufgabe des globalen Dienstes kt-stand[] auf diesen Fehler einzugehen. Geschieht dies nicht, wie in dem Beispiel, würde der globale Dienst kt-antwort[] des Subsystems Kunde einen Fehler zurückerhalten. Für den Fehlerfall ist die Beschreibung des globalen Dienstes kt-antwort[] unvollständig und Nachrichten würden nicht ausgetauscht. Es existieren zwei Möglichkeiten den Pfad zu berichtigen.

a) über die Nachricht KT-STAND werden nicht nur Daten sondern auch Fehler übertragen, also KT-STAND = (BETRAG # ERROR) oder

b) im Pfad des globalen Dienstes kt-stand[] werden die Fehler abgefangen und die Bearbeitung abgebrochen.

Das folgende Beispiel zeigt die Spezifikation des zweiten Falles.

Der globale Dienst kt-stand[] soll seinen Pfad nur vollständig ausführen, falls kein Fehler aufgetreten ist.

```
subsystem Bank
    global_services
    kt-stand : EVENT x NAME --> EVENT
    kt-stand[NAME] == if neq[nachsehen[DB,NAME],ERROR]] then
                          KundeA_kt-antwort[BETRAG]
                       fi
    end
    local_resources
    KONTO = (NAME : STRING x
             KT-NR : INTEGER x
             KT-STAND : INTEGER)
    DB = list_of KONTO
    ERROR = STRING
    default[ERROR] == ['KONTO nicht gefunden']
    BETRAG = INTEGER
    end
    local_services
    nachsehen : DB x NAME --> ASSIGN # ERROR
    nachsehen [DB,NAME] ==
              case empty[DB] : 'FALSE' : if eq[head[DB].NAME,NAME] then
                                          let(BETRAG,head[DB].KT-STAND)
                                          else nachsehen[tail[DB],NAME]
                                          fi
                   others : ERROR
              esac
    end
end
```

6.2.5.1 Ein Beispiel aus dem Bankenbereich

An dieser Stelle wird zur Verdeutlichung der bisher eingeführten Konstrukte ein Beispiel aus dem Tätigkeitsbereich von Banken vorgestellt. An dem Szenario sind drei Subsysteme beteiligt: Kunde, BankA und BankB. Der Kunde erteilt BankA einen Überweisungsauftrag zugunsten eines Kontos bei der BankB. Im Zahlungsverkehr werden Geldbeträge nur in Form von Nachrichten ausgetauscht. Viele Banken unterhalten jeweils Konten bei fremden Banken. Nachdem das Geld vom Kundenkonto abgebucht und auf das BankA-Konto gutgeschrieben ist, schickt BankA der BankB eine Nachricht ihr Konto bei der BankB mit diesem Geldbetrag zu belasten.

```
scenario Überweisung
    messages
    NAME = STRING
    BETRAG = INTEGER
    end

    subsystem Kunde
    global_services
    auftrag : --> EVENT
    auftrag[] == BankA_überw['Kunde','1000']
    end
    end /* subsystem Kunde */

    subsystem BankA
    global_services
    überw : EVENT x NAME x BETRAG --> ASSIGN x EVENT
    überw[NAME, BETRAG] ==
                    let(kontosuche[DB,NAME].KT-STAND,
                    sub[kontosuche[DB,NAME].KT-STAND,BETRAG]) //
                    let(kontosuche[DB,'BankA'].KT-STAND,
                    add[kontosuche[DB,'BankA'].KT-STAND,BETRAG]);
                    BankB_gutschr[BETRAG]
    end
    local_resources
    KONTO = (NAME : STRING x
                KT-NR : INTEGER x
                KT-STAND : INTEGER)
    DB = list_of KONTO
    end
    local_services
    kontosuche : DB x NAME --> KONTO
    kontosuche [DB,NAME] ==
            if eq[head[DB].NAME,NAME] then
                head[DB]
            else kontosuche[tail[DB],NAME]
            fi
    end
    end /* Subsystem BankA */
```

```
subsystem BankB
global_services
gutschr : EVENT x BETRAG --> ASSIGN
gutschr[BETRAG] ==
        let(kontosuche[DB,'BankA'].KT-STAND,
        sub[kontosuche[DB,'BankA'].KT-STAND,BETRAG]) //
        let(kontosuche[DB,'BankB'].KT-STAND,
        add[kontosuche[DB,'BankB'].KT-STAND,BETRAG])
end
local_resources
KONTO = (NAME : STRING x
          KT-NR : INTEGER x
          KT-STAND : INTEGER)
DB = list_of KONTO
end
local_services
kontosuche : DB x NAME --> KONTO
kontosuche [DB,NAME] ==
        if eq[head[DB].NAME,NAME] then
           head[DB]
        else kontosuche[tail[DB],NAME]
        fi
end
end /* Subsystem BankB */
end /* scenario Überweisung */
```

6.2.6 Erweiterungen und Einschränkungen zur Kommunikation

Bisher haben wir vorausgesetzt, daß ein globaler Dienst von anderen Subsystemen beliebig parallel und ineinandergeschachtelt aktiviert werden kann, d.h. während der Ausführung des Pfades können schon weitere Nachrichten empfangen und auch verarbeitet werden. Diese Vorstellung ist nicht immer wünschenswert. Für Einschränkungen und Erweiterungen zur Kommunikation stehen spezielle Sprachkonstrukte zur Verfügung, die in den folgenden Kapiteln eingeführt werden.

6.2.6.1 Multicasting und Broadcasting

Beim Unicasting-Kommunikationsprinzip gibt es einen Sender und genau einen Empfänger. Ein Kommunikationskanal wird zur Übertragung von Nachrichten eingerichtet, falls es einen Match zwischen einem SEND- und einem RECEIVE-Event gibt.

In RELOS werden neben dieser einfachen Kommunikation weitere drei

Kommunikationsmöglichkeiten unterschieden, die im folgenden eingeführt werden. Zur Verdeutlichung dient ein Beispiel, in dem ein Subsystem ''Sender'' einem Empfänger ''Receiver'' eine Nachricht schickt.

a) Unicasting (statischer Aufruf)
Die bisher vorgestellte Kommunikationsmöglichkeit eines Senders und eines, schon während der Spezifikation feststehenden, Empfängers wird ''Unicasting mit statischem Aufruf'' genannt.

```
messages
    MAIL = STRING
    default[MAIL] == ['abcd']
end
subsystem Sender
    global_services
    send : EVENT x MAIL --> EVENT
    send[MAIL] == RecA_receive[MAIL]
    end
end
```

Ein Sender *Sender* und ein Empfänger *RecA* tauschen über einen gerichteten Kommunikationskanal Nachrichten aus. Der Empfänger der Nachricht ist zum Zeitpunkt der Anforderungsdefinition bekannt.

b) Unicasting (dynamischer Aufruf)
Eine weitere Form der Kommunikation wird ''Unicasting mit dynamischen Aufruf'' genannt. Die dynamische Unicasting-Kommunikationsmöglichkeit unterscheidet sich von der statischen dadurch, daß der Empfänger einer Nachricht nicht a priori bekannt ist. Dem Sender wird der Empfänger über eine Nachricht mitgeteilt.

```
messages
    MAIL = STRING
    default[MAIL] == ['abcd']
    REC-SET = ('RecA','RecB','RecC')    /* Aufzählungstyp */
    RECEIVER = REC-SET
    default[RECEIVER] == ['RecA']
end
subsystem Sender
    global_services
    send : EVENT x MAIL x RECEIVER --> EVENT
    send[MAIL, RECEIVER] == ''RECEIVER''_rec[MAIL]
    end
end
```

Die Nachricht RECEIVER, die der globale Dienst Sender_send[] empfängt, besitzt als Wert den Namen eines anderen Subsystems. Innerhalb des Pfades wird diese Nachricht zu einem Kommunikationsaufruf umgewandelt. Dies geschieht durch das Transformationskonstrukt '' ''. Dem so ausgewerteten Empfänger wird dann die Nachricht MAIL geschickt. Die Auswertung des Empfängers einer Nachricht geschieht also, im Gegensatz zum statischen Unicasting, erst zur Laufzeit.

c) Broadcasting

Eine weitere wichtige Anwendung in kommunizierenden Systemen ist das Broadcasting. Durch das Broadcasting soll eine Information an alle angeschlossenen Subsysteme verteilt werden. Das Broadcasting wird in RELOS über die Namen globaler Dienste realisiert. Der Sender schickt die Nachricht parallel an alle Subsysteme, die einen globalen Dienst mit gleichem Namen besitzen. Das Broadcasting wird im Pfad durch

for ALL_<glob. serv.>[<message>]

spezifiziert. Mit **ALL_** sind alle Subsysteme gemeint, die <glob. serv.>[] als globalen Dienst zur Verfügung stellen, ausgenommen ist das sendende Subsystem.

```
messages
    MAIL = STRING
    default[MAIL] == ['abcd']
end
subsystem Sender
    global_services
    send : EVENT x MAIL --> EVENT
    send[MAIL] == for ALL_rec[MAIL]
    end
end
```

Da sich die Menge der globalen Dienste im System während der Anforderungsdefinition nicht ändert (also statisch ist), kann das Broadcasting als universelles statisches Unicasting aufgefaßt werden.

d) Multicasting

Unter Multicasting wird ein spezieller Broadcastmechanismus verstanden, bei dem nur eine ausgewählte Menge von Subsystemen als Empfänger der Nachricht spezifiziert wird. Der Sender schickt die Nachricht parallel an alle aufgeführten Subsysteme, falls diese einen globalen Dienst mit gleichem Namen bereitstellen. Das Multcasting wird im Pfad durch

for <Liste von Empfängersubsystemen>_<glob. serv.>[<message>]

spezifiziert.

```
messages
    MAIL = STRING
    default[MAIL] == ['abcd']
    RECSITES = list_of STRING
    default[RECSITES] == ['RecA','RecB','RecC']
    legal[RECSITES] == in[RECSITES, SITE]
end

subsystem Sender
    global_services
    send : EVENT x MAIL x RECSITES --> EVENT
    send[MAIL, RECSITES] == for RECSITES_rec[MAIL]
    end
end
```

Da sich die Liste des Empfängerdatentyps RECSITES während der Anforderungsdefinition ändern kann (also dynamisch ist), kann das Multicasting als universelles dynamisches Unicasting aufgefaßt werden.

6.2.6.2 Warteschlangen als Nachrichtenpuffer

Allgemein stehen globale Dienste eines Subsystems allen anderen Subsystemen zur Verfügung und können beliebig parallel und ineinander verschachtelt ausgeführt werden. Jede eintreffende Nachricht löst die Abarbeitung des Pfades des globalen Dienstes aus. Soll ein globaler Dienst zu einem Zeitpunkt nur einem anderen Subsystem zur Verfügung stehen, so muß der Empfang von Nachrichten dieses globalen Dienstes kontrolliert werden. Nur ein RECEIVE-Event darf zu einem Zeitpunkt den Dienst aktivieren. Alle weiteren ankommenden RECEIVE-Events müssen dann entweder abgewiesen werden und gingen in diesem Fall verloren, oder sie müssen gesammelt werden.

In RELOS besteht die Möglichkeit alle ankommenden RECEIVE-Events (d.h. die ankommenden Nachrichten) in einer Warteschlange zu sammeln, falls der globale Dienst schon aktiv ist. Aus der Warteschlange wird dann eine Nachricht entnommen, wenn die Verarbeitung der vorangegangenen Nachricht durch den Pfad des globalen Dienstes beendet ist. Falls eine Warteschlange existiert, so muß die Kapazität für die Anzahl der ankommenden Events und das Zugriffsverfahren zur Abarbeitung angegeben werden. Die Kapazität wird durch das Schlüsselwort **cap** und einer Zahl n (n >= 1) in der Attributliste angegeben. Folgende Abarbeitungsstrategien für die Warteschlange existieren in RELOS:

FIFO

der globale Dienst ließt nach dem *first in first out* -Verfahren die 'RECEIVE' Events;

LIFO

der globale Dienst ließt nach dem *last in first out* -Verfahren die 'RECEIVE' Events.

Eine Spezifikation einer Warteschlange für einen globalen Dienst, wird durch eine Attributliste folgendermaßen spezifiziert:

<glob.serv.>(**cap** <n>, <Strategie>, [<messages>]) == <path>

Erst wenn jeweils die Pfadausführung vollständig abgearbeitet ist, wiederholt sich der Lesevorgang der Nachrichten aus der Warteschlange, bis diese leer ist. Solange bleibt der globale Dienst im Zustand "active". Z.B.

```
subsystem Bank
    global_services
    kt-stand : EVENT x NAME --> EVENT
    kt-stand (cap 4, FIFO, [NAME]) == ...<path>...
    end
end
```

Der globale Dienst kt-stand[] darf zu einem Zeitpunkt nur einmal aktiviert werden, besitzt dafür aber eine Warteschlange mit der Kapazität 4 Events. Auf die Warteschlange wird nach dem FirstInFirstOut-Verfahren zugegriffen.

6.2.6.3 Ausführungsbestätigungen

Ein globaler Dienst hat keine Kontrolle über den Ablauf eines von ihm aktivierten anderen globalen Dienstes bei einem anderen Subsystem. Er kann nur ein SEND-Event senden. Die Kommunikation mit anderen Subsystemen ist freilaufend. Nur die Beendigung des lokalen Dienstes im eigenen Subsystem wird abgewartet.

Oft ist es aber wichtig, daß ein globaler Dienst das Eintreffen einer Nachricht oder die erfolgreiche oder erfolglose Nachrichtenverarbeitung dem sendenden Subsystem mitteilt. Die kommunizierenden Subsysteme sollen sich synchronisieren können. Es soll also möglich sein, daß ein globaler Dienst send[] einem globalen Dienst rec[] eine Nachricht schickt, daß send[] die Pfadauswertung solange unterbricht (der Dienst wechselt in den Zustand "waiting"), bis rec[] zu einem Ende gekommen ist, und daß send[] die Pfadabarbeitung erst fortsetzt, wenn ihm eine Ausführungsbestätigung von rec[] vorliegt.

Diese Anforderung wird in RELOS durch das Rücksenden von Acknowledgements ausgedrückt. Dazu wird der Kommunikationstyp COMM = ('ACK','ERROR') benutzt (siehe Kap. 6.2.2.1):

```
messages
    MAIL = STRING
    default[MAIL] == ['abcd']
    end
    subsystem Sender
    global_services
    send : EVENT # COMM x MAIL --> EVENT
    send[MAIL] == if eq[Receiver_rec[MAIL],'ACK'] then
                      a[MAIL]
                   fi
    end
    local_services
    a : MAIL --> ..
    end
end
```

In der Deklaration des globalen Dienstes send[] wird spezifiziert, daß send[] von außen entweder durch den Empfang eines RECEIVE-Events oder eines Kommunikationselements COMM angestoßen werden kann. Die Definition des Pfades enthält, daß send[] dem Dienst rec[] des Subsystems Receiver eine Nachricht schickt. Neben der übermittelten Nachricht MAIL, wird rec[] keine weitere Information mitgeteilt. Die Angabe des Absenders erfolgt implizit. Der globale Dienst send[] wartet nun darauf, die built-in Funktion eq[] auswerten zu können. Eine Auswertung kann aber erst dann stattfinden, wenn ein Element des Kommunikationstyp COMM eingetroffen ist. Der globale Dienst send[] wechselt in den Zustand "waiting".

Der Pfad des globalen Dienstes rec[] des aktivierten Subsystems Receiver hat beispielsweise folgendes Aussehen:

subsystem Receiver
    global_services
    rec : EVENT x MAIL --> COMM
    rec[MAIL] == b_1[MAIL] / b_2[MAIL] ; COMM
    end
    local_services
    b_1 : MAIL --> COMM
    b_2 : MAIL --> COMM
    b_1[MAIL] == 'ACK'
    b_2[MAIL] == 'ERROR'
    end
end

send[] hat sich bei der Aktivierung von rec[] implizit als Sender eingetragen. Der Pfad von rec[] wird von links nach rechts ausgewertet. Nachdem einer der lokalen Dienste b_1[] oder b_2[] ausgeführt worden ist, muß ein Acknowledgement an Sender_send[] abgesendet werden. Je nachdem, welcher der beiden lokalen Dienste, b_1[] oder b_2[], aktiviert wird (Nichtdeterminismus), bekommt der Kommunikationstyp COMM den Wert 'ACK' oder 'ERROR' zugewiesen. Der Aufruf COMM sendet den zugewiesenen Wert ab.

Sender_send[] wartet auf einen Wert des Kommunikationstyps COMM. Trifft dieser Wert bei Sender ein, wird die Abarbeitung des Pfades von send[] fortgeführt, d.h. die Gleichheitsrelation eq[] wertet den von rec[] gesendeten Werte von COMM mit 'ACK' aus. Nur wenn die Auswertung den Wert 'TRUE' ergibt, wird der lokale Dienst a[MAIL] aufgerufen.

6.2.6.4 Zeitverbrauch, Zeitanforderung

In vielen transaktionsorientierten Systemen gibt es Anforderungen an das zeitliche Verhalten der Verarbeitung (z.B. bei eingebetteten Systemen, siehe Kap. 4.2.6). Nur wenn Eingaben in das System innerhalb bestimmter Zeitintervalle bearbeitet werden können, sind die zu entwickelnden Zielsysteme einsetzbar.

In RELOS wird die Zeit als diskrete Zeit aufgefaßt, die von einer virtuellen Uhr gezählt wird. Für die Spezifikation werden folgende Datentypen zur Verfügung gestellt:

UNIT = ('SEC','MIN','HOUR','DAY','WEEK')
TIME = (PERIOD :INTEGER x
TIMEUNIT :UNIT)

Anforderungen, bezüglich Antwortzeiten etc., sind nur dann sinnvoll, wenn über die zeitverbrauchenden Dienste innerhalb des System genügend Informationen vorliegen. Diese Informationen sind während des Requirement Engineering meist realistische Schätzungen.

a) Zeitverbrauch
Ein Zeitverbrauch kann in RELOS allen globalen und lokalen Diensten durch das Attribut **time** in dem Definitionsteil eines Dienstes zugewiesen werden.

<serv.>(**time** <Zeit>, [<messages oder Wertebereich>]) == <Pfad oder Abbildungsvorschrift>

ist vom Datentyp TIME.
Zeit wird in RELOS innerhalb eines Subsystems durch die globalen und lokalen Dienste verbraucht. Durch das Zeitattribut **time** kann ein:
konstanter Zeitverbrauch (z.B. vier Minuten)
time '4','MIN'
exponentieller Zeitverbrauch
time '4','MIN', **exp**
('4','MIN' ist der Erwartungswert)
normalverteilter Zeitverbrauch
time '4','2','MIN', **norm**
('4','MIN' ist der Erwartungswert, die Varianz beträgt '2','MIN')
geglätteter Zeitverbrauch
time '4','MIN', **delay**
(alle eintreffenden Nachrichten werden mit einer geglätteten Zeitverzögerung weitergereicht)

exp, **norm**, und **dealy** sind weitere Attribute der Attributliste. RELOS ist eine ausführbare Sprache. In dem Kapitel 7 wird gezeigt, auf welcher operationalen Basis RELOS aufsetzt.

b) Zeitanforderung

Bei der Vorstellung von Ausführungsbestätigungen (siehe Kap. 6.2.6.3) sind schon Situationen angedeutet worden, in denen Anforderungen mit Zeitbedingungen spezifiziert werden müssen. Eine ordnungsgemäße Ausführung kann nur dann garantiert werden, wenn bestimmte Anforderungen an das zeitliche Verhalten eingehalten werden. Will bspw. der globale Dienst send[] des Subsystems Sender nur x Zeiteinheiten auf eine Ausführungsbestätigung warten, also auf das Eintreffen eines Wertes des Kommunkationsdatentyps COMM von dem Dienst rec[], so wird dies durch eine Funktion auf dem Datentyp TIME beschrieben, die im folgenden vorgestellt wird.

Mit folgenden Funktionen können in globalen Diensten Zeitanforderungen ausgedrückt werden:

''lower or equal of time''

<u>letime</u> : EVENT x COMM x TIME --> BOOLEAN

Die Funktion <u>letime</u> wird ausgewertet, falls das Kommunikationsereignis COMM eintrifft, spätestens jedoch, wenn die Zeit TIME abgelaufen ist.

''lower of time''

<u>lotime</u> : EVENT x COMM x TIME --> BOOLEAN

Die Funktion <u>lotime</u> wird ausgewertet, falls das Kommunikationsereignis COMM eintrifft, spätestens jedoch, wenn die, um eine in TIME.UNIT angegebene Einheit verkürzte Zeit, abgelaufen ist.

Nach dem Versenden einer Nachricht (SEND-Event) wird das erwartete Ereignis, d.h. das Eintreffen eines Wertes des Kommunikationstyps COMM, spezifiziert. Die Funktionen <u>letime</u> und <u>lotime</u> werden dann zu einem boolschen Wert ausgewertet, wennn die angegebene Zeit (TIME) abgelaufen, oder ein Wert des erwarteten Ereignisses eingetroffen ist. Der globale Dienst unterbricht die Abarbeitung seines Pfades, wechselt in den Zustand ''waiting'' und kann während der Wartezeit nur durch den Kommunikationstyp COMM reaktiviert werden. Das Beispiel aus Kapitel 6.2.6.3 kann folgendermaßen modifiziert werden:

```
messages
   MAIL = STRING
   default[MAIL] == ['abcd']
end
   subsystem Sender
   global_services
   send : EVENT # COMM x MAIL --> EVENT
   send[MAIL] == if letime[Receiver_rec[MAIL],'ACK','4','HOUR'] then
                    a1[MAIL]
                 else
                    a2[MAIL]
                 fi
   result : EVENT x MAIL --> ...
   result[MAIL] == ... <path> ...
   end
```

```
    local_services
    a1 : MAIL --> ..
    a2 : MAIL --> ..
    end
end
```

In dem Beispiel wartet send[] maximal 4 Stunden auf das Eintreffen des Acknowledgements von rec[]. Trifft eine Bearbeitungsbestätigung durch den Kommunikationstyp COMM mit dem Wert 'ACK' innerhalb dieses Zeitintervalls ein, so wird der lokale Dienst a_1[] aktiviert. In allen anderen Fällen, d.h. Ablauf des Zeitintervalls oder Empfang des Kommunikationstyps COMM mit dem Wert 'ERROR', wird der lokale Dienst a_2[] ausgeführt.

Ergebnisse, die aufgrund der gesendeten Nachricht MAIL beim Empfänger Receiver produziert wurden, werden in Form von Nachrichten immer an einen anderen globalen Dienst eines Subsystems Sender geschickt. Das auf ein 'ACK' wartende Subsystem wird durch "Receiver" folgendermaßen über das Acknowledgement und die Ergebnisse informiert:

```
subsystem Receiver
    global_services
    rec : EVENT x MAIL --> EVENT x COMM
    rec(time '15','MIN', [MAIL]) == b1[MAIL] / b2[MAIL] ; COMM //
                                        Sender_result[MAIL]
    end
    local_services
    b1 : MAIL --> COMM
    b2 : MAIL --> COMM
    b1(time '3','HOUR', [MAIL]) == 'ACK'
    b2(time '4','MIN', [MAIL]) == 'ERROR'
    end
end
```

Parallel zur Ausführungsbestätigung wird das Ergebnis in Form der Nachricht MAIL an den globalen Dienst result[] des Subsystems Sender geschickt.

6.2.6.5 Fehlertoleranz und Ausfallzeiten

Ein großes Problem in offenen Systemen sind Ausfälle von Subsystemteilen oder gesamte Subsysteme. Ausfälle können aus den verschiedensten Gründen auftreten, z.B. durch Wartung, durch Systemzusammenbrüche , durch physikalische, politische und geographische Gegebenheiten etc. Die anderen Subsysteme eines offenen Systems merken dann nichts von diesen Ausfällen, wenn sie ausschließlich Nachrichten absenden, aber keine Eingangs- oder Bearbeitungsbestätigungen erwarten. Bei der Spezifikation und der Modellierung eines fehlertoleranten Systems müssen Ausfälle der oben skizzierten Art miteinbezogen werden. In RELOS werden dazu Formulierungsmöglichkeiten zur Unterbrechung der Kommunikation einzelner globaler Dienste oder eines ganzen Subsystems bereitgestellt.

a) Unterbrechung der Kommunikation durch einen globalen Dienst

Mit "break_serv" wird die Ausführung eines globalen Dienstes unterbrochen. Er ist dann für das angegebene Zeitintervall nicht mehr von außen aktivierbar und wechselt in den Zustand "blocked". Währenddessen werden alle, für diesen globalen Dienst bestimmten, Nachrichten ignoriert.

break_serv : TIME --> VOID

Der Zustand "blocked" wird erst nach Ablauf des spezifizierten Zeitintervalls verlassen.

Hat eine Bank bspw. einen Ausführungsfehler eines globalen Dienstes entdeckt, so soll dieser Dienst eine Stunde lang für Wartungsarbeiten blockiert werden:

```
subsystem Bank
    global_services
    kt-stand : EVENT x NAME --> VOID # EVENT
    kt-stand[NAME] == if eq[nachsehen[DB,NAME],ERROR] then
                          break_serv['1','HOUR']
                      else
                          Kunde_anfrage[BETRAG]
                      fi
    end
    local_resources
    KONTO = (NAME : STRING x
             KT-NR : INTEGER x
             KT-STAND : INTEGER)
    DB = list_of KONTO
    ERROR = STRING
    default[ERROR] == ['KONTO nicht gefunden']
    BETRAG = INTEGER
    end
    local_services
    nachsehen : DB x NAME --> ASSIGN # ERROR
    nachsehen [DB,KONTO.NAME] ==
           case empty[DB] : 'FALSE' : if eq[head[DB].NAME,NAME] then
                                          let(BETRAG,head[DB].KT-STAND)
                                      else nachsehen[tail[DB],NAME]
                                      fi
                  others : ERROR
           esac
    end
end
```

Falls ein Konto nicht gefunden wird, wird angenommen, daß die Datenbank DB des Subsystems Bank in einem inkonsistenten Zustand ist. Für die Fehlersuche wird eine Unterbrechung des globalen Dienstes kt-stand[] von einer Stunde angenommen.

Die Evaluierung eines Prototypen soll Aussagen ergeben, wie bspw. andere Subsysteme auf Ausfälle globaler Dienste reagieren können, wieviele Nachrichten verloren gehen können und welche Maßnahmen zur Vorbeugung solcher Ausfälle nötig sind.

b) Unterbrechung der Kommunikation durch ein Subsystem
Betrifft ein Ausfall nicht nur einen globalen Dienst, sondern das gesamte Subsystem, so wird diese Situation in RELOS durch die Blockade aller globalen Dienste des Subsystems formuliert. Dies geschieht durch die Funktion ''break_sys''.

break_sys : TIME --> VOID

Durch den Aufruf von break_sys[] werden alle gerade in Bearbeitung befindlichen globalen Dienste unterbrochen. Sie wechseln alle in den Zustand ''blocked'' und nehmen erst nach Ablauf des Zeitintervalls ihre Arbeit wieder auf. Währenddessen werden alle, für dieses Subsystem bestimmten, Nachrichten ignoriert.

6.2.6.6 Kommunikationsrestriktion

Damit ein Subsystem seine globalen Dienste vor unberechtigtem Zugriff schützen kann, können Dienstexporte eingeführt werden. Dies ist z.B. dann wichtig, wenn eine Bank bestimmte globale Dienste nur ihren Kunden, andere nur anderen Banken zur Verfügung stellen will. Dieser Aspekt der Datensicherheit, auch ''Privacy'' genannt, schränkt die Benutzung der globalen Dienste ein. Somit kann ein Subsystem kontrollieren, wessen Nachrichten in den globalen Diensten bearbeitet werden und wessen Nachrichten ignoriert werden. Die Kommunikation innerhalb eines offenen Systems wird sinnvoll eingeschränkt.

In RELOS wird diese Anforderung folgendermaßen formuliert. Bei der Definition eines globalen Dienstes wird, innerhalb der Attributliste, nach dem Attribut **for** die Menge der Subsysteme spezifiziert, die berechtigt sind, diesen globalen Dienst durch Senden von Nachrichten zu aktivieren.

<glob serv.>(**for** <Berechtigung>, [<messages>]) == <path>

subsystem Bank
  global_services
  überweise : EVENT x SITE x BETRAG x EMPF --> EVENT
  überweise (**for** 'Kunde',[SITE,BETRAG,EMPF]) == ..<path>..
  end
end

Durch das Schlüsselwort ''**for**'' wird nur dem aufgeführten Subsystem 'Kunde' die Aktivierung des Dienstes überweise[] eingeräumt. Wird das Konstrukt ''**for**'' benutzt, so muß sich das Sendersubsystem durch Angabe der eigenen Identität ausweisen. Dazu steht in RELOS der Kommunikationstyp SITE zur Verfügung (siehe Kap. 6.2.2.1). Der Wert von SITE wird mit der Berechtigung 'Kunde' verglichen. Nur wenn der Vergleich ein wahres Ergebnis ergibt, wird überweise[] mit den Nachrichten BETRAG und EMPF ausgeführt.

Falls der globale Dienst mehreren Subsystemen, bspw. 'Bank-A' und 'Bank-B', zur Verfügung stehen soll, so muß sichergestellt sein, daß BANK = ('Bank-A' , 'Bank-B') eine Teilmenge von SITE ist.

```
messages
   BANK = ('Bank-A','Bank-B')
   legal[BANK] == in[BANK,SITE]
end
subsystem Bank
   global_services
   überweise : EVENT x SITE x BETRAG x EMPF --> EVENT
   überweise (for BANK, [SITE,BETRAG,EMPF]) == ..<path>..
   end
end
```

Initial, also ohne Einschränkung durch das **for**-Konstrukt, steht der Dienst überweise[] jedem Subsystem zur Verfügung. Dies wird implizit durch **for** SITE ausgedrückt.

6.2.6.7 Zyklische Anfragen

Unter zyklischen Anfragen werden regelmäßige Aktivierungen von globalen Diensten verstanden. Für diesen Zweck steht in RELOS der Operator * [TIME] zur Verfügung. Er bezieht sich auf den jeweils vorangegangenen Ausdruck. TIME ist der in Kapitel 6.2.6.4 eingeführte Datentyp.

Als Anwendung dieses Operators kann man sich vorstellen, daß ein Kunde alle 24 Stunden seinen Kontostand bei einer Bank erfragen will. Der Dienst kontostand[] der Bank-A muß also im 24 Stundenabstand von dem Dienst kontoabfrage[] angestoßen werden.

```
messages
   KUNDE = SITE
   BETRAG = INTEGER
end
subsystem Bank
   global_services
   kontostand : EVENT --> EVENT
   kontostand[KUNDE] == ''KUNDE''_konto[nachsehen[KUNDE]]
   end
   local_resources
   KONTO = (NAME :STRING x
               KT-STAND :INTEGER)
   DB = list_of KONTO
   ERROR = STRING
   default[ERROR] == ['KONTO nicht gefunden']
   end
   local_services
   nachsehen : DB x KUNDE --> KONTO.KT-STAND # ERROR
   nachsehen [DB, KUNDE] == ...
   end
end /* Subsystem Bank */
```

```
subsystem KundeA
    global_services
    kontoabfrage : EVENT --> EVENT
    kontoabfrage[] == Bank_kontostand['KundeA'] *['24','HOUR']
    konto : EVENT x BETRAG --> VOID
    konto[BETRAG] == ..<path>.. .
    end
end /* Subsystem KundeA */
```

Obige Aufgabenstellung wird durch das Konstrukt *['24','HOUR'] erreicht. Zuvor muß allerdings einmal der Dienst kontoabfrage[] des Kunden aktiviert worden sein. Anschließend sendet das Subsystem Bank das Ergebnis, also den Kontostand des Kunden, dem globalen Dienst konto[] des Subsystems KundeA. Das Konstrukt der zyklischen Aktivierung ist eine spezielle Wiederholungsanweisung und ist daher der endlichen Wiederholungsanweisung *n ähnlich (siehe Kap. 6.2.3.1).

6.2.7 Initialisierung, Terminierung und Überwachung derAusführung durch Transaktivitäten

Nachdem die Subsysteme durch die lokalen Ressourcen, die globalen und die lokalen Dienste spezifiziert worden sind, muß das Szenario mit Werten instanziiert werden, d.h. es müssen die Dienste gemäß der Requirement-Transaktion aktiviert werden, so daß ein erwarteter Simulationslauf beobachtet werden kann. Durch die Requirement-Transaktion wird formal eine Ablaufbeschreibung definiert. In dem Szenario wird die Struktur des Systems für diese bestimmte Requirement-Transaktion beschrieben. Die Instanziierung der Requirement-Transaktion geschieht durch Angabe einer Transaktivität. Die Transaktivität kann als spezielles Subsystem aufgefaßt werden, das keine lokalen Dienste und keine lokalen Ressourcen besitzt. Der Beobachter (siehe Def. 5.4) spezifiziert Eingaben in dieses Subsystem. Diese Eingaben werden, gemäß der Requirement-Transaktion, an die beteiligten Subsysteme weitergesendet. Das, durch das Versenden der Eingaben, initialisierte Verhalten der Subsysteme, kann solange beobachtet werden, bis die erwarteten, und vorher spezifizierten Ausgaben in Form von Nachrichten bei der Transaktivität eintreffen. Durch die Instanziierung des Szenarios mit verschiedenen Werten, die an verschiedene global-services und/oder verschiedene Subsysteme geschickt werden, können die Auswirkungen auf das gesamte System beobachtet werden. Ein Szenario wird dann korrekt bearbeitet, wenn das erwartete und das tatsächliche Bearbeitungs- (bzw. Ausgabe-) verhalten übereinstimmen.

Die Transaktivität-Sektion besteht aus den Bereichen Initialisierung, Terminierung und der Angabe von zu beachtenden Konditionen.

transactivity
    initialization : <Pfad>
    termination : <boolscher Ausdruck>
    condition : <boolscher Ausdruck>
end

Im folgenden werden diese drei Bereiche gesondert beschrieben.

a) Initialisierung

Der Initialisierungsbereich wird ähnlich wie der Pfad eines globalen Dienstes eines Subsystems beschrieben. Der Initialisierungsbereich spezifiziert die Reihenfolge, in der initial den aufgeführten globalen Diensten der Subsysteme Nachrichten gesendet werden sollen. In dem vorangegangenen Beispiel aus Kapitel 6.2.5.1 wird das Subsystem Kunde durch:

transactivity
    initialization : KundeA_auftrag[]
end

initialisiert. Hier werden keine Nachrichtenkomponenten übergeben, da der globale Dienst auftrag[] dies nicht vorsieht. Der Pfad besteht nur aus einer Aktivierung.

In dem Pfad des Initialisierungsteils einer Transaktivität können RELOS-Sprachkonstrukte wie Sequenz, Parallelität, nichtdeterministische Alternative, Wiederholung, Klammerung und Casting-Mechanismen benutzt werden.

Es ist weiterhin eine parallele Initialisierung mehrerer globaler Dienste möglich, bei der eine Verteilung der Aktivierungen spezifiziert wird. Als Verteilungsfunktionen sind die Normalverteilung (norm) und die Exponentialverteilung (exp) zugelassen (siehe Kapitel 6.2.6.4). Dadurch wird der Zeittakt angegeben, wann und wie oft (mit welchen Zeitabständen) ein Dienst aktiviert werden soll. Durch die Angabe einer prozentualen Verteilung, können die Aktivierungen auf mehrere Dienste verteilt werden. Z.B.

transactivity
    initialization : ('2','1','DAY',**norm**)
        KundeA_auftrag[] (60%) // KundeB_auftrag[] (40%)
end

In diesem Beispiel werden mit einer Normalverteilung mit Mittelwert 2 Tagen (und einer Varianz von 1) die Dienste KundeA_auftrag[] und KundeB_auftrag[] aktiviert. Allerdings sollen 60% aller Aktivierungen auf KundeA und 40% aller Aktivierungen auf KundeB verteilt sein. Die Summe der Prozentangaben muß jeweils 100% ergeben.

b) Terminierung

Unter Terminierung einer Transaktivität wird ein Commitment einer Requirement-Transaktion verstanden. Durch das Commitment wird der Simulationslauf abgeschlossen. Ein Commitment wird durch die Angabe der globalen Dienste und deren zu erwartender Nachricht spezifiziert. Falls die spezifizierten globalen Dienste mit diesen Nachrichtenwerten aktiviert werden, wird ein Commit vorgenommen und das Szenario nach Abarbeitung der Pfade beendet. Z.B.

transactivity
    initialization: KundeA_auftrag[]
    termination : Bank_gutschr['1000']
end

Das Szenario terminiert also, falls der globale Dienst gutschr[] des Subsystems Bank mit der Nachricht '1000' aktiviert wird und der zugehörige Pfad von gutschr[] abgearbeitet ist.

c) Konditionen

Bei Angabe der Transaktivität ist es möglich, daß der Spezifizierer Zeitbedingungen angibt, in welcher Zeit die gesamte Requirement-Transaktion ausgeführt sein muß. Z.B. kann die maximale Laufzeit der oben beschriebenen Problemstellung folgendermaßen ausgedrückt werden:

transactivity
    initialization : KundeA_auftrag[]
    termination : Bank_gutschr['1000']
    condition : letime['Überweisung','3','DAY']
end

In diesem Beispiel darf die Requirement-Transaktion maximal drei Tage benötigen. Sie ist endgültig abgeschlossen, wenn der globale Dienst Bank_gutschr[] mit der Nachricht '1000' aktiviert wird und der zugehörige Pfad abgearbeitet ist. Zwischen Initialisierung und Terminierung dürfen maximal drei Tage vergangen sein. Die einzelnen Bearbeitungszeiten müssen bei den globalen und lokalen Diensten spezifiziert sein. Kann diese Kondition während der Simulation nicht eingehalten werden, so wird der Spezifizierer durch eine entsprechende Meldung des Simulationsinstrumentariums (vergl. Kap. 7) informiert.

6.2.8 Unterstützung der interaktiven Simulation und der Wiederverwendbarkeit

Die Sprache RELOS ist eingebettet in eine Werkzeugumgebung zur Konstruktion und Evaluierung von Prototypen. Die Validierung eines Prototypen wird durch Simulation vorgenommen. Bei der interaktiven Simulation kann der Benutzer durch Eingaben noch während des Simulationslaufs, Einfluß auf diesen nehmen.

RELOS bietet dem Spezifizierer einen weiteren Vorteil durch das Konzept der Wiederverwendbarkeit von RELOS-Konstrukten. Dadurch wird der Schreibaufwand reduziert. Diese beiden Konzepte werden im folgenden eingeführt.

Durch das Konzept der interaktiven Simulation können Eingaben von Werten während des Simulationslaufs über die Tastatur vorgenommen werden. Eine RELOS-Beschreibung eines Dienstes muß, im Sinne der Funktionsdefinition, nicht vollständig beschrieben sein. Mit dem RELOS-Konstrukt userinput[] ist es möglich, lediglich das Ein- Ausgabeverhalten von Funktionen zu beschreiben, ohne auf deren Realisierung genau einzugehen. Somit können Subsysteme besser getestet werden und überflüssige Alternativbeschreibungen von Diensten verhindert werden.

Durch die Deklaration eines Dienstes ist dessen funktionales Verhalten beschrieben. Es werden keine konkreten Werte des Wertebereichs und des Zielbereichs beschrieben. Erst in der Definition, der Abbildungsvorschrift, werden konkrete Werte verarbeitet. Durch die Benutzung von userinput[] werden diese Werte erst zum Zeitpunkt des Aufrufs dieses Dienstes eingelesen. Z.B.

gutschrift : EVENT x NAME X BETRAG --> INTEGER
gutschrift [NAME, BETRAG] == userinput[INTEGER]

Die konkrete Berechnungsvorschrift des Dienstes gutschrift[] wird durch das userinput[] abstrahiert. Falls der Dienst mit den Parametern Meier, 1300 aufgerufen wird, wird die Simulation unterbrochen, und es wird dem Spezifizierer folgende Zeichenkette auf dem Bildschirm angezeigt:

gutschrift['Meier','1300'], Eingabe: INTEGER

Die Eingabe des Spezifizierers müßte in diesem Fall 2000 lauten, falls man annimmt, daß das Konto von Meier mit 700 gedeckt ist. Durch das Konstrukt userinput[] kann von der Funktionalität lokaler Dienste und von konkreten Zuständen lokaler Ressourcen abstrahiert werden.

Ein weiterer wichtiger Anwendungsaspekt ist die Eingabe größerer Datenmengen über die Tastatur.

```
subsystem Bank
    global_services
    init : --> ASSIGN
    init [] == filldb[DB] *10
    end
    local_resources
    KONTO = (NAME : STRING x
             KT-STAND : INTEGER)
    DB = list_of KONTO
    end
    local_services
    filldb : DB --> ASSIGN
    filldb [DB] == let(DB,concat[DB,userinput[STRING,INTEGER]])
    end
end
```

Durch einen iterierten Aufruf des Dienstes filldb[] können größere Datenmengen (in diesem Beispiel zehn Datensätze) von der Tastatur aus in die Datenbank DB eingelesen werden.

Werden lokale oder globale Dienste mit gleicher Semantik für die Spezifiaktion eines Systems oft benutzt, so ist es sinnvoll, diese Dienste nur einmal zu formulieren. Alle anderen Abbildungsvorschriften können dann auf diese eine Referenzbeschreibung durch das Konstrukt reuse verweisen. Um sicherzustellen, daß der Spezifizierer dieselbe Semantik meint, muß er die Dienstdeklaration erneut explizit angeben. Neben der Deklaration muß auch der Name des Dienstes mit der Referenzbeschreibung übereinstimmen. Z.B.

```
nachsehen : DB x NAME --> KONTO-STAND # ERROR
nachsehen [DB.NAME] == reuse
```

Der Definitionsteil des lokalen Dienstes nachsehen[] wird wiederverwendet, falls schon innerhalb der Systemspezifiaktion eine Definition des Dienstes nachsehen[] mit derselben Funktionalität spezifiziert worden ist.

6.3 Hierarchische Modellbildung und Komposition von Szenarien

REMOS unterstützt den Entwickler bzw. den Spezifizierer nicht nur durch das Szenarien- und Sichtenkonzept, sondern auch durch eine schrittweise Verfeinerung eines Subsystems (top-down Modellierung) und der Komposition von Szenarien. Die Umsetzung dieser beiden Konzepte in die Sprache RELOS ist der Gegenstand dieses Kapitels.

Für die top-down Modellierung einer Anforderungsdefinition wird von RELOS die hierarchische Modellbildung für Subsysteme angeboten. Eine Verfeinerung eines Subsystems ist dann sinnvoll, wenn das Abstraktionsniveau der subsystemspezifischen Problembeschreibung zu hoch ist, wenn dem SS weitere abstrakte Prozessoren zur Verfügung stehen, so daß es intern Aufgaben parallel abarbeiten kann oder wenn dem Entwickler weitere Informationen zur detaillierteren Darstellung des Subsystems zur Verfügung stehen.

Die Dienste eines Subsystems werden bei der hierarchischen Dekomposition auf mehrere eingeschlossene Subsysteme (SS^i oder Sub-Subsysteme, i=1..n) verteilt. Das Subsystem behält einen koordinierenden oder kontrollierenden Charakter. Die neu zu bildenden "Sub-Subsysteme" SS^i sind den anderen Subsystemen innerhalb des Szenarios nicht bekannt. Somit müßten alle Aktivierungen der globalen Dienste von SS mit neuen Namen versehen werden. Dieser Aufwand ist nicht zu rechtfertigen, weil dadurch die Struktur des gesamten Szenarios und sogar des gesamten Zielsystems zerstört werden kann.

Zur Lösung des Problems bietet sich folgende Lösung an. Das Subsystem SS behält äußerlich seine Form und somit seine globalen Dienste. Die lokalen Ressourcen und die lokalen Dienste werden auf die "Sub-Subsysteme" SS^i (i=1..n) verteilt. Weiterhin bekommen die SS^i eigene globale Dienste, die allerdings nur von dem umgebenden "Vatersubsystem" aus aktiviert werden dürfen. Das Subsystem hat nunmehr einen kontrollierenden Charakter. Es empfängt die ankommenden Events und verteilt die Nachrichten durch den Pfad der globalen Dienste auf seine "Sub-Subsysteme". Die hierarchische Dekomposition ermöglicht eine Strukturierung des Subsystem nach beispielsweise subsystemlokalen Merkmalen (z.B. Organisationseinheiten).

Eine Bank soll z.B. aus den Organisationseinheiten "Kreditgeschäfte", "Zahlungsverkehr" und "Effektenverkehr" bestehen.

```
subsystem Bank
    global_services
    kt-stand : EVENT x NAME --> VOID
    kt-stand[NAME] == Zahlungsverkehr_db-kt[NAME]
    kredit : EVENT x NAME x BETRAG --> VOID
    kredit[NAME,BETRAG] == Kreditgeschäft_kredit[NAME,BETRAG]
    end

    subsystem Zahlungsverkehr
    global_services
    db-kt : NAME --> EVENT
    db-kt[NAME] == KundeA_kt-antwort[nachsehen[DB,NAME]]
    end
    local_resources
    KONTO = (NAME : STRING x
             KT-NR : INTEGER x
             KT-STAND : INTEGER)
    DB = list_of KONTO
    ERROR = STRING
    default[ERROR] == ['KONTO nicht gefunden']
    end
    local_services
    nachsehen : DB x NAME --> KONTO.KT-STAND # ERROR
    nachsehen [DB,NAME] == reuse
    end
    end /* Subsystem Zahlungsverkehr */

    subsystem Kreditgeschäft
    global_services
    kredit : NAME x BETRAG --> EVENT
    kredit[NAME,BETRAG] == ...
    end
    local_resources
    ...
    end
    local_services
    ...
    end
    end /* Subsystem Kreditgeschäft */

    subsystem Effektenverkehr
    ...
    end /* Subsystem Effektenverkehr */
end /* Subsystem Bank */
```

Die globalen Dienste, die vom Subsystem Bank bereitgestellt werden, verteilen die einkommenden Nachrichten auf die ''Sub-Subsysteme'', die wiederum anderen

Subsystemen (z.B. KundeA) direkt Nachrichten schicken können. Das mögliche Senden von Nachrichten der "Sub-Subsysteme" wird in dem Beispiel auch durch die Deklaration der globalen Dienste verdeutlicht.

Neben der oben beschriebenen top-down Entwicklung von Anforderungsbeschreibungen, unterstützt REMOS auch eine bottom-up Entwicklung, die durch die Komposition von Szenarien realisiert wird. Unter einem Szenario wird eine Projektion von realen Vorstellungen in die Sprache RELOS verstanden. Bei der Anforderungsdefinition wird der Entwickler schrittweise die Szenarien definieren, zuerst primitive und später komplexe Szenarien, wobei letztere sich dann teilweise auf die primitiven abstützen. Eine solche Abstützung wird durch eine Szenarienkomposition erreicht. Diese wird durch das Schlüsselwort **compose** innerhalb eines Szenarios hergestellt.

scenario <Name> **compose** <Liste von primitiveren Szenarien>

Mit Hilfe von Szenarien kann ein komplexes System inkrementell analysiert, spezifiziert und entworfen werden. Zwei oder mehr Szenarien können miteinander komponiert werden. Es seien Sc_i und Sc_j Szenarien sowie SS_i^* und SS_j^* Subsysteme der verschiedenen Szenarien. Die Komposition Sc_i compose Sc_j wird unterschieden in:

1.) die Subsysteme SS_i^* und SS_j^* innerhalb der Szenarien Sc_i und Sc_j haben keinerlei gegenseitige Aktivierungen und keine gemeinsamen Nachrichtenbeschreibungen. In diesem Fall heißen Sc_i und Sc_j *nicht überdeckend* oder *autonom*.

2) die Subsysteme SS_i^* und SS_j^* innerhalb der Szenarien Sc_i und Sc_j haben gegenseitige Aktivierungen und somit auch gemeinsame Nachrichtenbeschreibungen. Es gibt aber kein SS, was sowohl in Sc_i als auch in Sc_j beschrieben ist. In diesem Fall heißen Sc_i und Sc_j *teilweise überdeckend*.

3) die Subsysteme SS_i^* und SS_j^* innerhalb der Szenarien Sc_i und Sc_j haben gegenseitige Aktivierungen (somit auch gemeinsame Nachrichtenbeschreibungen) und es gibt zusätzlich mindestens ein SS_k^*, was sowohl in Sc_i als auch in Sc_j beschrieben ist. In diesem Fall heißen Sc_i und Sc_j *überdeckend*.

Das gesamte Zielsystem wird durch eine Menge von Szenarien beschrieben. Jedes Szenario Sc_i muß mindestens durch eine "teilweise Überdeckung" an der Anforderungsdefinition des Zielsystems beteiligt sein.

In diesem Kapitel 6 wurde der gesamte Sprachumfang der Anforderungsdefinitionssprache RELOS informell anhand von Beispielen vorgestellt. Eine konkrete Syntaxdefinition ist im Anhang C nachzulesen. Bisher ist die Semantik von RELOS nur informell eingeführt worden. Im folgenden Kapitel 6.4 werden Möglichkeiten vorgestellt, wie die Semantik von RELOS formal definiert werden kann.

6.4 Ansätze zur formalen Definition der Semantik

Im Verlauf des Kapitels 6 ist bisher die Sprache RELOS eingeführt worden. Zu jedem Sprachkonstrukt X wurde informell eine Beschreibung der Bedeutung von X gegeben. Es wurde eine lose Zuordnung zwischen der Syntax X der Sprache und der Sematik X' gegeben. Informelle Zuordnungen werden aber häufig misinterpretiert. In diesem Kapitel werden einige Möglichkeiten zur besseren Semantikdefinition von Sprachen vorgestellt. Diese können allerdings aus Platzgründen nicht erschöpfend dargestellt werden. Der Leser sie für ein intensiveres Studium auf die angegebenen Literatur verwiesen. Für die Sprache RELOS wird schließlich kurz eine Übersicht über die dort eingeschlagene Vorgehensweise gegeben.

Anforderungsbeschreibungs- und Spezifikationssprachen bieten Formalismen zur exakten Beschreibung von Anforderungen. Diese Sprachen werden meist beim oder mit dem Anwender eingesetzt. Obwohl die Anwendung von Formalismen erst durch intensives Training eingängig wird, gibt es in den letzten Jahren in der Literatur viele Vorschläge, Anforderungs- und Spezifikationssprachen mit einer wohldefinierten Syntax und Semantik zu versehen. Als Beispiele können OBJ, GIST, PAISLey und VDM aufgeführt werden (siehe Kap. 3). Dadurch werden die Sprachen zwar meist für ungeübte Anwender schwerer verständlich, jedoch können so Fehlinterpretationen und Mißverständnisse vermieden werden.

Die Semantik behandelt die Bedeutung von Zeichen in allen Arten des Bezeichnens. Die Unterscheidung zwischen den Begriffen Syntax und Semantik ist nicht exakt gezogen. Meist werden alle Aspekte von Zeichen(ketten), die sich formal (d.h. es existiert ein, den Aufbau der Zeichenketten beschreibendes, System von Regeln) darstellen lassen, mit Syntax bezeichnet. Alle Aspekte bei denen dies nicht möglich ist, werden im Teil Semantik behandelt. Für die formale Beschreibung der Syntax hat sich die Backus-Naur-Notation durchgesetzt.

Um die Begriffe Syntax und Semantik in der Informatik deutlicher fassen zu können, werden mit Hilfe der Mathematik Eigenschaften angegeben. Man fordert: die Syntax muß entscheidbar und die Semantik berechenbar sein. Entscheidbar heißt, es existiert ein Algorithmus, der in endlicher Zeit entscheidet, ob eine Zeichenkette in der Sprache enthalten ist oder nicht. Berechenbarkeit ist ein intuitiver Begriff, dessen Definition durch Turingmaschinen, rekursive Funktionen, Post'schen Systemen und Markovalgorithmen präzisiert werden soll. Man will also eine Zeichenkette einer Folge von (ausführbaren) Grundoperationen bzw. Funktionen zuordnen. Dazu werden ausdrucksstarke Beschreibungsmittel definiert - die semantischen Kalküle.

6.4.1 Diskussion semantischer Kalküle

Für die Semantikbeschreibung einer Sprache L gibt es verschiedene semantische Kalküle, die folgendermaßen unterschieden werden (die Kanten beschreiben eine Oberbegriff- Unterbegriff-Relation):

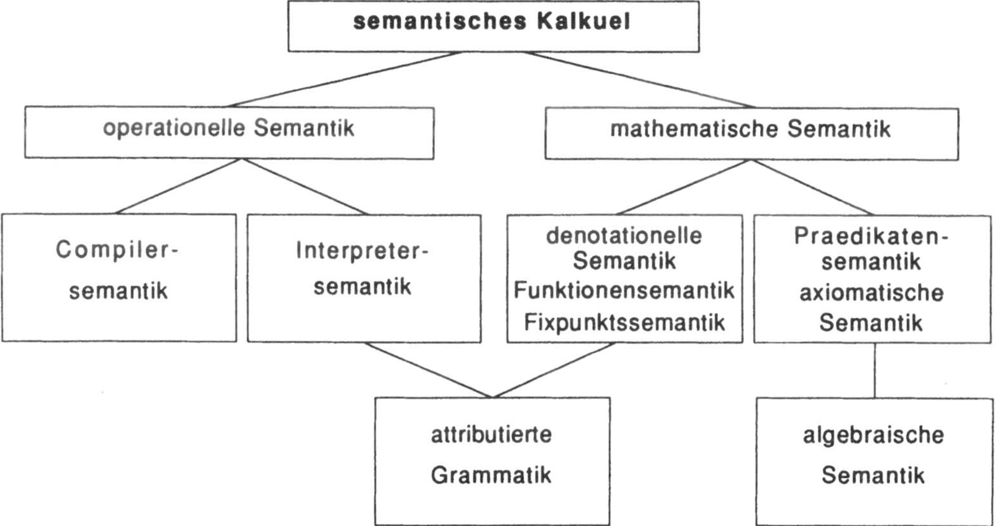

Fig. 6-3: Übersicht über semantische Kalküle

Unter den mathematischen Semantikbeschreibungen werden auf der einen Seite die Funktionen-, Fixpunkt- und denotationelle Semantik und auf der anderen Seite die Prädikaten-, algebraische und axiomatische Semantik zusammengefaßt. Die mathematische Semantik ist eine Abstraktion der Interpretersemantik. Im folgenden werden die Kalküle kurz mit ihren Vor- und Nachteilen vorgestellt.

denotationelle Semantik

In diesem Kalkül werden Funktionen angegeben, die die Eingabewerte in die Ausgabewerte übertragen. Dies geschieht mit Hilfe von Mengen, auch Bereiche oder Domains genannt, und Funktionen. Man unterscheidet zwischen syntaktischen und semantischen Bereichen und Funktionen. Die Konstrukte von Programmiersprachen werden durch mathematische Objekte, z.B. Mengen, Tupeln und Funktionen beschrieben. Besondere Konstruktionsmechanismen ermöglichen die Definition neuer Bereiche und neuer stetiger Funktionen. Bereiche sind strukturierte Mengen, die Lösung von kleinsten Fixpunkten von rekursiven Funktionen sind. Das Kalkül geht zurück auf /Stoy77/. Als Beispiele können die Notationen von /Paul82/, /Stoy77/, VDM /BjJo82/ und /Gord79/ genannt werden. Als zentrale Notation ist das Lambda-Kalkül bekannt. In /Watt86/ wird ein Beispiel gegeben, wie eine denotationelle Beschreibung einer Sprache mit Hilfe der Metasprache ML operationalisiert werden kann.

Attributierte Grammatiken
Attributierte Grammatiken (AG) beschreiben attributierte Syntaxbäume. Je nachdem welche Attribute gewählt werden, kann man die AG's der Interpreter- oder der denotationellen Semantik zuordnen /Röhr86/.

Prädikatensemantik
In diesem Kalkül werden Vor- und Nachbedingungen (sogenannte *Assertions*) angegeben, die bei der Ausführung einer Grundfunktion gelten müssen. Der algebraische Ansatz bildet eine Untermenge der Prädikatensemantik, die wiederum abstrakter als die denotationelle Semantikdefinition ist. Die VDM Notation von /BjJo78/ stellt auch Ausdrücke der Prädikatensemantik bereit.

Läßt die Anforderungsdefinitionssprache Konzepte zur Spezifikation von Parallelität, Nichtdeterminismus und Zeitverhalten zu, so wird die Semantikbeschreibung mit Hilfe des mathematischen Kalküls nicht ausdrückbar. In diesem Fall müssen andere wohldefinierte Kalküle zu Hilfe genommen werden.

In der operationellen Semantikdefinition geht man davon aus, daß der Sprache L eine Menge von Maschinenanweisungen zugeordnet wird. Die Maschinenanweisungen sind durch den Rechner exakt definiert. Dadurch wird die Sprache ausführbar. Zwei Möglichkeiten zur operationalen Semantikdefinition stehen zur Auswahl, die sich in der zugrunde liegenden virtuellen Maschine und der Sprachtransformation unterscheiden:

Compilersemantik
Die Sprache L wird auf eine "niedere" Sprache L' abgebildet, für die ein Compiler existiert. L' stellt also eine virtuelle Maschine dar. Die Abbildung muß formal beschrieben werden. Die Compilersemantik ist eine relative Semantik, da sie die Kenntnis der Semantik von L' voraussetzt. Der Sprachdesigner verläßt sich bei der Definition einer Compilersemantik auf die richtige Semantikdefinition der Sprache L'. Als Beispiele zur Instrumentierung können LEX /LeSc78/, YACC /John78/ und LINGUA /Heeg80/ aufgeführt werden. LEX und YACC sind unter UNIX verfügbar. Eine Sprache L wird mit Hilfe dieser Tools auf die Semantik der Programmiersprache C /KeRi78/ abgebildet.

Interpretersemantik
Für die Sprache L wird ein abstraktes Automatenmodell angegeben. Dieses Automatenmodell muß formal durch die Zustände und die Zustandsübergänge beschrieben sein. Operationelle Semantikdefinitionen haben den Vorteil, daß die Anweisungsfolgen ausführbar sind. Der Benutzer der Sprache L kann Problembeschreibungen in der Sprache sofort auf dem Rechner ausführen. Dies ist natürlich das Ziel aller Programmiersprachen. Nachteilig ist die schwer zu verstehende Semantikdefinition. Sie wird meist erst durch das Benutzen der Sprache deutlich. Die zugrunde liegenden Modelle sind meist wenig ausdrucksstark und somit wächst der Beschreibungsaufwand exponentiell zur Länge der Zeichenkette, d.h. des Programms, in L.

Für die Sprachkonzepte des Nichtdeterminismus und der Parallelität stehen beispielsweise Modelle wie *Concurrent Processes* /MiMi79/, *Communicating Sequential Processes* /Hoar78/ oder *ACTORS* /Hewi77/ als Basissprachen zur Verfügung. In den ersten beiden Modellen überwiegt die Prozeßsicht (Nebenläufigkeitsaspekt), im letzteren die Objektsicht.

Aber auch durch den Einsatz der oben beschriebenen Konzepte verbleibt für eine Semantikdefinition das Problem der formal beschreibbaren Abbildung der Sprache RELOS auf das jeweilige Modell und das Problem des Zeitkonzeptes, welches in diesen Modellen nicht aufgenommen ist.

Weitere exakt definierte Modelle sind Petri-Netze /Reis82/ und Graph-Grammatiken /Nagl79/. Beide eignen sich zur Darstellung von Nebenläufigkeit. Insbesondere Petri-Netze sind in den letzten Jahren durch Konzepte wie Prädikate (Prädikaten/Transitionsnetze /GeLa81/) und Zeitverhalten (zeitbehaftete Petri Netze /Ramc74/, /Noe80/) erweitert worden. Petri-Netze bestehen aus zwei disjunkten Mengen von Knoten, den Stellen und Transitionen, sowie gerichteten Kanten, die Relationen zwischen diesen beiden Mengen sind. Stellen können durch Marken markiert werden. Eine Transition schaltet nach einer bestimmten Regel, d.h. die Marken der Eingangsstellen werden an die Ausgangstellen weitergereicht (vergl. Kap. 3.2.5).

Ein Graph besteht aus Knoten, Kanten und einer Relation, die angibt, welche Knoten mit welchen Kanten verbunden sind. Ist den Knoten oder Kanten ein Bezeichner zugeordnet worden, spricht man von markierten Graphen. Eine Graph-Grammatik (GG) besteht aus Regeln, wie ein Graph verändert werden darf. Graph-Grammatiken werden in der Mustererkennung, der Bildverarbeitung, dem Datenbankentwurf, dem Compilerentwurf, der Prozeßkontrolle, der Spezifikation von Datentypen, der Spezifikation nebenläufiger Systeme und zur Semantikdefinition von Programmiersprachen eingesetzt. In /Gött77/ wird eine zweistufige GG zur Semantikdefinition von Programmiersprachen eingesetzt. In dem Projekt IPSEN werden GG für die formale Spezifikation aller Werkzeuge der Softwareentwicklung eingesetzt /EGNS83/, /Schä86/, /Enge86/, /EnSc85/.

Gerade im Zusammenhang mit dem Vorhaben, die Semantik einer Anforderungsdefinitionssprache zu definieren und die Sprache zu operationalisieren, gewinnen Petri-Netze und Graph-Grammatiken große Bedeutung. Im folgenden Kapitel wird ein möglicher Einsatz dieser beiden Modelle für die Compilerdefinition der Anforderungsdefinitionssprache RELOS motiviert.

6.4.2 Überblick über die Vorgehensweise in RELOS

Wie im vorherigen Kapitel gezeigt wurde, existieren viele mögliche Vorgehensweisen, die Semantik einer Sprache L formal zu definieren. Einige Möglichkeiten scheitern an der zu maschinennahen Definition, andere lassen Beschreibungen von Parallelität, Nichtdeterminismen und Zeitkonzepten nicht zu.

Da die Sprache RELOS zur Anforderungsdefinition und zur frühen Bewertung von Ablaufbeschreibungen auf Grund von Simulationsergebnissen innerhalb einer Prototypingumgebung eingesetzt wird, soll RELOS ein Simulationsmodell zugrunde liegen. Dafür werden spezielle Petri-Netze, die Funktionsnetze (FN) ausgewählt /Godb83a/ (vergl. Kap 3.2.5). FN-Modelle lassen sowohl eine simulative als auch eine analytische Bewertung zu. Nebenläufigkeit, Nichtdeterminismus und Zeitkonzept sind integriert. FN lassen sich grafisch darstellen. Dadurch kann der Anwender die Semantik leichter verstehen. FN sind für die Evaluierung von Prototypen geeignet, da sie Modifikationen des Schaltverhaltens zulassen, Zuordnung von Aktivitäten zu Transitionen bereitstellen und Nachrichtenversendung ermöglichen. Eine Aktivität kann als Funktion aufgefaßt werden, die Ein- in Ausgabewerte transformiert. Die Funktionen werden durch SIMULA-Routinen ausgedrückt. Gerade durch die Zuordnung von SIMULA-Routinen zu Transitionen entsteht ein flexibles und modifizierbares Modell. Die Semantik der SIMULA-Routinen ist über eine Compilersemantik definiert. FN sind durch den FN-Simulator (FUN), der auf dem prozeßorientierten Ansatz (Koroutinen Konzept) von SIMULA aufbaut, operational. Durch die zu definierenden Aktivitäten können FN semantisch erweitert werden. Dies kommt der allgemeinen Einsetzbarkeit einer Anforderungssprache entgegen. Es erscheint also sinnvoll, FN als grundlegendes Modell zur semantischen Beschreibung von RELOS zu benutzen.

Das Problem der formal definierten Abbildung von RELOS-Sprachkonstrukten auf entsprechende FN-Teilnetze kann folgendermaßen gelöst werden. FN können als bestimmte Graphen (Funktionsnetzgraphen G^{FG}) aufgefaßt werden, bei denen die Stellen und Transitionen markierte Knoten und die Flußrelation markierte Kanten sind. Durch die Interpretation des Graphen G^{FG} durch den Funktionsnetzsimulator FUN, wird aus G^{FG} ein FN. Wenn es möglich ist, eine Graph-Grammatik GG^{FG} zur Erzeugung von G^{FG} anzugeben, so bezeichnet die Sprache $L(GG^{FG})$ alle korrekt definierten FN über der Graph-Grammatik GG^{FG}. RELOS ist eine eindimensionale "Stringsprache", liegt also nicht in Graphform vor. Da RELOS eine festdefinierte kontextfreie Syntax besitzt, kann ein RELOS-String als abstrakter Syntaxbaum dargestellt werden. Ein Syntaxbaum besteht aus Knoten und Kanten, wobei die Blattknoten durch Symbole aus dem terminalen bzw. die restlichen Knoten mit Symbolen aus dem nichtterminalen Alphabet markiert sind. Ein Syntaxbaum ist also ein spezieller Graph (Baum-Graph oder G^{BG}). Dieser G^{BG} wird nun durch eine spezielle kontextsensitive GG^{FG} sukzessiv in ein G^{FG} transformiert. Die Transformation beinhaltet die Abbildung von RELOS-Konstrukten in FN-Teilnetze und deren entsprechende Markierung. Folgende Figur 6-4 veranschaulicht diesen Prozeß.

In der Arbeit von /Schi84/ wird die Abbildung eines abstrakten modular strukturierten Datenbankmanagementsystems mit Hilfe von Graph-Grammatiken auf eine grobe Architektur von abstrakten Prozessoren (den Datenbankmaschinen) beschrieben. Die Kanten zwischen zwei Knoten repräsentieren in diesem Fall logische Kommunikationskanäle der abstrakten Prozessoren.

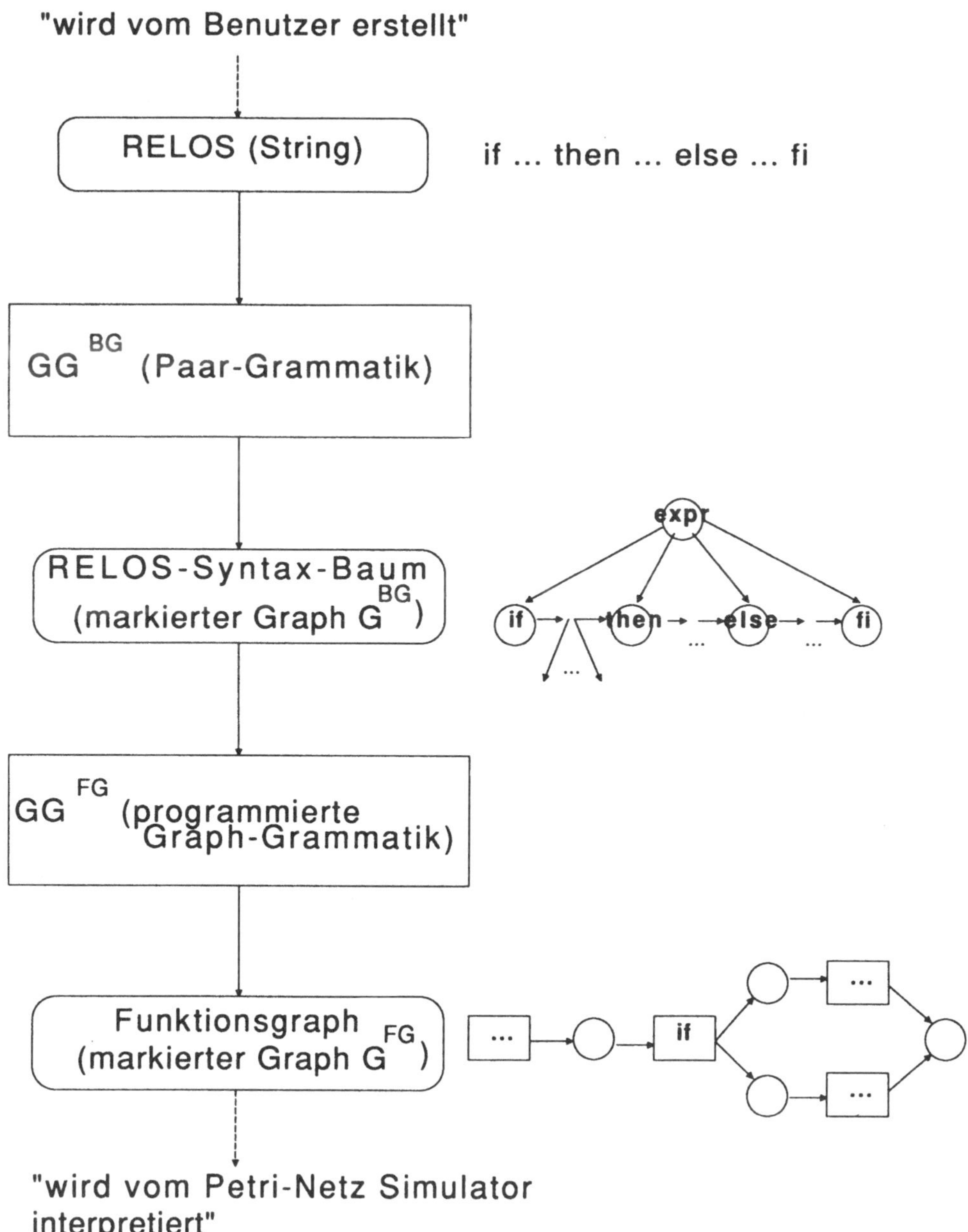

Fig. 6-4: Darstellung der formalen Abbildung

7 PROTOS: Eine Umgebung zur Prototypenerstellung

Der in Kapitel 3.5 vorgeschlagene integrierte Ansatz zur Prototypenerstellung besteht aus folgenden drei Komponenten:

- eine formal definierte Methode zur Anforderungsdefinition auf der Basis eines konzeptionellen Modells,
- eine sowohl syntaktisch als auch semantisch formal definierte Anforderungsbeschreibungssprache, die es ermöglicht, diese Methode anzuwenden, und die resultierenden Modelle zu formulieren und
- eine, auf die Sprache und die Methode abgestimmte, Entwicklungsumgebung.

Nachdem die Methode REMOS (vergl. Kap. 5) und die Sprache RELOS (vergl. Kap. 6) definiert worden sind, wird in diesem Kapitel die Entwicklungsumgebung zur Prototypenerstellung PROTOS (PROTotyping environment for transaction-oriented Open Systems) vorgestellt. PROTOS besteht aus Werkzeugen, deren Ziele in dem Eingeben, d.h. erfassen und ermitteln, dem Verarbeiten. d.h. simulieren und analysieren, dem Abspeichern, d.h dokumentieren, und der Ausgabe von Anforderungen, d.h. visualisieren und validieren, zusammengefaßt werden können. Der Einsatz der einzelnen Werkzeuge ist auf den Requirement Specification Process des Basismodells innerhalb des Prototypingzyklus aus Kapitel 3 abgestimmt. PROTOS unterscheidet sich von üblichen Entwicklungsumgebungen durch die integrierte Methode REMOS und deren zugrunde liegenden Modell der kommunizierenden autonomen Subsysteme.

PROTOS basiert auf denselben Konzepten, die in Kapitel 5 durch die Methode REMOS vorgestellt wurden. Sowohl die PROTOS-Werkzeuge als auch die PROTOS-Benutzer werden als interagierende Subsysteme aufgefaßt, die über Nachrichtenaustausch kommunizieren. Ein Werkzeug besitzt die, in Kapitel 5.2.1 dargestellte, uniforme Subsystemarchitektur. Der Aufruf von und die Interaktion mit dem Werkzeug entspricht der Ausführung einer vordefinierten Transaktion. Dieser transaktionsorientierte Ansatz bietet den Vorteil, daß PROTOS eine offene Architektur besitzt. Es können also leicht neue Werkezuge in die Umgebung eingegliedert werden, und PROTOS kann durch Modifikation oder Neuerstellung von Transaktionen schnell an die spezifischen Anforderungen von Projektmitarbeitern angepaßt werden. Die projektinterne Kommunikationsstruktur wird durch die Ausführung einer Transaktion unterstützt. Teile von PROTOS sind schon unter dem Betriebssystem UNIX implementiert.

Nach einer einführenden Übersicht über die gesamte Entwicklungsumgebung und deren internen Schnittstellen, werden in Kapitel 7.2 alle Werkzeuge detailliert dargestellt.

7.1 Diskussion der Prototypingarchitektur

Die gesamte Prototypingarchitektur PROTOS besteht aus Komponenten zur:

a) Erstellung der Anforderungsdefinition in RELOS,

b) Simulation der Anforderungsdefinition,

c) Dokumentation der Anforderungsdefinition und

d) Analyse der Anforderungsdefinition.

Für jede der drei Komponenten werden Werkzeuge zur effizienten Unterstützung eingeführt. Die Figur 7-1 gibt einen Überblick über die gesamte Prototypenentwicklungsumgebung PROTOS.

In der Figur wird der Datenfluß durch gerichtete, durchgezogene Pfeile und die interaktive Kommunikation durch beidseitig gerichtete, gestrichelte Pfeile dargestellt. Alle Werkzeuge sind als Kästen dargestellt. Die Dokumente, die zwischen Werkzeugen entlang des Datenflußpfeils ausgetauscht werden, sind durch Ovale dargestellt. Die Kommunikation des PROTOS-Benutzers geschieht zentral über das Userinterface. Dadurch wird ein einheitliches Bildschirmlayout der entsprechenden Werkzeuge erreicht. Das Userinterface stellt dem Benutzer vordefinierte Transaktionen bereit, die der Benutzer auswählen und ausführen lassen kann. Eine Anforderungsdefinition wird über Editoren eingegeben. Dabei kann der Benutzer zwischen zwei Sprachrepräsentationen wählen: der String-Sprache RELOS und einer zweidimensionalen, grafisch orientierten Anforderungsdefinitionssprache GRALOS (darauf wird in diesem Kapitel noch kurz eingegangen). Die erstellte RELOS-Anforderungsbeschreibung wird von einem Compiler verarbeitet. Dieser gibt etwaige Fehlermeldungen an das Userinterface zurück. Liegt kein Fehler vor, so erstellt der Compiler ein Funktionsnetz. Das resultierende Funktionsnetz wird von einem Netzinterpreter interpretiert. Währenddessen können noch Benutzereingaben eingegeben werden, falls dies so in der RELOS-Anforderungsbeschreibung vorgesehen war (vergl. userinput-Konstrukt, Kap. 6.2.8). Der Ablauf der Interpretation, d.h. das Schaltverhalten des Netzes, wird in einem Trace-File festgehalten. Ein Analysator kann das erstellte Funktionsnetz in ein Petri-Netz transformieren. Dieses Petri-Netz kann auf bestimmte Modelleigenschaften hin untersucht werden. Die Diagnoseergebnisse werden dem Benutzer über das Userinterface bekannt gemacht. Ein Animator ermöglicht aufgrund der Informationen, die in dem Trace-File vorhanden sind, eine Darstellung der dynamischen Abläufe auf der Abstraktionsebene der GRALOS-Anforderungsbeschreibung. Weiterhin kann der Animator die Informationen des Trace-Files aufbereiten und bspw. in Grafiken darstellen. Alle anfallenden Dokumente werden in einer Anforderungsdatenbank in verschiedenen Versionen abgelegt.

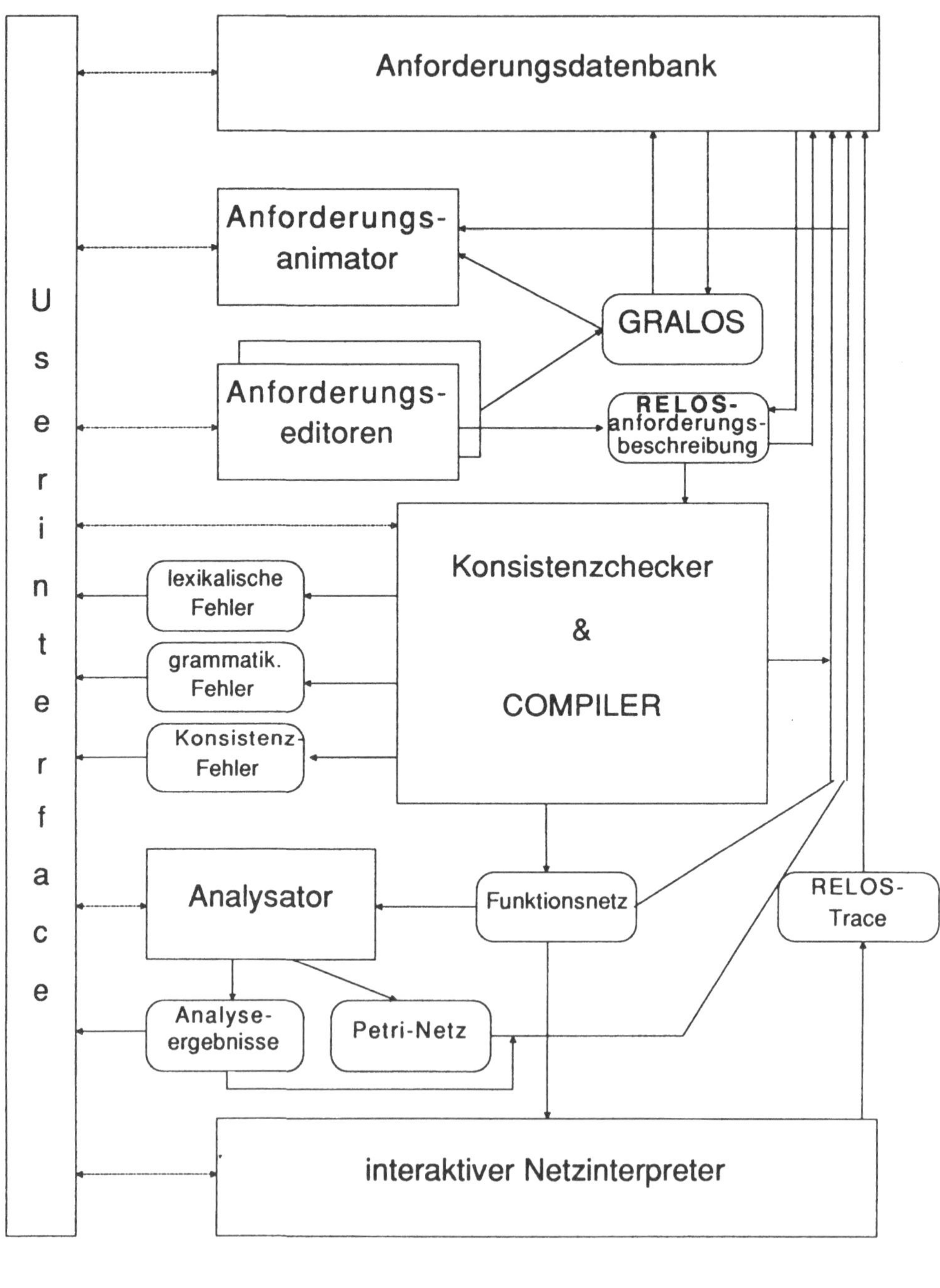

Fig. 7-1: Die Prototypingarchitektur von PROTOS

Um die Anforderungsdefinitionssprache RELOS lesbarer zu gestalten, ist es zweckmäßig, eine grafische Darstellungsform der Sprache bereitzustellen. Diese Vorgehensweise ist bei der Anforderungsdefinition weit verbreitet. In /CIL86/ und /IcHi87/ werden visuelle Sprachen in drei Kategorien klassifiziert:

a) Visualisierung von Objekten (z.B. Daten, File) durch Icons; der Benutzer spezifiziert seine Aufgabe durch das Erkennen und durch Zeigen auf Icons auf dem Bildschirm.

b) Visualisierung von Algorithmen; der Benutzer schreibt Programme in Form von Daten- (Fluß-)diagrammen oder Zustandsübergangsdiagrammen. Diese Repräsentation wird in eine dem Computer verständliche Form übersetzt.

c) Visualisierung von Datenstrukturen; der Benutzer erzeugt Datenstrukturen in Form von Graphiken.

Die 2-D Sprache GRALOS (**GRA**phical **L**anguage for transaction-oriented **O**pen **S**ystems) soll bei der Anforderungsanalyse eingesetzt werden und besitzt Merkmale, die allen drei oben angegebenen Klassen zugeordnet werden können. GRALOS soll den Bedürfnissen der Auftraggeber anpaßbar sein, d.h. die Fachsprache der Auftraggeber wird auf GRALOS übertragen. Nach der Anforderungsanalyse wird das zweidimensionale GRALOS-Modell in ein RELOS-Programm übersetzt, das schließlich simuliert werden kann. Der durch die Simulation erzeugte Trace wird zusammen mit dem GRALOS-Modell durch einen Animator zu einem Bewegtbild verarbeitet. Die Sprache GRALOS, deren Transformation nach RELOS und die Möglichkeiten der Animation sind in /JoSi89/ behandelt worden.

Die konzeptionelle Entwicklung und der Architekturentwurf dieser Prototypenentwicklungsumgebung, sowie die Betreuung der praktischen Arbeiten an der Universität Dortmund sind primärer Bestandteil dieser Dissertation. Einige der Werkzeuge sind oder werden im Rahmen von Diplomarbeiten implementiert. Als Hardwarearchitektur ist dafür eine SUN-Maschine ausgewählt worden. Der Analysator und der interaktive Netzinterpreter sind im Rahmen der Dissertation von /Godb83a/ an der Universität Berlin entwickelt worden und für den hier verfolgten Ansatz nur portiert und wenig modifiziert worden. Der RELOS-Compiler ist in einer Diplomarbeit von /Gruh87/ an der Universität Dortmund implementiert worden. Der Anforderungseditor und der Anforderungsanimator werden zur Zeit an der Universität Dortmund in zwei Diplomarbeiten /JoSi89/ entwickelt. Für die Konzeption der Anforderungsdatenbank existieren erste Ideen. Sie sollte auf einer Objektbank (z.B. PCTE oder deren Weiterentwicklungen) eingesetzt werden. Das Userinterface war bisher noch nicht Bestandteil konkreter Überlegungen.

Im folgenden Kapitel 7.2 wird das Instrumentarium der Prototypingentwicklungsumgebung PROTOS detailliert vorgestellt. Zum besseren Verständnis des Umgangs mit den Werkzeugen wird ein Beispiel verwendet. Das Beispiel soll weiterhin den Sinn und Zweck der PROTOS-Umgebung verdeutlichen. Das Beispiel und einige der Darstellungen sind /Godb83a/ entnommen. Das gesamte Beispiel ist im Anhang B im Zusammenhang mit REMOS und RELOS nochmals ausführlich dargestellt. Die informelle Problemstellung des Beispiels lautet:

"Ein Handelsbetrieb beliefert Kunden mit Waren aus seinem Lager. Die Bestellungen des Händlers zum Auffüllen seines Lagers sind abhängig vom Lagerbestand und der Rate der Kundenaufträge. Die Warenauslieferung ist von den angesammelten Bestellungen und dem Lagerbestand abhängig. Ziel der Modellierung ist eine Überprüfung, wie der Lagerbestand auf einen sprunghaften Anstieg der Kundenaufträge um 10% in Abhängigkeit von unterschiedlichen Zulieferzeiten reagiert" /Godb83a/.

Auch wenn das Beispiel nicht direkt auf die Konstruktion eines Prototypen abzielt, können anhand der Modellierung der Umgang mit PROTOS gezeigt und Ergebnisse erläutert werden.

7.2 Das Prototyping-Instrumentarium

PROTOS bietet den an der Anforderungsdefinition beteiligten Personen über das "Userinterface" eine Menge vordefinierter Transaktionen an. Durch die Auswahl einer vordefinierten Requirement-Transaktion durch den Benutzer wird die Ausführung dieser Transaktion gestartet. Der Benutzer wird automatisch durch die Werkzeuge geführt. Innerhalb der Werkzeuge werden Sub-Transaktionen gestartet. Die vordefinierte Semantik der Transaktion nimmt dem Benutzer die Entscheidungen bezüglich des Fehlerverhaltens ab. Er hat jedoch die Möglichkeit, die ausgewählte Transaktion abzubrechen, wiederholt auszuführen oder zurückzusetzen. Die Philosophie der PROTOS-Benutzerschnittstelle entspricht genau der Entwicklungsmethode REMOS. Die Benutzerschnittstelle kann in der Sprache RELOS als Subsystem formuliert werden. Das Subsystem Benutzerschnittstelle initialisiert eine ausgewählte Transaktion, die gestartet werden soll, und nimmt anschließend Ergebnisse der Transaktion zur Visualisierung auf dem Bildschirm entgegen. Jedes Werkzeug der PROTOS-Entwicklungsumgebung entspricht einem kommunizierenden Subsystem. Die Werkzeuge bieten globale Dienste an, die von anderen Werkzeugen oder von der Benutzerschnittstelle in Anspruch genommen werden. Interne Datenstrukturen und Funktionen eines Werkzeuges werden auf die lokalen Ressourcen und lokalen Dienste abgebildet. Die Nachrichtenkommunikation zwischen den Werkzeugen wird durch das Senden und Empfangen der in Figur 7-1 definierten Objekte vorgenommen (als Ovale dargestellt).

Durch den Anforderungsdefinitions- und Entwurfsansatz REMOS ist sichergestellt, daß die Entwicklungsumgebung PROTOS fehlertolerant und leicht modifizierbar ist. Sowohl die Anzahl der Werkzeuge als auch die Menge der vordefinierten Transaktionen kann verändert oder ergänzt werden. Durch die uniforme Subsystemarchitektur der Werkzeuge können diese auf mehrere Rechner verteilt werden und über bspw. ein LAN kommunizieren.

7.2.1 Editoren zur Anforderungsbeschreibung

Zur Formulierung der Anforderungen werden von PROTOS zwei verschiedene Editoren zur Verfügung gestellt. Durch den Symboleditor erstellt der Benutzer ''Piktogramme'', deren Bedeutung seiner Fachsprache entlehnt sind. Mit Hilfe dieser Symbole und eines 2-D Modell-Editors erstellt der Benutzer anschließend eine zweidimensionale Anforderungsdefinition in der GRALOS-Modellwelt. Diese beiden Editoren sollen den Anforderungsdefinitionsprozeß für den Laien verständlicher machen.

Geübte Fachleute, mit ausreichendem Vorwissen über RELOS, können ihre Anforderungen direkt in RELOS niederschreiben. ''Normale'' Texteditoren oder Syntaxeditoren /Hall84/ können dafür benutzt werden.

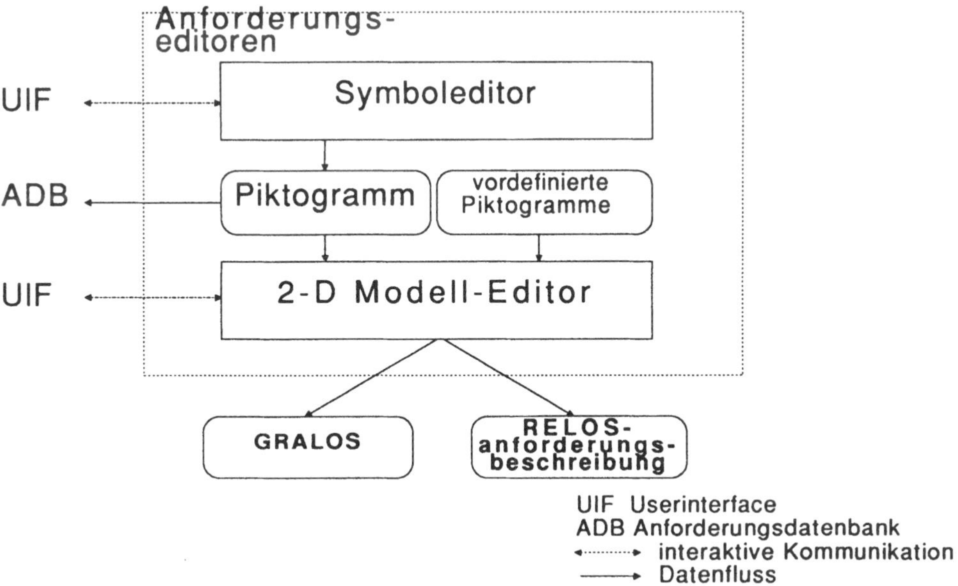

Fig.7-2: Architektur der Editoren zur Anforderungsdefinition

7.2.1.1 Der Symboleditor

Der Symboleditor ermöglicht dem Benutzer, eigene Symbole (''Piktogramme'') zu editieren, die er später zur grafischen Beschreibung seiner Anforderungen benutzen möchte. Somit kann der Benutzer die Semantik seiner eigenen Fachsprache auf die Piktogramme projizieren. Beispielsweise kann bei einem Bürokommunikationssystem der Posteingang für die Sekretärin durch das Symbol eines Briefumschlages dargestellt werden. Der Mechaniker wird vielleicht Werkzeuge mit dem Symbol eines Schraubenschlüssels belegen. Ein Piktogramm besteht aus einer grafischen Darstellung und seiner zu definierenden Bedeutung. Die Semantik des Piktogramms wird innerhalb des Symboleditors durch eine RELOS-Datendefinition festgelegt. Zum Zeichnen stehen dem Benutzer grafische Primitive zur Verfügung. Auch Modifikationen existierender oder vordefinierter Symbole sind möglich.

7.2.1.2 Der 2-D Modell-Editor

Mit Hilfe des 2-D Modell-Editors erstellt der Benutzer sein Anforderungsmodell. Der Editor benutzt vordefinierte und benutzerdefinierte Piktogramme. Zu allen Symbolen können RELOS-Sprachkonstrukte zur weiteren detaillierteren Anforderungsbeschreibung angegeben werden. Mit dem 2-D Modell-Editor werden die Anforderungen an ein Zielsystem nach der Methode REMOS grafisch in der benutzerangepaßten GRALOS Modellwelt dargestellt. Aus Gründen der Leserlichkeit werden die Anforderungen nur bis zu einem bestimmten Verfeinerungsgrad in der GRALOS Modellwelt festgehalten. Parallel wird ein korrespondierendes Modellgerüst in RELOS erzeugt, das bei Bedarf verfeinert werden kann.

Folgende Figur 7-3 verdeutlicht die Struktur des Handelsbetriebsbeispiels in einer Übersicht.

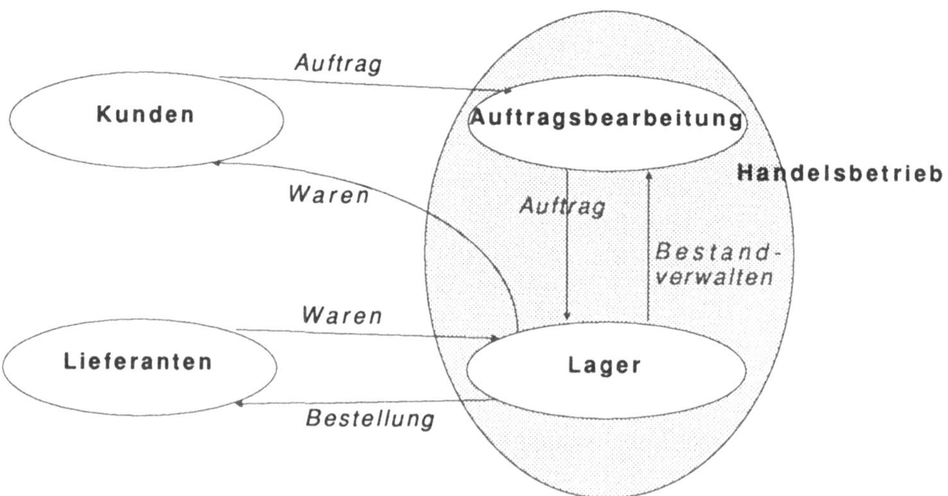

Fig. 7-3: Übersicht über den Handelsbetrieb

Nach einer ersten Problemanalyse existieren drei Subsysteme: Kunden, Lieferanten und Handelsbetrieb. Eine weitere Problemdekomposition liefert eine Strukturierung des Subsystems Handelsbetrieb in zwei weitere Subsysteme: Auftragsbearbeitung und Lager. Die Grafik hat zwar nicht die angestrebte Struktur von GRALOS, allerdings läßt sich das Beispiel in der Form schon besser verstehen.

Waren und Bestellungen könnten mit Piktogrammen versehen werden, die mit dem Sysmboleditor zuvor erstellt worden sind. Weiterhin muß in GRALOS der dynamische Aspekt der Abarbeitung beschrieben werden können.

Neben der grafischen Darstellung wird im folgenden eine Idee der RELOS-Anforderungsdefinition gegeben. Die vollständige Spezifikation des Beispielmodells in RELOS kann im Anhang B nachgelesen werden.

```
scenario Kundenauftrag
   messages
      AUFTRAGSMENGE = INTEGER
      WAREN = INTEGER
   end
   subsystem Kunden
      global_services
        auftrag-init : EVENT --> AUFTRAGSMENGE x EVENT
        waren-empfang : EVENT x WAREN --> VOID
      end
   end /* subsystem Kunden */
   subsystem Auftragsbearbeitung
      global_services
        annahme : EVENT x AUFTRAGSMENGE --> ASSIGN X EVENT
        ......
      end
      local_resources
        AUFTRAGSBESTAND = INTEGER
      end
      local_services
        auftrag-neu : AUFTRAGSBESTAND X AUFTRAGSMENGE -->
                          AUFTRAGSBESTAND
        ......
      end
   end /* subsystem Auftragsbearbeitung */
   ......
end /* sceanrio Kundenauftrag */
```

Diese textuelle RELOS-Anforderungsbeschreibung ist Input des im folgenden Kapitel näher beschriebenen RELOS-Compilers.

7.2.2 Der RELOS-Compiler

Der RELOS-Compiler hat die Aufgabe, die in Kapitel 6.4.2 beschriebenen Transformationen eines RELOS-Programms auf ein Funktionsnetz auszuführen.

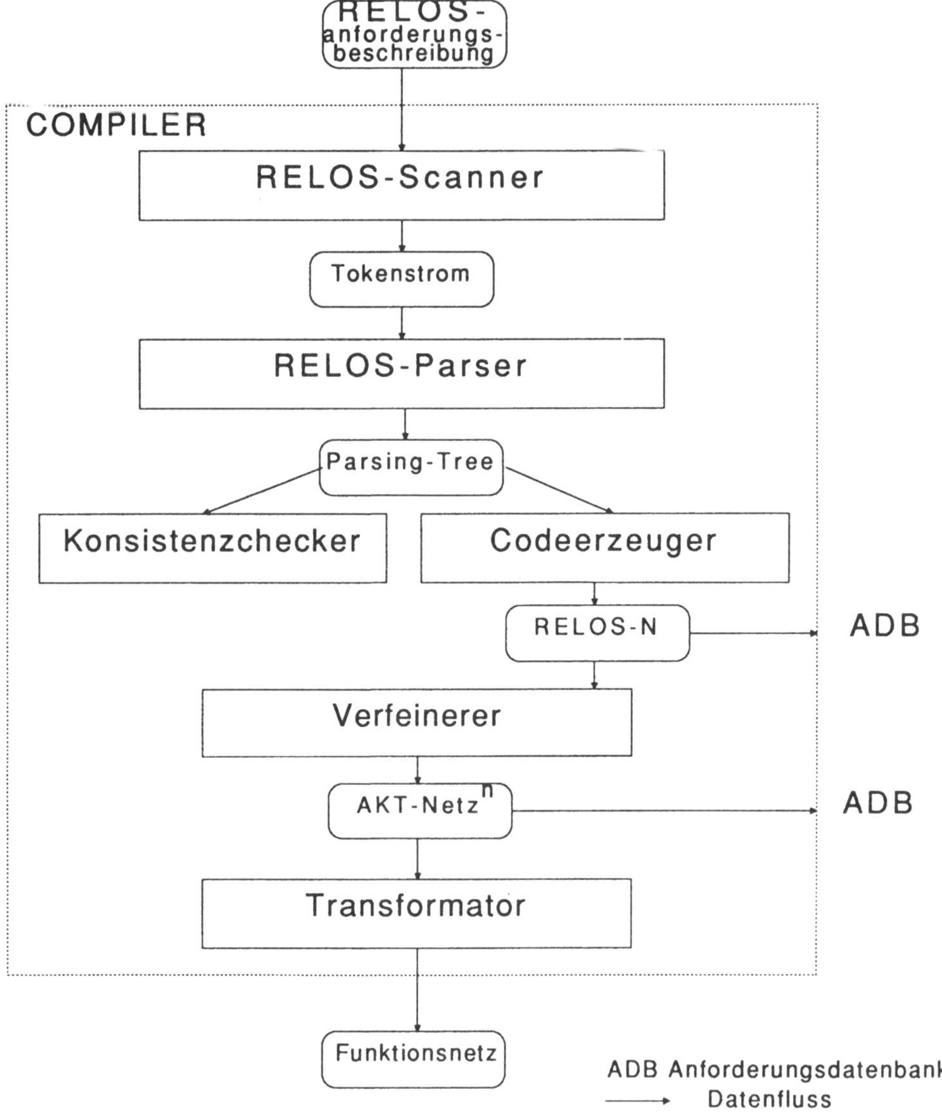

Fig. 7-4: Die Architektur des RELOS-Compilers

Der Compiler erhält die RELOS-Anforderungsbeschreibung in Stringform als Eingabe, baut intern den Baumgraphen BG auf und ersetzt, gemäß der programmierten Graph-Grammatik, sukzessive Teilgraphen von BG durch Teilgraphen von FN. Zur Durchführung dieser Abbildung besteht der Compiler aus fünf aufeinander abgestimmten Werkzeugen, die sequentiell die RELOS-Anforderungsbeschreibung verarbeiten:

- dem Scanner und dem Parser,
- einem Konsistenzchecker,

- dem Codeerzeuger,
- einem Verfeinerer und
- dem Transformator.

Die Architektur des Compilers ist in Figur 7-4 dargestellt.

Der RELOS-Compiler, mit allen seinen Komponenten, wurde im Rahmen einer Diplomarbeit an der Universität Dortmund implementiert /Gruh87/. Die Komponenten des Compilers werden im folgenden erläutert.

Scanner und der Parser

Der Scanner ließt die RELOS-Anforderungsbeschreibung ein und zerlegt sie in eine Menge von Token. Ein Token ist ein Bezeichner einer eingelesenen Zeichenreihe. Die Menge der Token ist fest definiert. Ein RELOS-Programm ist lexikalisch korrekt, wenn der Scanner alle eingelesenen Zeichen einem entsprechenden Token zuordnen kann. Der Scanner wurde durch das UNIX-Tool LEX (Lexical Analyzer) /Lesk74/ realisiert. Die Zuordnung von Zeichenreihen und Token geschieht über reguläre Ausdrücke. Zusätzlich erkennt und überliest der Scanner unstrukturierte Kommentare. Der erkannte Tokenstrom wird dem Parser übergeben.

Der Parser überprüft anhand einer zugrundeliegenden Grammatik, ob das Programm grammatikalisch korrekt ist. Dies ist der Fall, wenn der vom Scanner übergebene Tokenstrom auf das Startsymbol der Grammatik reduziert werden kann (bottom-up Prinzip).

Der RELOS-Parser wurde durch das UNIX-Tool YACC /John74/ realisiert. YACC akzeptiert LR(1) Grammatiken und wendet eine ''shift-reduce'' Parsing-Technik an. Die Ziele des RELOS-Parsers sind folgende:

- **Fehlerbehandlung**
  Trifft der Parser auf ein Eingabesymbol, welches an der aktuellen Stelle nicht eingeordnet werden kann, so wird eine entsprechende Fehlermeldung ausgegeben. Der Parsing-Vorgang wird dann fortgesetzt, um alle Fehler erkennen zu können. Die Fehler werden in folgende Kategorien eingeteilt:
  Comments (Hinweis auf unübliche Benutzung von Konstrukten),
  Warning (Hinweis auf mögliche Fehler),
  Error (Hinweis auf Fehler, der vom Compiler verbessert wurde),
  Fatal Error (der Fehler verhindert die Codeerzeugung, der Parsing Vorgang kann aber fortgesetzt werden),
  Deadly Error (der Fehler führt zum Abbruch des Parsens).
- **Debugging-Hilfe**
  Da einige Fehler keine Meldungen veranlassen oder Fehlermeldungen mißverständlich sein können, hat der Benutzer die Möglichkeit vier Debugging-Hilfen einzuschalten. Dadurch kann er den Vorgang des Scannens und Parsens am Bildschirm mitverfolgen:
  debug1 Ausgabe des vom Scanner zuletzt verarbeiteten Zeichens,
  debug2 Ausgabe der Regel, gemäß der der Parser die Eingabe reduziert hat,
  debug3 Ausgabe des vom Scanner zuletzt übergebenen Tokens,

debug4 Einschalten von *debug2* und *debug3*.

- **Aufbau des Parsing-Trees**
  Die wichtigste Aufgabe des Parsers ist der Aufbau des Parsing- Trees, der zu jeder RELOS-Anforderungsdefinition eindeutig bestimmt werden können muß. Der Parsing-Tree hat eine ähnliche Form wie der in Kapitel 6 definierte Baum-Graph. Der Parsing-Tree ist die zentrale Datenstruktur des Compilers.

Konsistenzchecker

Die Aufgabe des Konsistenzcheckers besteht in der Überprüfung der Funktionalitäten, d.h. es müssen für alle Funktionsapplikationen die deklarierten Werte- und Zielbereiche der Funktionen auf deren Konsistenz überprüft werden. Die Funktionsapplikationen umfassen alle globalen und lokalen Dienste einer RELOS-Anforderungsbeschreibung. Der Konsistenzchecker arbeitet auf dem vom Parser erzeugten Parsing-Tree. Die Aufgaben des Konsistenzcheckers sind sehr umfangreich und können unterschieden werden nach:

- Überprüfung der Funktionalitäten der globalen und lokalen Dienste,
- Überprüfung der Aufrufstrukturen, d.h. globale Dienste dürfen nicht von lokalen Diensten und nicht von globalen Diensten desselben Subsystems aufgerufen werden,
- korrekte Anwendung der Selektion,
- Erkennen von fehlenden Dienstdeklarationen oder -definitionen,
- Überprüfung der korrekten Verwendung des reuse-Konstruktes,
- Überprüfung der Kommunikationsmöglichkeiten
  * Nachrichtenvereinbarungen,
  * Fehlen eines globalen Dienstes, dem Nachrichten gesendet werden,
  * Fehlen eines Subsystems,
  * Verletzung der Kommunikationseinschränkungen,
- Überprüfung der Korrektheit der Komposition.

Der Konsistenzchecker besitzt eine eigene Datenstruktur, die mit Informationen aus dem Parsing-Tree gefüllt wird. Bei auftretenden Inkonsistenzen werden informative Fehlermeldungen ausgegeben. Andernfalls wird dem Codeerzeuger eine Bestätigung der Fehlerfreiheit übermittelt.

Codeerzeuger

Der Codeerzeuger arbeitet auf dem vom Parser erstellten Parsing-Tree. Er wird gestartet, falls weder der Parser noch der Konsistenzchecker wesentliche Fehler in der RELOS-Anforderungsbeschreibung gefunden haben. Die Aufgabe des Codeerzeugers besteht in der Transformation des Parsing-Trees in eine netzorientierte Darstellung, RELOS-N genannt.

Jedes erkannte Szenario und jedes erkannte Subsystem wird in der Anforderungsdatenbank abgelegt. Die Ziele der Codeerzeugung sind folgende:

- Übersetzung von RELOS-Ausdrücken,
- Übersetzung von Nachrichtenkomponenten mit legal[] Bedingungen und

default[] Zuweisungen ,
- Übersetzung von globalen Diensten (Parameter, Attribute, Aufrufmechanismen, Ausführungskonstrukte),
- Übersetzung von lokalen Ressourcen,
- Übersetzung von lokalen Diensten (Definitionen, Rekursion),
- Übersetzung von Szenarienkompositionen und Subsystemdekompositionen,
- Übersetzung von Transaktivitäten (Initialisierung, Terminierung, Kondition),
- Übersetzung von userinput[], reuse und case-Anweisung.

Der Codeerzeuger erzeugt jeweils Teilnetze in RELOS-N. Diese Teilnetze werden in der Anforderungsdatenbank abgelegt. Sie müssen nun noch zu einer gesamten RELOS-N Beschreibung integriert werden. In einem Startnetz wird der Initialisierungsteil des Szenarios festgehalten.

Verfeinerer

Die Aufgabe des Verfeinerers ist eng mit der des Codeerzeugers gekoppelt. Die Teilnetze, in RELOS-N beschrieben, müssen zu einem RELOS-N-Netz integriert werden. Gestartet wird der Verfeinerer mit dem vom Codeerzeuger übergebenen Startnetz (entspricht dem AKT-Netz^0, vergl. auch /Gruh87/). Der Verfeinerer ersetzt alle vorkommenden nichtprimitiven Instanzen des Argumentnetzes durch das Netz, das durch den Typ der zu verfeinernden Instanz bestimmt ist. Resultat der ersten Verfeinerung des Startnetzes ist das AKT-Netz^1. Dieser Vorgang wird solange iteriert, bis im AKT-Netz^n nur noch primitive RELOS-N Netze vorliegen. Das AKT-Netz^i ($1 <= i <= n$) kann auf jeder Verfeinerungsstufe ausgegeben werden.

Transformator

Die Aufgabe des Transformators besteht einerseits in der Optimierung des AKT-Netzes^n und andererseits in der Erzeugung eines Funktionsnetzes. Die Optimierung beschränkt sich auf das Löschen von überflüssigen Instanzen oder Kanälen.
Die Ziele des Transformators sind folgende:
- Umbenennung von Kanälen und Kanten,
- Umbenennung von Instanzentypen,
- Formatänderungen und
- Separierung von Kanälen und Instanzen.

Das zu Beginn des Kapitels 7 vorgestellte Beispiel eines Handelsbetriebes soll die Funktionsweise des Compilers veranschaulichen. Eine RELOS-Anforderungsbeschreibung war der Input des Compilers. Nachdem die einzelnen Compilierungsphasen durchlaufen sind, hat der Transformator folgendes Funktionsnetz erstellt (vergl. Figur 7-5). Die Darstellung des Funktionsnetzes ist aus Gründen der Übersichtlichkeit gegenüber der Compilerausgabe modifiziert /Godb83a/ (vergl. auch Kap. 3.2.5).

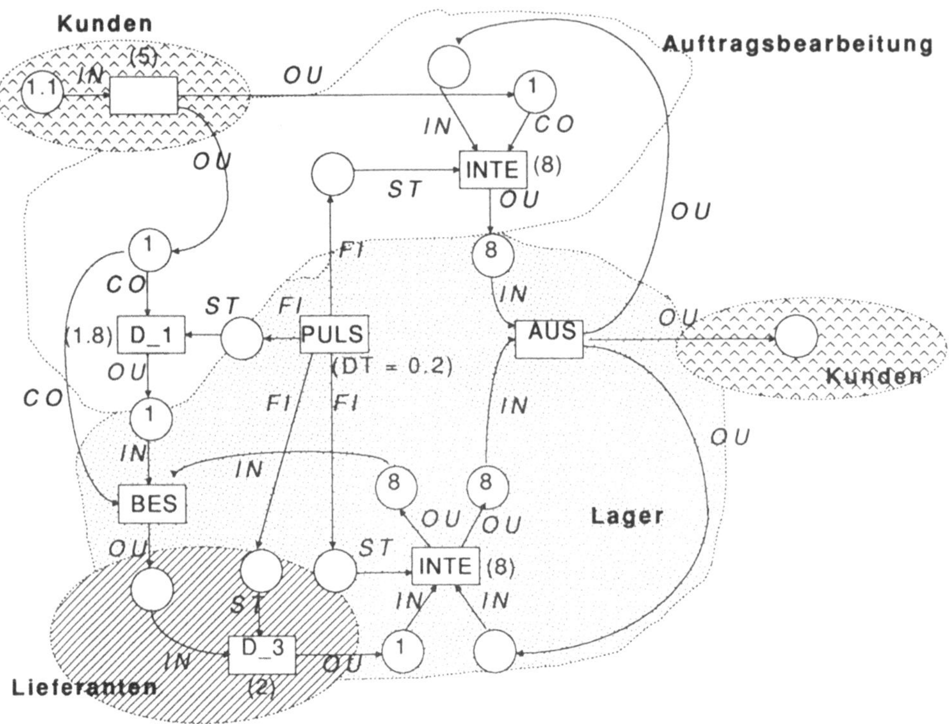

Fig. 7-5: Das resultierende Funktionsnetz für das Handelsbetriebsbeispiel

Das Funktionsnetz der Figur 7-5 kann folgendermaßen interpretiert werden: Die Kanalinitialisierungen sind alle in Tausend zu verstehen. Zuerst werden 1000 Kundenaufträge pro Woche, nach fünf Wochen 1100 Kundenaufträge pro Woche empfangen. Die Bearbeitung der Aufträge wird durch eine Glättung von 1.8 Wochen verzögert. In Abhängigkeit von den eintreffenden Kundenaufträgen und dem Lagerbestand werden Bestellungen an die Lieferanten rausgeschickt. Die Entscheidungsregel für die Bestellungen sind in der Agency BES zusammengefaßt. Die Bearbeitung der Bestellungen seitens der Lieferanten wird durch eine Glättung von erst 2, dann 4 und schließlich 8 Wochen verzögert. Die bestellten Waren von den Lieferanten werden im Lager durch die Integrate-Instanz gespeichert. Ebenso werden die einkommenden Kundenaufträge abgelegt. Die Auslieferung ist abhängig von den bearbeiteten Kundenaufträgen und dem aktuellen Lagerbestand. Die Menge der ausgelieferten Waren geht wiederum als Ergebnis in den Auftrags- und Lagerbestand ein. Die Entscheidungsregel für die Auslieferung von Waren ist in der Agency AUS zusammengefaßt. Alle Agencies mit Gedächtnis werden zentral durch einen kontinuierlichen Puls von 0.2 Wochen getriggert, so daß alle Berechnungen in jeweils konstanten Zeitschritten durchgeführt werden.

7.2.3 Der Netzinterpreter

Die Simulationskomponente wird durch einen Netzinterpreter dargestellt /LeGo85/. Der Netzinterpreter wird durch den Benutzer interaktiv bedient und gibt Zwischen- und Endresultate, sowie Traces aus. Durch den Interpreter können Simulationsunterbrechungspunkte gesetzt werden. Bei der Simulation unvollständig definierter Szenarien fragt der Interpreter die fehlenden Informationen ab. Der Netzinterpreter basiert auf einem Funktionsnetzsimulator (FUN) /Godb83a/. Die Simulation bricht ab, wenn das Netz tot oder die Simulationszeit abgelaufen ist. Weiterhin kann die statische und dynamische Modellstruktur betrachtet werden. Dateninhalte, Datenänderungen und Inhalte von Warteschlangen können ausgegeben werden.

7.2.4 Der Analysator

Der Analysator übersetzt das FN-Netz mit Hilfe von Transformationsregeln in ein Petri-Netz. Netztopologisch ist das PN eine Vergröberung des FN-Netzes. Alle Netzattribute werden entweder gestrichen oder verfeinert. Dadurch wird in einem abschätzbaren Rahmen die Semantik der Netze verfälscht. Eine detaillierte Beschreibung der Transformation ist in /Godb83a/ nachzulesen. Die Transformation ist eine surjektive Abbildung. Im folgenden wird kurz auf jedes Attribut der Funktionsnetze eingegangen (Zitate aus /Godb83a/ Seite 88-101).
"Bei Kanälen mit dem Modus FIFO und LIFO ist diese Anschrift zu streichen, da die Reihenfolge der Token in PN ohne Belang ist. Die Kapazität der Kanäle können bis auf CAP(C)=0 ins PN übernommen werden. CAP(C)=0 modelliert in FN einen speicherlosen Kanal, für den auch keine unmittelbare Ableitung möglich ist."
"Bei den Instanzen sind das Zeit-Attribut und der Instanzenjob ersatzlos zu streichen, da sie in PN ohne Bedeutung sind. Das Schaltverhalten ist auf die Grundschaltregel zurückzuführen. Die Gedächtnisfähigkeit ist durch eine Verfeinerung der entsprechenden Instanz aufzulösen, indem ein Nebenbedingungskanal dazukommt und die Informierung auf die Instanz übertragen wird."
"Die Systembeziehung COpy, CArdinality und TIme werden von der Schaltregel nicht beachtet, sie sind deshalb ersatzlos zu streichen. Als Folge dieser Streichung ist es möglich, daß Funktionseinheiten im Netz isoliert werden."
"Alle Nachrichten sind in jeweils einen Token umzuwandeln. Der jeweilige Inhalt der Informierung wird nicht weiter berücksichtigt, er geht bei der Transformation verloren."
Die der Transformation sich anschließende Analyse ermöglicht Aussagen über:

- Sicherheit,
- Lebendigkeit,
- Konfliktfreiheit,
- Determinismus,
- Tod,
- Reproduzierbarkeit,
- Invarianten und

Synchronisationsabstand des Netzes.

Die dynamischen Eigenschaften eines PN werden mit algebraischen Methoden abgeleitet /GeLa72/. Es werden *harte* Eigenschaften, d.h. direkt auf das reale System übertragbare Eigenschaften, und *weiche* Eigenschaften, d.h. die Berücksichtigung der Attributierung des FN-Netzes, unterschieden.

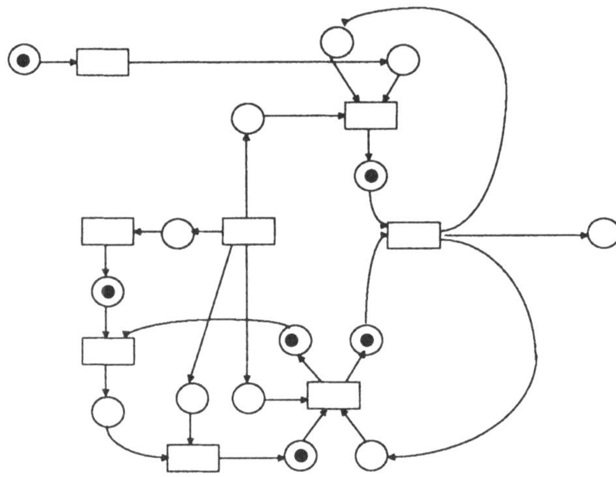

Fig. 7-6: Das resultierende Petri-Netz des Handelsbetriebbeispiels

Das Input-Funktionsnetz des Analysators für das Handelsbetriebsbeispiel wurde in Figur 7-5 dargestellt. Der Analysator transformiert dieses Netz in ein Petri-Netz, das in Figur 7-6 abgebildet ist.

Die Analyse des resultierenden Petri-Netzes ergibt, daß das Netz konfliktfrei, überall lebendig und unsterblich ist. Der Schluß liegt nahe, daß keine gravierenden Modellierungsfehler gemacht wurden.

7.2.5 Der Animator

Der Animator ermöglicht eine visuelle Darstellung der spezifizierten Abläufe auf dem Bildschirm. Der Benutzer kann sich mit Hilfe des Animators das dynamische Verhalten des Prototyps vorführen lassen und somit eine *face-to-face* Validation vornehmen. Der Animator verbindet den von dem Interpreter erstellten Trace, in dem das simulierte Schaltverhalten des Funktionsnetzes aufgezeichnet ist, mit dem zuvor erstellten GRALOS-Modell.

Folgende Abläufe werden durch den Animator auf dem Bildschirm dargestellt:

- das Versenden von Nachrichten durch Verschieben der Piktogramme auf dem Bildschirm;
- die Bearbeitung von Daten durch Subsysteme durch Aufblinken der einzelnen Instanzen;
- das zeitliche Verhalten durch Verzögerungen.

Der Animator wurde in einer Diplomarbeit /JoSi89/ spezifiziert und entworfen. Eine weitere Aufgabe des Animators ist eine benutzergerechte Aufarbeitung der Ergebnisse der Interpretation. Durch eine entsprechende Untersuchung des Trace-Files können Statistiken über die Schalthäufigkeit einzelner Instanzen und Ausnutzung der Warteschlangenkapazitäten von Kanälen erstellt werden. Diese Informationen müssen zur besseren Lesbarkeit durch Grafiken veranschaulicht werden.

Die Interpretation der Ergebnisse mehrerer Simulationsläufe des Handelbetriebsbeispiel kann durch folgende Grafik (Fig. 7-7) veranschaulicht werden /Godb83a/:

Die Grafik kann folgendermaßen interpretiert werden: Werden mehrere Simulationsläufe mit unterschiedlichen Verzögerungen der Lieferantenbestellungen (2, 4 und 8 Wochen) durchgeführt, so erkennt man den unterschiedlichen Ist-Lagerbestand des Handelbetriebes aufgrund der 10%igen Nachfrageerhöhung der ersten Woche. "Bei einer Lieferzeit von zwei Wochen ist mit einer langsamen Anpassung an den neuen Soll-Lagerbestand zu rechnen. Beträgt die Lieferzeit jedoch acht Wochen, ist ein Überschwingen zu beobachten. Das System beruhigt sich nur sehr langsam. Eine zügige Anpassung ohne große zwischenzeitliche Bestandsverluste ergibt sich bei einer Lieferzeit von vier Wochen."

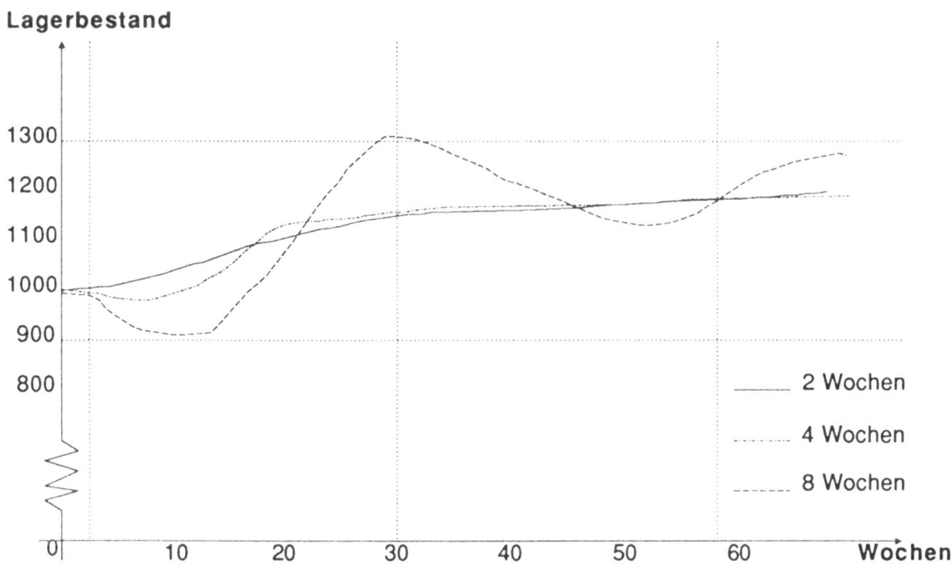

Fig. 7-7: aufbereitete Ergebnisse der Modellierung

7.2.6 Die Anforderungsdatenbank

Eine Softwareentwicklungsumgebung, wie sie zum Prototyping angestrebt wird, benötigt als Arbeitsgrundlage ein allgemeines und effektives "Lagerhaltungssystem".

Ähnlich wie in Fabriken Gegenstände unterschiedlichster Größe, Form, Struktur, Wichtigkeit etc. in Lagerhallen, -räumen, -regalen, -kästen, Ordnern etc. abgelegt werden, so gibt es in der Softwareerstellung unterschiedliche Informationen, auf die zugegriffen werden müssen. Konventionelle Datenhaltungssysteme bieten zwar die Möglichkeit, daß Informationen (z.B. Daten, Sourcefiles, Codes, Tabellen, Bilder) gespeichert und wiedergefunden werden, allerdings geschieht dies in einer uniformen Form. Für alle Informationen unterschiedlichster Art gibt es dieselben Zugriffsmechanismen und denselben Typ von Informationscontainer. Im Gegensatz zur Informationsverarbeitung kommt in einer Lagerhaltung niemand auf die Idee Bücher oder Schrauben in einem Aktenordner abzulegen. Daher eignen sich relationale Datenbanksysteme auch nur bedingt für den Einsatz von modernen Softwareentwicklungsumgebungen. Auf dieses Informationslager haben innerhalb einer Softwareentwicklungsumgebung unterschiedliche Benutzer (z.B. Programmierer, Manager, Kunden) und Werkzeuge zur Softwareerstellung Zugriff. Das Informationslager kann also als eine Art "Plattform" oder Integrationsbasis für die, momentan sehr heterogenen, Werkzeuge dienen. In den letzten Jahren werden vermehrt objektorientierte Datenbanksysteme (z.B. PCTE/OMS, ONTOS, GEMSTONE, DAMOKLES) vorgeschlagen. In Kapitel 9.3 wird auf das PCTE/OMS näher eingegangen.

Die objektorientierte Anforderungsdatenbank speichert zu einer Anforderungsdefinition alle erstellten Objekte, die dazugehörigen Attribute und die Beziehungen zu anderen Objekten ab. Als Objekte werden in PROTOS abgelegt:

- die neuerstellten Symbole,
- die grafische Beschreibung GRALOS,
- die RELOS-Anforderungsdefinition,
- die RELOS-N Teilnetze,
- das RELOS-N Netz,
- das FN-Netz,
- die Analyseergebnisse,
- der RELOS-Trace und
- alle aufgetretenen Fehler.

Als Attribute werden abgelegt:

- Projektname,
- Version,
- das Datum,
- der Benutzer oder Entwickler und
- Zugriffsrechte.

Eine Diskussion über den bestgeeignetesten Ansatz steht noch aus. Objektbanken sind zur Zeit aktuelles Forschungsgebiet. Welche Konzepte für Software-Entwicklungsumgebungen wichtig sind und wie sie sich mit anderen Konzepten der Objektbank "vertragen" kann nur durch intensive Anwendungen geklärt werden. Die Performance der bisher implementierten Systeme ist noch unbefriedigend.

7.2.7 Die Benutzerschnittstelle

Der Wert eines Softwareprogramms steigt mit der Verständlichkeit der Benutzerschnittstelle. Gerade in den letzten 10 Jahren haben sich durch die entsprechende Hardwareunterstützung viele verschiedene Entwicklungsmöglichkeiten eröffntet. Es lassen sich folgende Trends erkennen:

- Der Einsatz der Maus als Eingabegerät wird noch mehr zunehmen. Die Tastatur wird nur noch für reine Texteingabe erforderlich. Die Tendenz hierzu ist schon heute auf PCs (Mac, GEM, MS_Windows) sowie auf Workstations (z.B. OSF/Motif, DECwindows, New Wave, OPEN LOOK, NeXT Step) zu sehen.
- Das Multi-Windowing wird eine intensive Prozeßkommunikation nach sich ziehen, damit wird der Austausch von Daten zwischen völlig verschiedenen Anwendungen möglich. Der Austausch von Daten kommt dem Eindruck der Ähnlichkeit von Applikationen auf dem Bildschirm (gleiches Aussehen der Windows) am nächsten. Spezielle Interprozeßkommunikationsmechanismen werden schon heute zur Verfügung gestellt (z.B. im Betriebssystem MACH von NeXT).
- Das Design der Benutzerschnittstellen und des Bildschirm-Layouts von Anwendungen wird vollständig grafisch unterstützt.
- Benutzerschnittstellen werden Client-Server-Konzepte verfolgen. Eine Strategie wie sie auf X-Window-Architekturen schon heute angeboten wird. Entwurfswerkzeuge erlauben dem Benutzer, eine Mensch-Maschine-Schnittstelle ohne Kenntnis der Programmierschnittstellen der Toolkits zu entwerfen (automatische Codegenerierung). Es existieren bereits Beispiele für Entwurfs-Werkzeuge, z.B. GUIDE (von SUN), Interface Builder (von NeXT) oder Masai (eines französischen Forschungsinstituts). Dies ist insbesondere für das Gebiet Prototyping eine wichtige Entwicklung.

Die historische Entwicklung der Benutzerschnittstellen begann 1984 mit dem Beginn der X-Window-Implementierung. Dies ist eine prozedurale Schnittstelle zum Aufbau und der Verwaltung von Fenstern, Menüs, etc. Sie wurde am MIT entwickelt. 1985 wurde die Oberfläche GEM auf PCs verfügbar. 1988 und 1989 wurden sukzessive X11, Release 3 und X11 Release 4 vorgestellt. Die Arbeiten an Entwurfs-Werkzeugen begann 1989, z.B. mit dem Interface Builder (v. NeXT) und Masai. Eine gute Übersicht ist in /BaHa89/ zu finden.

Das Client-Server Konzept der *X-Window-Architektur* kann folgendermaßen durch mehrere Ebenen beschrieben werden (Vorsicht: die Bezeichnung Client und Server wird in der X-Windows-Architektur gegenüber der üblichen Rechnerarchitektur vertauscht behandelt: mit Server ist das Terminal gemeint, das dem Benutzer Dienste leistet; mit Client ist das Anwendungsprogramm gemeint). Die Benutzerein-/ausgabe erfolgt über einen X-Server, der auf irgendeiner Workstation oder einem X-Terminal laufen kann, über Tastatur oder Maus. Dieser X-Server ist über ein lokales Netz mit einem Client verbunden, auf dem die Anwendung abläuft. Über das Netz wird das standardisierte X-Protokoll geschickt, das auf dem X-Server interpretiert wird. Der

Client besteht aus einer sechs-Ebenen Architektur. Die Anwendung (Ebene 6) setzt auf einer Dialogschicht (Ebene 5) auf, die die Synchronisation zwischen Benutzereingabe (z.B. Mausbewegungen) und Operationen innerhalb der Anwendung übernimmt. Hier werden Zustände und Zustandsübergänge überprüft und ausgeführt. In einer Präsentationsschicht (Ebene 4) werden die Organisation und das Layout der verschiedenen Objekte dargestellt, deren Erstellung durch interaktive graphische Tools unterstützt wird. Die Toolkit-Ebene (Ebene 3) stellt eine Bibliothek von User-Interface-Objekten zur Verfügung (z.B. Fenster, Menüs, Buttons, etc.). Repräsentanten dieser Schicht sind Motif (von der Open System Foundation OSF), OPEN LOOK (von AT&T) und Athena (vom MIT). In der darunterliegenden Schicht Xt-Intrinsics (Ebene 2) werden die einzelnen Möglichkeiten der Xlib (Ebene 1) zu Objekten zusammengefaßt, die hierarchisch strukturiert sind. Die Xlib bildet mit den angebotenen Funktionen die Basis der X-Window-Architektur. Die Xlib enthält zum einen Funktionen zur Steuerung des X-Protokolls und zum anderen einen Satz von Graphik-Primitiven mit Funktionen zur Manipulation derselben.

Die Benutzerschnittstelle in PROTOS bietet dem Benutzer und Entwickler eine uniforme Schnittstelle zu allen Werkzeugen. Die Benutzerschnittstelle entspricht der Ablaufsteuerung einer S-Transaktion. Durch die Auswahl einer vordefinierten S-Transaktion des Benutzers wird die Ausführung dieser Transaktion gestartet. Der Benutzer wird automatisch durch die Werkzeuge geführt.
Die Benutzerschnittstelle bietet Menüs:

- zur Auswahl der vordefinierten Transaktionen,
- zur Eingabe der erforderlichen Parameter,
- zur Aufbereitung der Ausgaben
- zur Anpassung von vordefinierten Transaktionen an die Anforderungen der Entwickler und
- zur Definition neuer Transaktionen.

Die Ausgaben der ausgewählten Werkzeuge werden durch das Userinterface einheitlich aufbereitet. Dafür stehen Fenstertechniken ("Windows") auf Bildschirmebene bereit.

Teil III

Realisierungserfahrungen

8 Das Multidatenbanksystem MUSE

Im Kapitel 1 dieses Buches wurde informell ein Fallbeispiel aus dem internationalen Zahlungsverkehr eingeführt und die Aufgabenstellung beschrieben. Daraus wurde ersichtlich, daß das zu konstruierende Multidatenbanksystem sehr komplex wird. Im Verlauf des Buches wurde auf dieses Beispiel öfters zurückgegriffen und es zog sich wie ein "roter Faden" durch jedes Kapitel. In Kapitel 2 wurden die Probleme des traditionellen Software-Life-Cycle diskutiert und in Kapitel 3 Ansätze zum Prototyping von komplexen Softwaresystemen gegeben. In Kapitel 4 wurden Transaktionen und komplexe Systeme vorgestellt. Multidatenbanksysteme und spezielle Transaktionsansätze, insbesondere das S-Transaktionskonzept, wurden diskutiert, bevor in den Kapiteln 5, 6 und 7 eine, auf solche Systeme zugeschnittene, Methode, Sprache und Entwicklungsumgebung vorgestellt wurde. Gerade in diesen Kapiteln wurde immer wieder auf das Beispiel des internationalen Zahlungsverkehrs verwiesen. In diesem Kapitel wird gezeigt, wie ein Multidatenbanksystem auf der Basis des in Teil II vorgeschlagenen Prototypingansatzes für den internationalen Zahlungsverkehr entworfen und implementiert wurde. Dabei gingen die in Kapitel 1.1 skizzierten Anforderungen ein. Nachdem die System- und die Subsystemarchitektur vorgestellt worden sind, werden Erfahrungen mit dem Entwicklungsansatz diskutiert.

8.1 MUSE für den Einsatz im internationalen Zahlungsverkehr

Durch die Kooperation von autonomen Organisationen über ein Computernetzwerk entsteht der Bedarf der Integration der einzelnen Datanbanksysteme zu einem einzigen System. Die Integration bestehender heterogener Datenbanksysteme zu einem verteilten Datenbanksystem erzeugt viele technische und organisatorische Probleme, die schwer zu lösen sind. Um diesen Problemen zu entgehen, wurde das Konzept der Multidatenbanksysteme entwickelt. Ein Multidatenbanksystem (MDBS) unterscheidet sich von einem verteilten Datenbanksystem (VDBS). In einem VDBS sind die Daten geographisch verteilt abgelegt und es gibt eine zentrale Ausführungskontrolle bei deren Zugriff. Im Gegensatz dazu werden in einem MDBS zwar auch Daten geographisch verteilt gehalten, aber auch die Ausführungskontrolle ist dezentral. Dies ist das Resultat der Autonomie einer Datenhaltungskomponente. In dem hier behandelten Beispiel sind diese Datenhaltungskomponenten den Banken zugeordnet, die zu einem bestimmten Zeitpunkt über das von der Organisation S.W.I.F.T. gewartete Netz kooperieren.

Im Rahmen des von der Europäischen Gemeinschaft geförderten Projektes "Multidatabase Services on ISO/OSI Networks for Transnational Accounting" /MAP86/, /MAP87/, wurde von den beteiligten Partnern I.N.R.I.A. (Paris), S.W.I.F.T. (Brüssel), GMD-Fokus (Berlin) und der Universität Dortmund (Dortmund) ein Multidatenbanksystem für den internationalen Zahlungsverkehr in einem Vier-Jahresprojekt entwickelt. Die Implementierungsarbeiten wurden Ende 1988 abgeschlossen. Nach einer einjährigen Konzeptphase wurde das System in zwei aufeinanderaufbauenden Prototypeninstallationen auf der Basis der erstellten S-

Transaktionskonzepte realisiert. Das System heißt MUSE (Multidatabase System for Transnational Accounting).

Bevor das System MUSE detailliert dargestellt werden kann, muß zunächst die Basis erläutert werden, auf der MUSE aufbaut. Diese Basis ist das S.W.I.F.T. Netzwerk, an dem weltweit ca 2500 Banken angeschlossenen sind (vergleiche auch Kapitel 1.1) und miteinander kooperieren. Das S.W.I.F.T. System hat eine Menge von anwendungsorientierten Nachrichten klassifiziert und deren Syntax und Semantik definiert. Es gibt zum Beispiel einen Nachrichtentyp für einen Überweisungsauftrag. MUSE integriert die verschiedenen Bank-Datenbanken (in der Prototypversion sind es vier), die jeweils von ihren eigenen Organisationen unabhängig von anderen kontrolliert werden. Bei der Integration muß die Autonomie der Banken, die Verteiltheit und die unterschiedlichen Datenmodelle der Bank-Datenbanken berücksichtigt werden. Durch die geographische Verteilung über die gesamte Welt liegen die Datenbanken in unterschiedlichen Zeitzonen und ein Direktzugriff auf andere Datenbanken ist on-line nicht möglich. Die Datenbanken können nur über ein "store and forward" Mechanismus miteinander kommunizieren. D.h. Nachrichten werden zwischengespeichert und dann weitergereicht. Daraus resultieren aber auch lange Verzögerungen bei der Ausführung einer Finanztransaktion. Weiterhin müssen die unterschiedlichen Gewohnheiten und Rechnerkapazitäten einer Bank, sowie die landesüblichen Gesetze berücksichtigt werden: werden Abbuchungen über einen bestimmten Betrag gesondert abgespeichert? Welche Art von Hardware unterhält die Bank? Welches Datenbanksystem mit welchem Datenmodell (hierarchisch, netzwerkartig, relational oder schon objektorientiert) mit welchem Schema existiert?

Aus diesen Fragen kann man die Kompliziertheit der Integrationsaufgabe absehen. Aus politischen, ökonomischen und Sicherheitsgründen verbietet eine Bank Fremden den direkten Zugriff zu ihrer Datenbank. Damit erscheint die Integration als fast aussichtslos.

Eine Bank kann als Server angesehen werden, die anderen Banken Dienstleistungen anbietet. Die Implementierung der Dienstleistungen und die Ausführung der nachgefragten Dienste steht in der Verantwortung der Bank. Darin ist die Bank autonom. Im S.W.I.F.T. System können drei Arten von Autonomie unterschieden werden:

- Unter **Kommunikationsautonomie** versteht man die Entscheidung einer Bank, ob und wann Nachrichten entgegengenommen werden.
- Unter **Ausführungsautonmie** versteht man die Entscheidung einer Bank, ob und wann ein nachgefragter Dienst ausgeführt wird. Es gibt weder für S.W.I.F.T. noch für eine andere Bank die Möglichkeit diese Entscheidung zu erzwingen. Der Dienst muß auf der bankeigenen Datenbank ausgeführt werden, über die nur sie eine völlige Kontrolle hat.
- Unter **Entwurfsautonomie** versteht man die Entscheidung einer Bank, welche Art von Datenbanktechnologie verwendet wird und wie die Operationen auf diesen Datenbanken realisiert werden, die vom standardisierten S.W.I.F.T.-Nachrichtentyp verlangt werden (z.B. Auf- oder Abbuchungen auf einem Konto).

Daher gibt es keine Direktverbindungen zwischen Banken. Die Topologie des S.W.I.F.T. Netzwerkes besteht aus vier Ebenen und ist in Figur 8-1 dargestellt. Diese S.W.I.F.T. Netzwerktopologie mußte auch innerhalb des Projekt MUSE berücksichtigt werden.

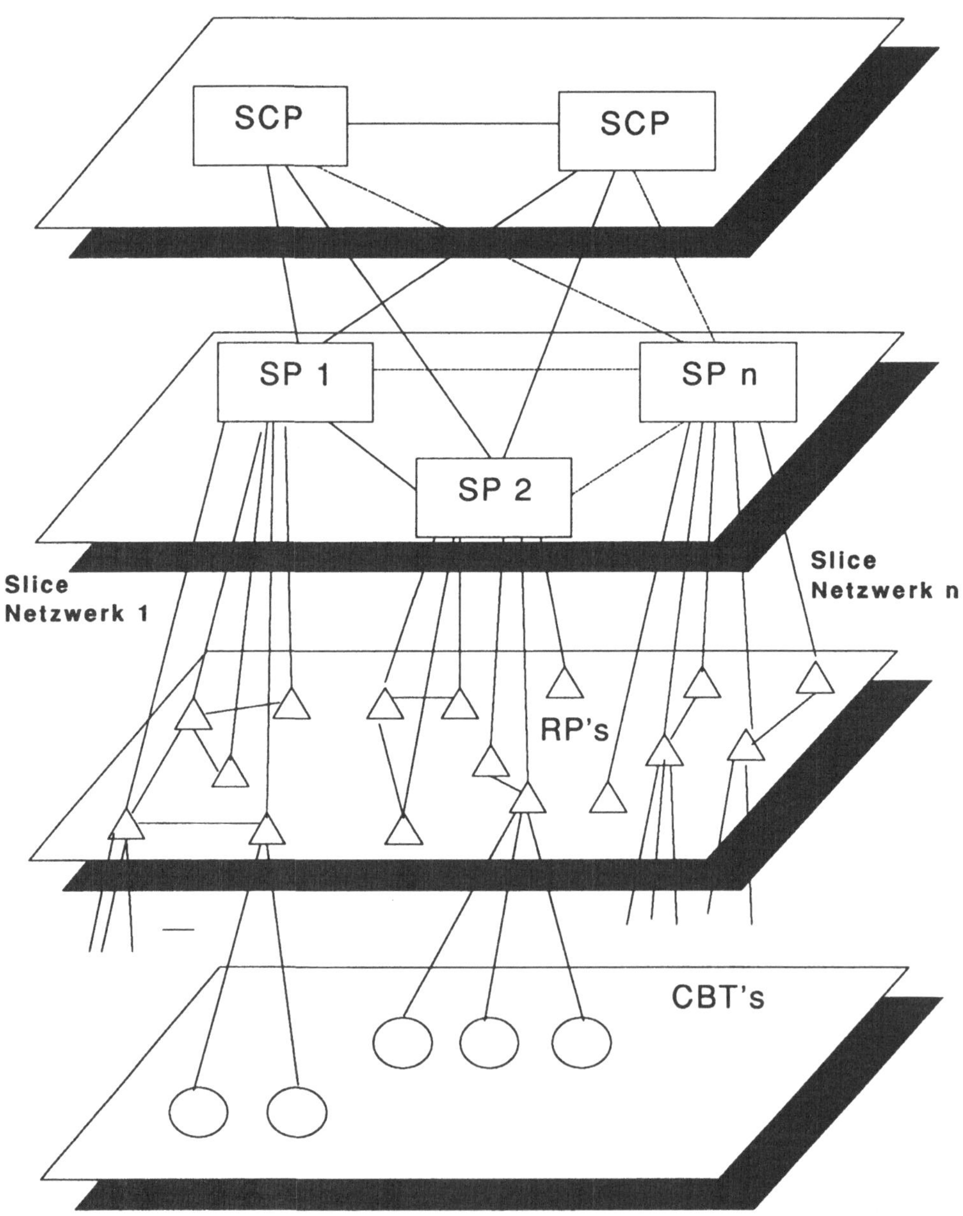

Fig. 8-1: S.W.I.F.T. System Topologie

Die Terminals einer Bank (sie heißen Computer Based Terminals oder kurz CBT) sind an einem Netzwerk angeschlossen. Eine Bank setzt eine Nachricht über das CBT an das Netzwerk ab. Das Netzwerk wird von S.W.I.F.T. vollständig kontrolliert. Es besteht aus einer Menge von regionalen Prozessoren (RP's), Slice Prozessoren (SP's) und System Kontroll-Prozessoren (SCP's). Von den SCP's gibt es weltweit nur drei, wobei jeder mit jedem verbunden ist. Sie stehen in politisch und geographisch "sicheren" Gebieten (Erdbebengefahr). Die RP's können als Konzentratoren für die Menge der angeschlossenen CBT's angesehen werden. Üblicherweise hat jedes Land einen oder mehrere RP's. In den SP's wird die Route des Nachrichtentransfers festgelegt und gesteuert. Die SCP's archivieren die Nachrichten, damit im Fehlerfall ein Recovery möglich ist. In mindestens zwei der drei SCP's werden die Nachrichten gespeichert, so daß auch bei Totalausfall eines SCP's ein sicherer Betrieb gewährleistet werden kann. Der Nachrichtenfluß vom Sender zum Empfänger ist folgendermaßen: von einem CBT wird die Nachricht via des zugeordneten RP's zum SP geleitet; eine Kopie wird an ein SCP geschickt; die Nachricht wandert von dem SP zu einem anderen SP und von dort zu dem RP an dem die Zielbank angeschlossen ist; dieser RP speichert die Nachricht solange, bis sie von der Zielbank abgeholt wird.

Unter Beachtung des organisatorischen und des anwendungsbezogenen Hintergrundes müssen folgende Anforderungen durch das MUSE-System erfüllt werden:

- das Multidatenbanksystem muß die Autonomie der Banken berücksichtigen;
- das nachrichtenorientierte S.W.I.F.T. System muß zu einem transaktionsorientierten System ausgebaut werden, um damit eine Integration von Nachrichten und den darauf ausgeführten Operationen zu gewährleisten;
- es muß leicht möglich sein, neue Dienste weltweit bei allen Banken einzuführen;
- das MDBS sollte auf OSI-Diensten (open system interconnection) basieren, um ein Wachsen des MDBS zu unterstützen;
- die Topologie des Netzwerkes muß berücksichtigt werden;
- Kooperationsgemeinschaften von Banken sollten zulässig sein, d.h. ein eingeschränkter Lesezugriff fremder Banken auf bestimmte Daten ist möglich.

Die Anforderungen, die an ein Transaktionskonzept für diese Art von Anwendungen gestellt werden (z.B. lang-andauernde Transaktionen, keine zentrale Kontrolle) sind im Kapitel 4.1.1 aufgeführt. Im Rahmen des MUSE-Projektes sind die S-Transaktionen entwickelt worden, die genau auf die S.W.I.F.T.-spezifischen Anforderungen zurechtgeschnitten sind. An dieser Stelle wird auf eine nochmalige Einführung der Konzepte verzichtet. Der interessierte Leser kann sie in Kapitel 4.1.2 nachlesen.

8.2 Das System MUSE

In diesem Kapitel wird zunächst die globale MUSE Systemarchitektur präsentiert. MUSE besteht aus einer Menge von angeschlossenen Banken, im folgenden auch Subsystem genannt. Anschließend wird die MUSE-Subsystem-Architektur diskutiert, die bei jeder angeschlossenen Bank verfügbar sein muß.

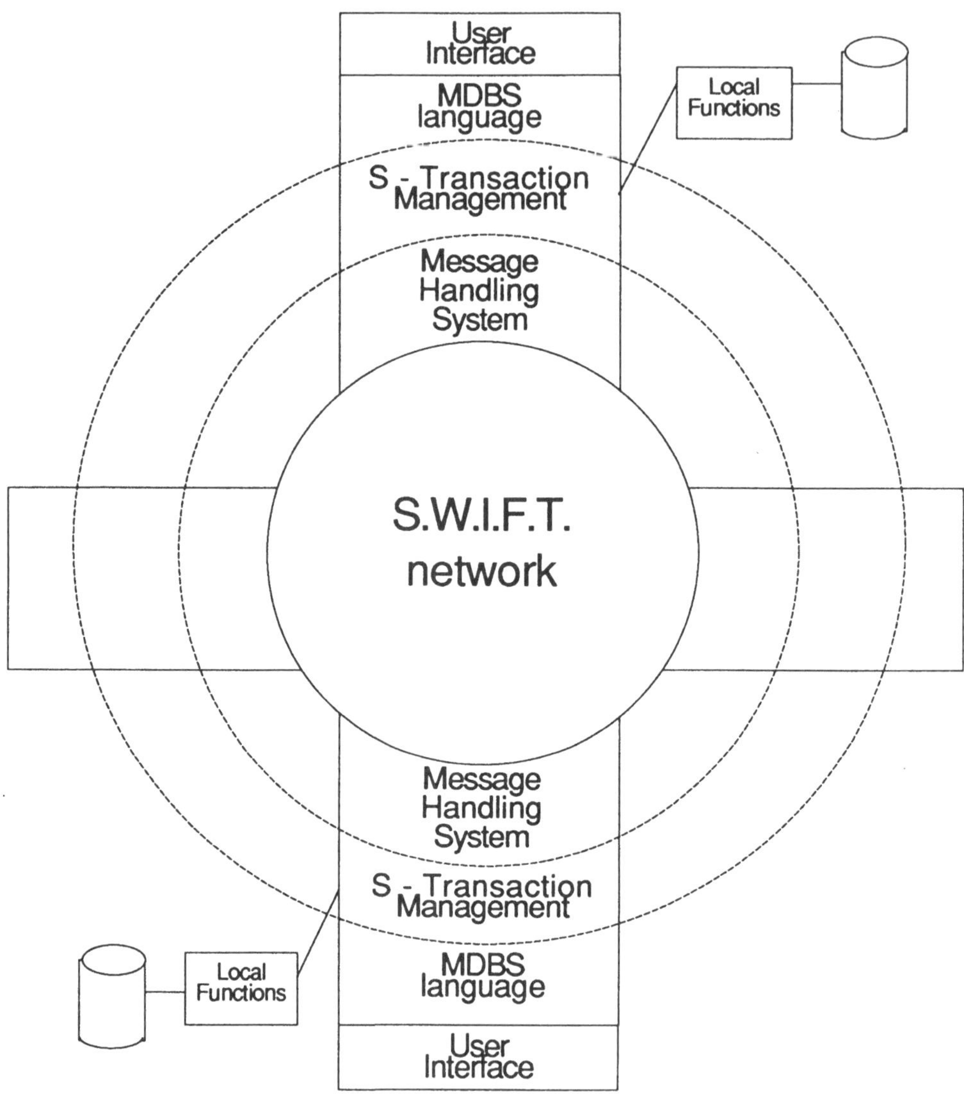

Fig. 8-2: Die MUSE Systemarchitektur

Die MUSE-Systemarchitektur ist speziell zur Unterstützung des S-Transaktionskonzeptes entworfen worden. Die Autonomie der Banken ist dabei berücksichtigt worden. Die MUSE-Systemarchitektur ist in Figur 8-2 dargestellt. Sie kann als mehrschichtiges System angesehen werden, wobei mehrere Banken über CBT's über das S.W.I.F.T. Netzwerk miteinander kooperieren. Den Kern von MUSE wird durch die Topologie des S.W.I.F.T. Netzwerks (vergleiche Figur 8-1) gebildet. Oberhalb des Kerns ist das ''Message Handling System'' (oder auch Kommunikationsebene genannt) angesiedelt, das von dem jetzigen S.W.I.F.T. Nachrichtentransferkonzept abstrahiert. Die Kommunikation in MUSE basiert auf X.400 /CCITT84/. In der unteren Protokollebene ist das P1 Protokoll implementiert, indem RP's, SP's und SCP's als "Message Transfer Agents" (MTA's) angesehen werden. Der "User Agent" (UA) wird durch die Implementierung einer Schnittstelle zu einer Warteschlange erweitert. Die Kommunikationsebene hat eine Schnittstelle zur S-Transaktion-Management-Ebene. Hier wird die ordentliche Ausführung einer S-Transaktion überwacht. Jede S-Transaktion wird in der speziell dafür vorgesehenen Sprache RELOS beschrieben. RELOS Beschreibungen von S-Transaktionen werden auf der S-Transaction Manangement Ebenen interpretiert. Die lokalen Funktionen repräsentieren die Schnittstelle zwischen dem MDBS und den autonomen lokalen Datenhaltungskomponenten der Banken. Hier wird eine Abbildung der, in der S-Transaktion aufgerufenen lokalen Transaktion auf eine korrespondierende Funktion der lokalen Datenbank durchgeführt. Die Anwendungsebene liegt oberhalb der S-Transaktion-Management-Ebene. Es ermöglicht dem Benutzer entweder standardisierte Dienste oder frei gestellte Anfragen zu initiieren. Für die Initiierung von frei gestellten Anfragen (sogenannte "Free Queries") wird dem Benutzer eine MDBS Abfragesprache zur Verfügung gestellt, die D-SQL genannt wird. Sie ist eine um Verteiltheit erweiterte SQL-ähnliche Sprache.

Wie schon in diesem Kapitel vorgestellt, besteht das gesamte MDBS aus einer Menge von Subsystemen, die über ein "Computer Based Terminal" an dem S.W.I.F.T. Netzwerk angeschlossen sind. In MUSE wurden für diese Subsysteme einheitliche Architekturen entwickelt, in denen sich die Ebenenstruktur des gesamten MDBS widerspiegelt. Der Entwurf der Subsystemarchitektur basiert auf den Prinzipien der Objektorientierung, der strikten Modularität und der Hierarchie.

Bevor die modulare Architektur eines transaktionsorientierten, verteilten Systems vorgestellt wird, müssen einführend die Begriffe Modul und Hierarchie so definiert werden, wie sie in /MAP86/ (siehe auch /EhWe86/, /Seeh88/) verwendet werden.

Definition 8-1: ***Modul***
Ein Modul ist die Implementierung eines Datentyps mit darauf zugreifenden Operationen. Ein Modul wird auch abstrakter Datentyp oder Datenkapsel genannt. Die Repräsentation der Datenobjekte wird durch den Modul bestimmt. Zur Implementierung der Operationen benötigt das Modul in der Regel Operationen und Datenobjekte anderer Module. Ein Modul bietet Operationen im *Export-Interface* an, die von anderen Moduln benutzt werden dürfen. Zur Definition der Repräsentation des Datentyps und zur Implementierung der Operationen des Moduls werden im *Import-Interface* Operationen angegeben, die von anderen Modulen benutzt werden.

Definition 8-2: ***hierarchische Modularchitektur***
Eine hierarchische Modularchitektur ist eine, durch eine benutzt-Relation strukturierte, Hierarchie von Modulen mit einem ausgezeichneten Wurzelmodul. Ist ein Modul ein Knoten, und die *benutzt*-Relation zwischen zwei Moduln eine Kante, so ist die hierarchische Modularchitektur durch einen azyklischen Graph definiert.

Die Subsystemarchitektur unterstützt zwei verschiedene Arten von Diensten: den

Standardservice (vordefiniert) und den erweiterten Service zur Definition von frei gestellten Anfragen für fortgeschrittene Benutzer (''Free Queries''). Die Standarddienste sind als vordefinierte S-Transaktionen realisiert, die die S.W.I.F.T. Nachrichtentypen ersetzen. Die S-Transaktionen werden in der Sprache RELOS spezifiziert. Die frei gestellten Anfragen, die in D-SQL formuliert werden, werden durch das ''Sophisticated User Functions Module'' in eine Menge von SQL Anfragen zerlegt, die wiederum in RELOS eingebettet werden um die verteilte Abarbeitung von verschiedenen Subsystemen zu ermöglichen. Die Konzepte der vordefinierten S-Transaktionen und der frei definierbaren Anfragen schlagen sich in der in Figur 8-3 dargestellten Modularchitektur der Anwendungsebene eines Subsystems nieder. Ein Modul wird durch ein Kästchen dargestellt. Die Pfeile zeigen die Modulhierachie an (''benutzt-Relation'').

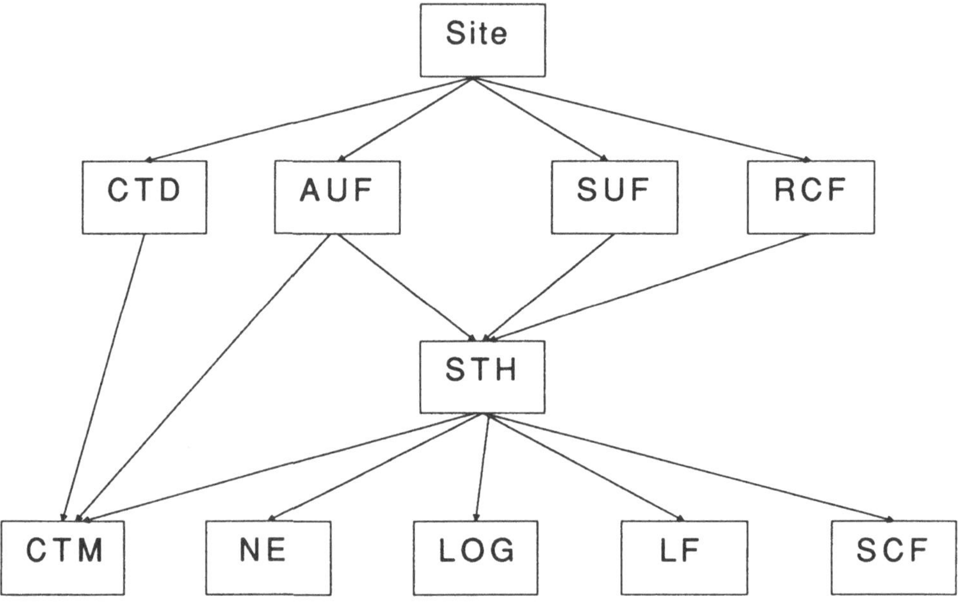

Fig. 8-3: Die MUSE Subsystem-Architektur

Im folgenden sollen die Modulfunktionen der MUSE Subsystem-Architektur kurz vorgestellt werden. Ein Subsystem besteht aus den folgenden Modulen:

- das Canned_Transaction_Definition Modul (CT_DEF) unterstützt die Definition von neuen vordefinierten S-Transaktionen, die die Menge der MDBS-Standarddienste erweitern;
- das Application_User_Function Modul (AUF) unterstützt die Ausführung der vordefinierten S-Transaktionen;
- das Sophisticated_User_Functions Modul (SUF) unterstützt die Ausführung der frei formulierbaren Abfragen (Free Queries);
- das Public_View_Administrator Modul (PVA) liefert die Schemainformationen der lokalen Datenbank, so weit sie für das MDBS benötigt werden;
- das Multi_View_Administrator Modul (MVA) hält alle Informationen des

MDBS fest, die zur Ausführung von Free Queries auf anderen Subsystemen benötigt werden.

Durch diese fünf Module der Subsystem-Architektur werden auch fünf verschiedene Benutzerklassen definiert, die alle mit dem Konzept der vordefinierten S-Transaktionen und den Free Queries verbunden sind.

Sowohl die vordefinierten S-Transaktionen als auch die Free Queries werden auf einen S-Transaktions-Ausführungsplan in RELOS abgebildet. Dieser Plan wird dem S-Transaktions-Handler (STH) zur Ausführung übergeben. Der STH interpretiert dieses RELOS-Programm. Initiierungen von Sub-S-Transaktionen auf anderen Subsystemen oder von lokalen Transaktionen auf der lokalen Datenbank werden dem Send_Control_Functions Modul (SCF) bzw. zum Local_Functions Modul (LF) übergeben. Resultate, Bestätigungen oder Abbruchmeldungen werden auch über das Modul SCF zu den anderen Subsystemen geleitet.

Alle Nachrichten und alle lokalen Transaktionsaufrufe innerhalb eines Subsystems werden in einem Log Modul gespeichert, damit diese Informationen beim Zurücksetzen oder Kompensieren einer S-Transaktion oder bei anderen subsystemspezifischen Fehlern zur Verfügung stehen.

Über das SCF Modul hat jedes Subsystem in MUSE eine Schnittstelle zum X.400 Nachrichtensystem. Das SCF transformiert die Nachrichten des Subsystems in eine für das X.400 System verständliche Form, damit die Nachrichten zu den fremden Subsystemen gelangen können.

Das Receive_Control_Functions Modul (RCF) empfängt die Nachrichten von fremden Subsystemen und transformiert sie in entsprechende Aufrufe des STH. Somit können Sub-S-Transaktionen von fremden Subsystemen initiiert werden, oder Ergebnisse an schon laufende S-Transaktionen übergeben werden.

Das Local_Functions Modul (LF) ist schließlich die MDBS-Schnittstelle zur lokalen Datenbank des Subsystems. Anfragen zur Operationsausführung auf der lokalen Datenbank sind in dem S-Transaktions-Ausführungsplan enthalten. Somit werden Initiierungen vom STH zur lokalen Datenbank über das Modul LF geleitet.

Eine Anwendung, die auf dem MDBS ablaufen soll, besteht in MUSE aus drei Teilen:

- die Definition der Anwendung.
  Die Anwendung muß entweder als Standarddienst oder als zusätzlicher Dienst definiert werden. Standarddienste werden in RELOS beschrieben. Diese Beschreibung wird in der Bibliothek Canned_Transaction_Definition (CTM) abgelegt, bevor auf sie durch den Benutzer zugegriffen werden kann. Zusätzliche Dienste können in der Sprache D-SQL formuliert werden. Zusätzlich müssen in den Import/Export Catalog (IDC/EDC) Relationen eingetragen werden, die zur Ausführung benötigt werden. Anschließend ist der Dienst über das Modul Sophisticated_User_Function (SUF) für fortgeschrittene Benutzer über D-SQL formulierte Abfragen direkt benutzbar.
- die lokalen Funktionen.

Beide Arten von Anwendungen benötigen Dienste der subsystemlokalen Datenbank. Diese Dienste werden über das Modul Local_Function (LF) aufgerufen. Die Standardanwendungen bauen auf der Menge von anwendungsspezifischen Funktionen der lokalen Datenbank auf, die dort explizit kodiert vorliegen. Die zusätzlichen Dienste benutzen die lokale Subsystemdatenbank über eine spezielle lokale Funktion, die eine SQL Abfrage direkt an das lokale Datenbankmanagementsystem übergibt.

- das lokale Datenbanksystem.
  Für den MUSE Prototypen (oder besser Labormodell) wurden die anwendungsspezifischen lokalen Datenbanken durch eine begrenzte Anzahl von relationalen Datenbanken (hier vier relationale Datenbanken auf der Basis von ORACLE) simuliert.

8.3 Was haben wir gelernt?

Das MUSE-System wurde in zwei aufeinanderaufbauenden Labormodellen entwickelt, wobei letzteres sicherer und komfortablerer ablief. MUSE wurde auf einer Micro / Vax unter dem Betriebssystem VMS implementiert. Als Programmiersprache wurde C verwendet. Der Kern des Systems sind ca 150.000 Zeilen C-Code. Nicht zum Kern des Systems gehörend, aber zum Ablauf unbedingt notwendig, sind die Beispieldatenbanken auf der Basis des relationalen Datenbanksystems ORACLE mit einer SQL Schnittstelle und das Kommunikationssystem auf der Basis von X.400. MUSE wurde im November 1988 auf der ESPRIT-Technical Week einem größeren Interessenkreis vorgestellt. MUSE lief dort verteilt auf vier Micro / Vax'en, die in Paris, in Dortmund, in Berlin und in Brüssel installiert waren. Innerhalb der Organisation S.W.I.F.T. wurde MUSE mit den Bankapplikationen demonstriert. Das gesamte Projekt hatte ein Budgetvolumen von ca. sechs Millionen ECU. Für das gesamte Projekt (Analysieren der Anforderungen, Definition des S-Transaktionskonzeptes, Definition der Sprachen RELOS und D-SQL, Erstellen eines modularen Entwurfs, Implementierung und Test der Subsystemarchitektur) sind ca. 800 Personenmonate aufgewendet worden.

Das Vorgehen in dem Projekt entsprach mit gewissen Unterschieden dem traditionellen Life Cycle, wobei einer der Projektpartner (die Organisation S.W.I.F.T.) den Part des Auftraggebers spielte. Die Anforderdungsdefinitionsphase wurde zweigeteilt. Zunächst war es wichtig, daß die nicht zu vernachlässigbaren Randbedingungen herausgefiltert wurden. Dazu gehörte auch die oben dargestellte S.W.I.F.T. Netzwerktopologie. Anfänglich bestanden Probleme im Verständnis der Finanzanwendungen und der gebräuchlichen Terminologie. Ein Glossar brachte hier Abhilfe. Die mehr funktional ausgerichtete Anforderungsdefinition wurde nach der Methode REMOS gestaltet. Dazu mußten einerseits die Szenarien definiert und anschließend die beteiligten Subsysteme identifiziert werden. Bevor der Ablauf formal festgehalten werden konnte, mußte der Auftraggeber anhand von Bildern den Ablauf schildern und evaluieren. Die Bankapplikationen wurden dann in der Sprache RELOS festgehalten. Um die Bankapplikationen auf eine mehr formale konzeptionelle Basis zu stellen wurde das Konzept der S-Transaktionen entwickelt. Dies resultierte daher, daß einige Dienste unter bestimmten Nebenbedingungen wieder rückgängig gemacht werden müssen. Das S-Transaktionskonzept ist speziell auf die Erfordernisse des S.W.I.F.T.-Systems zugeschnitten, kann aber ohne große Mühe verallgemeinert werden. Damit war die Anwendungsdefinitionsphase abgeschlossen. Die Erfahrungen mit der Methode REMOS und der Sprache RELOS waren durchgehend positiv. Insbesondere das Sichtenkonzept der Methode REMOS wurde intensiv eingesetzt. Die Entwicklungsumgebung PROTOS stand zur Ausführung und ersten Evaluierung von RELOS-Programmen leider noch nicht zur Verfügung. Die abstrakte Anforderungsbeschreibungsprache RELOS wurde als Basis einer S-Transaktions-Beschreibungssprache genommen, die in wenigen anwendungsspezifischen Teilen der Beschreibung von Kapitel 6 entsprach.

In der nächsten Phase mußte die durch RELOS dargestellt Subsystemarchitektur einerseits auf die Bankbedürfnisse zurechtgeschnitten werden, andererseits mußte die Architektur verfeinert werden. Dies geschah durch die Einführung des Modulbegriffs. Module wurden als Aufgabeneinheiten angesehen. Die Aufgaben konnten oberflächlich aus den RELOS Subsystemen abgelesen werden (z.B. Kommunikation, lokale Funktionen oder Sprachinterpretation). Um diesen Modulrumpf scharten sich dann weitere Module, die durch Diskussionen der verschieden Szenarien gewonnen wurden (z.B. Definition von neuen S-Transaktionen, Bibliothek der schon definierten Standarddienste, Recovery). In einem weiteren Schritt kamen durch Verfeinerungen der vorhandenen Module neue Module hinzu. Vorteil der modularen Architektur war die leichte Handhabbarkeit und Verständlichkeit. Module und ihre logischen Verknüpfungen wurden zunächst informell beschrieben. Anschließend wurden die logischen Verknüpfungen durch Funktionsaufrufe dargestellt. In einem weiteren Schritt wurden den Funktionen Parameter (mit der Kennzeichnung IN für Eingabeparameter, OUT für Ausgabeparameter und INOUT für Ein- und Ausgabeparameter) hinzugefügt. Sehr hilfreich waren hier die früh vergebenen Richtlinien zur Benennung von Funktionen und den Parametern. Während die modulare Architektur in der Entwurfsphase sehr nützlich war machte man bei der Implementierung der Module in der Programmiersprache C nachteilige Erfahrungen. Durch die ineffiziente Abarbeitung von Funktionsaufrufen, da einige Aufrufe über mehrere Ebenen hinweg durchgereicht wurden. Dieser Nachteil wurde allerdings durch die Aufwandsreduzierung beim Test und bei der Wartung egalisiert. Die informell vorliegende vollständige Spezifikation wurde dann in einem letzten Schritt in die Programmiersprache C übertragen. Hierbei war es wichtig, daß man sich früh genug über die Schnittstellen zu den Beispieldatenbanken und den Kommunikationssystem informierte. Probleme in C gab es meist durch die Übergabe von Parametern, die ein Resultat zurückgeben sollten. In C muß man sich eines Tricks bedienen (z.B. Doppelreferenzen), um mehrere Resultate von Funktionensaufrufen zu erhalten. Das eigentliche Ergebnis eines Funktionsaufrufs war immer ein Fehlercode. Auf Sprünge oder globale Variablen konnte ganz verzichtet werden. Während der Testphase traten neuartige Probleme auf, die aus der verteilten Anwendung und aus den verschiedenen Lizenzstati der Projektbeteiligten her resultierten. Der Source-Code durfte nur auf der Maschine verfügbar sein, auf der er auch geschrieben worden war. Die compilierte

Version wurde dann über das Netz auf den anderen Maschinen installiert und dort mit den anderen Teilen zusammengebunden. Durch diese Vorgehensweise entstanden Versions-, Datenhaltungs- und Zeitprobleme. Auch die Betriebssystem-, C-Compiler- und Datenbanksystemversionen waren zum Teil unterschiedlich.

MUSE ist so portable geschrieben, daß es ohne nennenswerten Aufwand auf eine SUN in einer UNIX-Umgebung portiert werden konnte. Das Kommunikationssystem X.400 wurde gegen das Network-File-System ausgetauscht. Zur Zeit werden neue Standardanwendungen in RELOS formuliert. Diese neuen Standardanwendungen ermöglichen es MUSE als verteilte Softwareentwicklungsumgebung zu betrachten. Als Subsysteme sind dann nicht mehr Bank-Datenhaltungskomponenten in MUSE installiert sondern Editoren, Compiler, Debugger etc., die einen eigenen Funktionsatz besitzen. Dazu müssen die Probleme, die mit der Protokollierung der Benutzerinteraktionen entstehen, gelöst werden, damit eine solche Software-Entwicklungs-S-Transaktion wieder zurückgesetzt werden kann. All diese Arbeiten werden in Software-Entwicklungsumgebungen unter dem Schlagwort "Model Driven Proces Control" zusammengefaßt.

9 Perspektiven des zukünftigen Software Engineerings

Im Verlauf des Buches sind viele unterschiedliche Aspekte des Software Engineerings insbesondere des Prototypings untersucht worden. Neben einer Bestandsaufnahme wurden auch konstruktive Vorschläge zum Prototyping gemacht. Prototyping im evolutionären Stil heißt aber auch "Abdeckung des gesamten Software Life Cycles" durch Methoden, Werkzeuge und Sprachen. Viele Firmen und Forschungsinstitute machen sich Gedanken über das zukünftige Software Engineering insbesondere unter dem Aspekt der kostengünstigen Softwareerstellung. Hier hat sich die griffige Abkürzung CASE für Computer Aided Software Engineering eingebürgert. Die Hardware wird bekanntermaßen in exponentiellem Anstieg durch Miniaturisierung und optimierte Architekturen bei gleicher Investition immer leistungsfähiger. Dies ermöglicht die Schaffung anwenderfreundlicherer Software. Der europäische Softwaremarkt wird (nach IDC) 1992 etwa 80 Mrd. Dollar ausmachen und jährlich um 16 % wachsen. Sind wir heute in Europa und weltweit dieser explodierenden Entwicklung gewachsen, wenn man zum Beispiel hört, daß bei Anwendung heutiger Konstruktionsmethoden allein in Japan im Jahr 2000 eine Million Programmierer fehlen werden? Die Produktivität der Software-Entwickler muß aber erheblich wachsen, soll die Software nicht zum Engpaß werden. Das kann nur mit neuen Techniken erreicht werden, die den Sprung von der "Software-Kunst" über das "Software-Handwerk" zur "Software-Fabrik" ermöglichen.

Die Forschungsministerien und die Europäische Gemeinschaft unterstützen gemeinsam in vielen nationalen und internationalen Projekten die Anstrengungen der Firmen und der Institute zur rationelleren Software-Produktion im CASE-Bereich. Es wird daraufhingewiesen, daß Europa verstärkt an diesem Thema arbeiten muß um konkurenzfähig zu bleiben und neue Märkte zu erschließen. Bald macht der Umfang der Software an einem Gesamtsystem 80% der Kosten aus. Immer mehr Arbeitnehmer benötigen Wissen -zumindest Grundwissen - aus dem DV-Bereich. Dazu müssen einerseits Schulungszentren eingerichtet werden, aber auch einfach zu bedienende Mensch-Maschine Schnittstellen werden benötigt. Bedient man verschiedene Werkzeuge, so sollten einheitliche Grundregeln in der Bildschirmgestaltung und in der Tasten- und Mausbedienung eingeführt werden. Solche Arbeiten sind schon unter dem Stichwort "look and feel" begonnen worden.

In diesem Kapitel können aus Platzgründen nicht alle interessanten CASE-Produkte und CASE-Forschungsprojekte vorgestellt werden, die sich zur Zeit mit der Problematik von Software Engineering beschäftigen. Aber es sollen beispielhaft ein kommerzielles Produkt und zwei wichtige internationale Projekte vorgestellt werden, von deren Resultate Firmen in den kommenden Jahren profitieren werden. Es sind dies das CASE-Produkt ProMod der Firma GEI, das ESPRIT-Projekt PCTE der EG (ESPRIT ist forschungsorientiertes Programm der europäischen Gemeinschaft und steht für "European Strategic Programme for Research and Development in Information Technology") und das EUREKA-Projekt ESF.

9.1 Charakterisierung der aktuellen Situation in der Softwareproduktion

Die derzeitige Situation im Bereich der Softwareproduktion ist gekennzeichnet von einer starken Nachfrage nach qualitativ hochwertiger Software auf der einen und einem unzureichenden Angebot auf der anderen Seite. Die wesentlichen Ursachen des unzureichenden Angebots sind:

- Einzelanfertigung von Softwareprodukten,
- Niedriger Automatisierungsgrad,
- Mangelnde Methodenverträglichkeit,
- Geringe Übereinstimmung zwischen den Vorstellungen des Auftraggebers und des Herstellers über ein Softwareprodukt,
- Zu geringe Standardisierung,
- Geringe Wiederverwendbarkeit von Software.

Um diesen Problemen zu begegnen, wurden eine Reihe von Werkzeugen entwickelt, die dem Benutzer durch die Rechnerunterstützung helfen sollen, einige dieser Probleme in den Griff zu bekommen. Allerdings sind isolierte Werkzeuge allein keine Abhilfe für die gesamte geschilderte Problematik, da sie immer nur ein ganz spezielles der oben skizzierten Probleme lösen helfen.

	70er	80er	90er
Organisation	working-in-the-small	working-in-the-large	working-in-the-many
Integration	einzelne Werkzeuge	Werkzeugketten gruppiert um eine Datenbank	kommunikatuions-orientierte Architektur
Prozessmodellierung	wenig	verbietend	fuehrend

Fig. 9-1: Entwicklung von SPU'en

In Figur 9-1 sind die Entwicklungsschritte von Software-Produktions-Umgebungen (SPUen) über 3 Jahrzehnte dargestellt. Wichtigste Fortschritte sind nach Art der Organisation, der Integration und der Prozeßmodellierung unterschieden.

In den **70'er Jahren** war das Hauptziel die Entwicklung einzelner Software Module durch Werkzeuge zu unterstützen (working-in-the-small). Die korrekte Anwendung der Werkzeuge lag fast ausschließlich in der Verantwortung des Entwicklers.

In den **80'er Jahren** wurde angestrebt, das Zusammenführen komplexer Software Systeme aus einer Vielzahl von Software Modulen zu unterstützen (working-in-the-large). Ferner wurden aufeinander abgestimmte Werkzeugketten entwickelt (z.B. ProMod /Hrus87/ siehe Kapitel 9.2). Die Integration der Werkzeuge zu einer geschlossenen Werkzeugkette wurde über eine gemeinsame Datenbank angestrebt.

In den **90'er Jahren** wird die Zielrichtung für SPUen entsprechend der Idee der Software Fabrik noch weiter gefaßt werden, die im folgenden noch genauer dargestellt wird. Entwicklungsteams sind heute häufig sehr groß und auf mehrere Standorte verteilt (working-in-the-many). Dies bedeuted, daß der Kommunikation unter den Projektbeteiligten besondere Aufmerksamkeit gewidmet werden muß und eine präzise und wohldurchdachte **Organisation** ist besonders wichtig. Aus diesen Überlegungen heraus hat sich in den letzten Jahren im Bereich SPUen ein neuer Forschungsschwerpunkt gebildet, die sogenannte Software-Prozeßmodellierung, um eine industrielle, d.h. automatisierte, effiziente Art von Softwareproduktion, die den Produktionsprozessen in anderen Ingenieurdisziplinen gleicht (Maschinenbau, Elektrotechnik, usw.), unterstützen zu können.

Der Koordination der Aktivitäten einer SPU liegt (meist implizit) ein bestimmtes Verfahrensmodell zur Produktion von Software zugrunde (z.B. das bekannte Wasserfallmodell). Die Ansätze im Bereich Softwareprozeßmodellierung versuchen, diese Modelle, die daran beteiligten Personen bzw. deren Rollen (z.B. Manager, Designer, Programmierer, usw.), die Abfolge der Aktivitäten, d.h. insbesondere welche Aktivitäten beispielsweise parallel ausgeführt werden können und wo entsprechende Synchronisationspunkte zu beachten sind explizit und formal zu beschreiben. In ProMod ist ein solches Prozeßmodell noch fest in die Software eingebrannt.

Allerdings steckt die Entwicklung solcher SPUs noch voller Probleme, die im folgenden skizziert werden. Es existieren zwar eine ganze Reihe von Prototypen, wie man den einschlägigen Zeitschriften und Tagungsbanden entnehmen kann (vgl. etwa /Hend88/, /IEEE 87/, /ScWe 89/), Tatsache ist aber, daß es bisher keine SPU gibt, die auch nur ansatzweise alle Bereiche des Softwareentwicklungsprozesses durch entsprechende Werkzeuge abdeckt. Dies liegt zum einen daran, daß eine solche SPU ein sehr umfangreiches und kompliziertes Softwareprodukt darstellt, das sicher nicht von einer kleinen Gruppe oder sogar einem kleineren Forschungs- oder Firmenkonsortium erstellt werden kann. Zum anderen sind aber auch bei den potentiellen Benutzern, den Softwareentwicklern, einheitliche Vorstellungen über den Softwareentwicklungsprozeß und damit die detaillierte Funktionalität der Werkzeuge nicht vorhanden. Es ist auch die Frage, ob es diese einheitlichen Vorstellungen je geben kann. Vielmehr muß es Möglichkeiten geben, Werkzeuge bzw. eine aus ihnen konfigurierbare SPU flexibel an unterschiedliche Benutzerwünsche anpassen zu können. Es gibt demnach nicht **die** SPU, sondern es müssen eher Konzepte und Methodiken entwickelt werden, die die spezifische Konfigurierung von Werkzeugen und SPUen unterstützen. Diesen Anforderungen kann nur eine kommunikationsorientierte Architektur gerecht werden.

Unter Kenntnis der oben skizzierten Probleme sind insbesondere in den letzten drei Jahren eine Reihe von **nationalen und internationalen Verbundprojekten** initiiert worden, die ebenfalls als Ziel den Bau einer SPU anstreben. Diese sind z.B. die nationalen Projekte UNIBASE (/Timm87/) und POINTE (/Abbe86/), die ESPRIT Projekte ATMOSPHERE (/BOS89/), SFINX (/DiPi89/), PACT (/PACT86/), die EUREKA Projekte ESF (/FeOh89/) und EAST, sowie die amerikanischen Projekte STARS, SEE (/Co83/), Arcadia (/TaBa87/), CIS und Leonardo (/BiBe89/). Die wesentlichen Ziele dieser Projekte sind:

1 eine klarere Vorstellung über die für eine SPU anzustrebende Funktionalität zu gewinnen und dabei auch die Möglichkeiten generischer Ansätze zu untersuchen (insbesondere ESF, PACT, SFINX, STARS und Arcadia)

2 für die Realisierung von Werkzeugen und Benutzerschnittstellen einheitliche Konzepte und daraus resultierende Basissoftware zu entwickeln, die die Integration von darauf aufbauenden Werkzeugen selbst verschiedener Entwickler erleichtern sollen (insbesondere UNIBASE, POINTE und Leonardo).

Aufbauend auf diesen Arbeiten sind in den USA und Japan in letzter Zeit einige Projekte entstanden, die zum Bau von Software Fabriken führen sollen. Die wesentlichen Projekte sind das Arcadia Projekt , die MCC-Initiative Leonardo und das japanische Sigma-Projekt.

9.2 ProMod: Eine CASE-Entwicklungsumgebung

ProMod /Hrus87/ ist eine kommerziell verfügbare CASE-Entwicklungsumgebung der Firma GEI. Software Engineering bedeutet für ProMod: ein Projektmodell als Grundlage und Rahmen für ausgesuchte Methoden zur Projektabwicklung. Wegen der verschiedenen Aspekte, die in den verschiedenen Phasen bei der Erstellung eines Systems beachtet werden müssen, reicht eine Methode allein nicht aus. Deshalb wurde für jede Phase eine passende Methode ausgewählt. Es findet also eine gewisse Art von Methodenintegration statt. Beginnend mit der Methode Structured Analysis - erweitert durch Realzeitanwendungsmöglichkeiten - werden automatisch Modulhierarchien erstellt (''Modular Design''), die wiederum in bestimmte Zielsprachen (Pascal, C, Fortran) transformiert werden.

Für jede Methode wurden Werkzeuge implementiert und in einer einheitlichen Umgebung zusammengefaßt. Die Werkzeuge dienen hauptsächlich für vier Arten von Tätigkeiten: zum Erfassen von Informationen über das zu erstellende System, zum Prüfen dieser Informationen gegen ''Spielregeln'' der Methode und gegen verschiedene Konsistenz- und Vollständigkeitskriterien, zum automatischen Erzeugen von Dokumenten, die als Grundlage für Diskussionen oder zur Weitergabe an andere Prokjektbeteiligte benötigt werden, und zum Generieren von Information für Folgephasen aus den bis dahin aufgesammelten Informationen.

Das Projektmodell stellt den Rahmen für die Abwicklung eines Projektes zur Verfügung. Nachdem fast in jeder Organisation ein derartiges Modell bereits im Einsatz ist, wurde das ProMod-Projektmodell bewußt sehr einfach gehalten. Dadurch lassen sich die einzelnen Phasen auf die im jeweiligen Unternehmen benutzte Terminologie leicht abbilden.

Im wesentlichen definiert das Projektmodell die folgenden Phasen: Anforderungsanalyse und -definition (kurz ''Analyse'' genannt), Architekturentwurf, Programmentwurf (diese beiden werden oft als ''Design'' zusammengefaßt) und Implementierung. Das Ziel der Analysephase ist das Verstehen und Modellieren der Problemstellung; in der Architekturenentwurfsphase wird - basierend auf dem Analysemodell - eine Lösung für das System konzipiert. Diese Lösung wird im Programmentwurf näher spezifiziert und kann danach in der Implementierungsphase in eine beliebige Sprache umgesetzt werden.

Die Methoden sind die wichtigste Komponente in dem ProMod-Lösungskonzept. Während das Projektmodell den Rahmen vorgibt und definiert, was in den einzelnen Phasen erreicht werden soll, helfen die Methoden den Projektbeteiligten dabei, wie diese Ziele erreicht werden. Sie definieren die Vorgehensweise - wie man anfängt, wie man Probleme in Teilprobleme zerlegt, wie man Zwischenschritte überprüft, welche Spielregeln man einhalten sollte. Sie definieren aber auch Denkschemata - welche Aspekte man in welcher Phase besonders berücksichtigen sollte, welche Arten von Fragen man sich (oder dem Auftraggeber, oder dem Anwendungsspezialisten) stellen sollte, um gute Lösungen zu finden; und sie definieren auch Managementschemata - wie man die einzelnen Teilschritte planen und kontrollieren kann, welche Kriterien man zur Überprüfung des Erreichten anwenden sollte.

Alle Methoden, die für ProMod ausgewählt wurden, sind industrieerprobt, das heißt seit Jahren im praktischen Einsatz in vielen verschiedenen Projekten.

Die Methoden wurden so ausgewählt, daß sie über den ganzen Life Cycle hinweg zusammenpassen und nahtlos aneinandergereiht werden können.

Die Werkzeuge

Zum Erfassen stellt ProMod verschiedene Editoren zu Verfügung: für die grafisch orientierten Teile der Methoden gibt es interaktive, menügesteuerte grafische Editoren. Damit kann man direkt am Bildschirm Diagramme (wie Datenflußdiagramme oder Zustandsübergangsdiagramme) zeichnen. ProMod führt den Anwender an viele Stellen, indem es sofort nach den notwendigen Namen und Nummern für die einzelnen Symbole fragt, beziehungsweise sofort auf unerlaubte Operationen hinweist.

Für textuelle Komponenten der Methoden, wie zum Beispiel für Einträge in das Data Dictionary oder zur Beschreibung des Pseudocodes, stehen Texteditoren mit Prüfmöglichkeiten zur Verfügung. Diese helfen dem Anwender, von vornherein richtige Beschreibungen anzulegen und so Fehler zu vermeiden.

Das Prüfen der eingegebenen Information erfolgt in mehreren Stufen: einfache, syntaktische und teilweise auch semantische Fehler werden sofort von den Editoren gefunden und gemeldet. Die nächste Stufe von Prüfungen findet statt, wenn der Analytiker oder Designer sich entschließt, mehrere Objekte (zum Beispiel ein ganzes Diagramm oder eine Modulbeschreibung) dem ProMod-System zu übergeben.

Eine wesentliche Komponente der Computerunterstützung ist die automatische Erzeugung der Dokumentation. Zu jedem beliebigen Zeitpunkt kann man das angesammelte Wissen in vielfältiger Form geordnet zu Papier (oder auf einen Datenträger bringen). Dabei werden Inhaltsverzeichnisse generiert, die Seiten konsistent durchnummeriert, mannigfaltige Querverweislisten zwischen den erfaßten Objekten erstellt, und andere hilfreiche Aufbereitungen wie baumartige Überblicksstrukturen über die Hierarchien, oder diverse Statistiken eingebracht.

Das Ergebnis der Analysephase wird von einem Transformator benutzt, um einen Vorschlag für den Architekturentwurf zu unterbreiten. Ebenso kann die Information aus Architektur- und Programmentwurf verschiedenen Coderahmengeneratoren übergeben werden, um daraus viele Teile des Zielsprachencodes automatisch erzeugen zu lassen um zu verhindern, daß sich bei diesen Übergängen Fehler einschleichen oder Information verloren geht.

Alle Werkzeuge arbeiten auf einer gemeinsamen Datenbank, der sogenannten ProMod Projektbibliothek. Für den Anwender präsentieren sie sich unter einer einheitlichen Bedienoberfläche, unabhängig in welcher Phase und mit welcher Methode man gerade arbeitet.

Der praktische Einsatz

Das Konzept von ProMod entstand 1979. Zwei Jahre später war der erste Prototyp fertiggestellt. In 1982 wurde ein größeres Pilotprojekt mit ProMod durchgeführt, um die Leistungsfähigkeit unter industriellen Bedingungen zu testen. Der Erfolg dieses Projektes führte Ende 1982 zur Freigabe von ProMod als Produkt in Europa. Im März 1984 wurde ProMod erstmals auf der International Conference on Software Engineering in Orlando/Florida dem US-Publikum vorgestellt und fand sehr gute Aufnahme. ProMod wird weltweit in über 1400 Installationen eingestzt. Es ist in Pascal programmiert und wird unter den Betriebssystemen VMS, ULTRIX (DEC-VAX), UNIX (SUN/4) und PC-DOS (IBM PC/AT und IBM PS/2) angeboten.

In den letzten fünf Jahren wurde ProMod in einer Vielzahl von kleineren, mittleren und großen Industrieprojekten erfolgreich eingesetzt. Die Anwendungsbereiche reichten von kommerziellen Projekten wie der Analyse von Teilbereichen in einer Bank über technische Anwendungen (z.B. zur Steuerung von verschiedenen Systemen auf Flughafen), militärische Anwendungen (Gerätesteuerung, Informationssysteme) bis hin zur Erstellung von organisatiorischen Modellen, um Abläufe innerhalb eines Betriebs besser verstehen zu können.

9.3 PCTE: Ein "Portable Common Tool Environment"

PCTE /Bull86/ steht für die Spezifikation eines Portable Common Tool Environments, das kurz vor der Standardisierung steht, und nach einhelliger Meinung der Fachleute eine brauchbare Umgebung für CASE Werkzeuge definiert - eine Umgebung, die portabel über dem Betriebssystem angesiedelt ist und von Prozeßsteuerung über Fensterverwaltung bis hin zu einem objektorientierten Datenbanksystem alles bietet. Diese Umgebung ist speziell für den verteilten Betrieb entworfen.

Ein Hauptproblem bei der Entwicklung von Software-Entwicklungsumgebungen ist die Integration ihrer Werkzeuge. Die Integration auf der Basis von Betriebssystemen und konventionellen Datenbanksystemen erscheint nicht ausreichend, da damit wiederum Portabilitätsprobleme auftreten. Es muß also oberhalb des Betriebsystems eine Schicht geben, die auf den verschiedensten Rechner verfügbar ist. Durch PCTE wurde eine solche Schicht definiert.

Die ersten Spezifikationen von PCTE wurden innerhalb eines, von der EG geförderten, ESPRIT Projektes entwickelt, das im Oktober 1983 begann und zunächst im Juni 1988 abgeschlossen wurde. Während dieser Zeit wurden mehrere Spezifikationen entwickelt, deren letzte die Version 1.5 ist. Sie besteht aus den Bereichen: - Prozeßmanagement und Interprozeßkommunikation, - Datenspeicherung, - geschachtelte Transaktionen, - Verteilung von Prozessen und Objekten auf Workstations, - Realisierung von graphischen Benutzerschnittstellen (vergl. Fig. 9-2).

Da das PCTE Projekt eine für Werkzeugentwickler sehr attraktive Zielsetzung verfolgte, haben seine Ergebnisse in Europa große Bedeutung gefunden. Schon früh

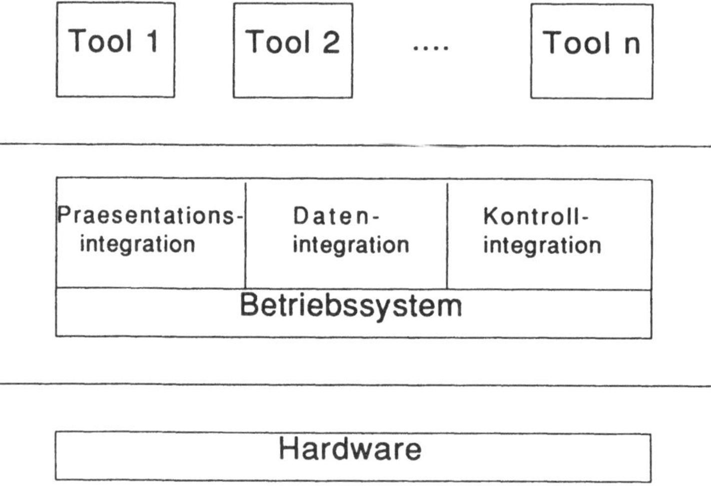

Fig. 9-2: PCTE Integrationsmechanismen

wurden daher andere Projekte ins Leben gerufen, die die Verbesserung der PCTE Ergebnisse, die Implementierung von Prototypen oder die Entwicklung von Werkzeugen auf PCTE Basis zum Ziel hatten.

Die bekanntesten Projekte, die teils die Implementierung von Prototypen und teils die Entwicklung von Werkzeugen auf PCTE Basis zum Ziel haben, sind PACT (Entwicklung von "Common Services" für einen Dialog Manager, für Data Query und Manipulation, für Dokument Struktur, für Tool Composition und für Version Management), SFINX (Erstellung von Lern- und Lehrmaterial), SAPHIRE (Portierung von PCTE auf HP und IBM Maschinen), VIP (formale Spezifikation von PCTE mit VDM) und ECLIPSE (Entwicklung eines zwei-Ebenen-Objektmanagement Systems). Das GPI Projekt der deutschen PCTE Anwender, und das aktuell laufende PCTE+ Großprojekt, das von der NATO ins Leben gerufen wurde, sind die bekanntesten Projekte zur Verbesserung und Erweiterung der ESPRIT Spezifikationen.

Das große Interesse vieler Firmen an einer portablen Werkzeugumgebung, das Engagement großer Namen wie BULL, ICL, DEC, NIXDORF, SIEMENS, IBM oder OLIVETTI und nicht zuletzt das Interesse der NATO an PCTE, haben dazu geführt, daß in den letzten beiden Jahren eine Standardisierung durch die European Computer Manufacturers Association (ECMA) in Angriff genommen wurde.

Dieser Prozeß wird 1990 zu einem Standard als erstes greifbares Ergebnis führen. Der Standard wird im wesentlichen von der bereits erwähnten PCTE Spezifikation 1.5 und - was den Datenbankteil angeht - von den Ergebnissen des PCTE+ Projektes bestimmt sein.

Wegen der Bedeutung der PCTE Spezifikationen, sind bereits einige Implementierungen verfügbar. Zur Zeit existieren zwei Implementierungen, die von OLIVETTI und BULL entwickelt wurden. Die OLIVETTI Implementierung setzt über UNIX auf und ist daher verhältnismäßig langsam ("black box"). Die BULL Implementierung weist dagegen zwar akzeptable Leistung auf, macht aber Gebrauch von UNIX-Interna ("white box") und ist somit nicht ohne weiteres portabel.

Als zentrale Instanz zur Koordination der PCTE Entwicklungen wurde das PIMB (PCTE Interface Management Board) ins Leben gerufen. Die Aufgaben des PIMB bestanden darin, PCTE als Public Domain Software allgemein zur Verfügung zu stellen. Neben der C Schnittstellen-Spezifikation wurde gleichzeitig eine ADA Spezifikation entwickelt. Die Spezifikationen bestehen jeweils aus 2 Bänden: Volume 1 enthält die "User Interface Primitives", Volume 2 enthält das Datenbanksystem und Teile der Prozeßverwaltung.

Für die zu erwartende ECMA-Standardisierung hat sich das TC33 (Technical Committee) in zwei Task Groups organisiert. Dort spielt allerdings PCTE+, eine Nato Weiterentwicklung von 1.5, eine wesentliche Rolle. Unterschiede sind insbesondere in den Zugriffsrechten und den zusammengesetzten Objekten bei dem OMS zu sehen. PCTE+ kann als "Hauptstrom" bei der Standardisierung angesehen werden. Eng im Zusammenhang mit der PCTE Standardisierung müssen die Standardisierungbemühungen folgender Arbeiten beobachtet werden:

- CAIS (Common APSE Interface Set), US DoD,
- EDIF (Electronic Data Interchange Format), EIA,
- IRDS (Information Resource Dictionary Standard), ANSI/ISO, Software Productivity Consortium SPC,
- CIS (CASE Integration Services), Atherton, DEC, SUN, Apollo, HP.
- ODP (Open Distributed Processing Environment), ECMA TC32 TG,
- POSIX, IEEE/ISO,
- X Window System,
- X/ISO, Reference Model for Information Systems Engineering, ISO SC07 WG5.

Da von den PCTE-Anhängern für die Präsentationsintegration X-Windows favoriesiert wurde und die vorgeschlagenen Kontrollintegrationsmechanismen nicht wesentlich über das UNIX-Pipe Konzept hinausgeht, soll im folgenden insbesondere der wichtigste Teil des PCTE Projektes, das Objektmanagementsystem, vorgestellt werden.

Eine technische Bewertung des PCTE/OMS

Eine ingenieurmäßige Softwareerstellung benötigt als Arbeitsgrundlage ein allgemeines und effektives "Lagerhaltungssystem". Ähnlich wie in Fabriken Gegenstände unterschiedlichster Größe, Form, Struktur, Wichtigkeit etc. in Lagerhallen, -räumen, -regalen, -kästen, Ordnern etc. abgelegt werden, so gibt es in der Softwareerstellung andere Informationen, auf die zugegriffen werden müssen. Das Informationslager kann also als eine Art "Plattform" oder Integrationsbasis für die, momentan sehr heterogenen, Werkzeuge dienen. Ein wichtiger Schwerpunkt der PCTE-Arbeiten, war die Untersuchung von Konzepten und deren Umsetzung in eine Implementierung von solchen Lagerhaltungssystemen für ganz unterschiedliche

Informationsarten. Dieser Typ von Datenhaltungssystemen wird Object Management Systen (OMS) genannt. Informationen oder Daten haben bestimmte Eigenschaften, die unter dem Begriff Objekt zusammengefaßt werden. Wichtige Aspekte bei einem OMS sind z.B. das Datenmodell, die Verteiltheit, die Mehrbenutzerfähigkeit, die Ablage von Daten und den ihnen zugeordneten Operationen, die Zugriffskontrolle, die Archivierung und Versionskontrolle, die Integration von bekannten und bewährten Konzepten wie mengenorientierte Abfragen.

Hinter der Entwicklung von PCTE steht die Strategie, daß die Portabilität eines Werkzeuges dadurch erhöht werden kann, wenn es nach einer Standardarchitektur konzipiert ist. Zum Beispiel kann man sich folgende logische Werkzeugstruktur vorstellen:

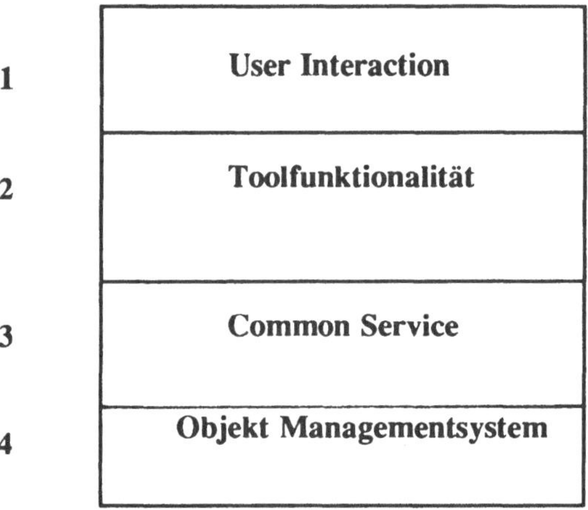

Fig.: 9-3: Werkzeugarchitektur

Nur die Ebene 2, in der die eigentliche Funktionalität des Werkezeuges steckt, wird dann noch ausgetauscht. Alle anderen Ebenen sind standardisiert und werden wiederverwendet, bzw. durch eine abstrakte Beschreibungssprache an die Anforderungen des Tools angepaßt. Aufrufe aus der Ebene 2 an andere Ebenen brauchen bei einer Portierung des Tools nicht verändert werden. PCTE deckt alle Teile dieser Standardarchitektur ab. Als Datenbanksystem (Ebene 4) wird ein Objekt Management System nach dem Entitiy-Relationship Ansatz angeboten. In den Bereich der Common Services (Ebene 3) fallen Prozeßkommunikation, aber auch Versionsverwaltung und ähnliches. Zur Gestaltung der Benutzerschnittstelle (Ebene 1) stellt PCTE Basisfunktionen zur Fensterverwaltung bereit.

Die wichtigste Komponente von PCTE ist das struktur-orientierte Objekt Management System (OMS), dessen Stärken und Schwächen möglichst objektiv herausgearbeitet werden. Daher werden in diesem Abschnitt die PCTE Teile Prozeßsteuerung und Fensterverwaltung nicht weiter betrachtet.

Funktionalität des PCTE+/OMS

Die offenkundigen Schwächen des PCTE Datenbanksystems PCTE/OMS waren 1987 Anlaß für die IEPG, eine europäische Vereinigung von NATO Mitgliedern, das Folgeprojekt PCTE+ zu starten. Dieses Großprojekt, das wiederum in mehrere Teilprojekte zerfällt, ist in zwei Phasen organisiert, deren erste, die Definitionsphase bis 1990 dauern wird. PCTE+ soll:

- das vorhandene PCTE/OMS Konzept um Zugangskontrollmechanismen, die militärischen Standards genügen, erweitern,
- das vorhandene Datenmodell verbessern,
- bestehende Abhängigkeiten von UNIX beseitigen,
- formale Schnittstellen für C und ADA definieren, und schließlich
- einen Prototypen implementieren.

Aktuelles Ergebnis der Arbeit von PCTE+ ist die Spezifikation PCTE+ issue 3, die auch die Grundlage für die angestrebte Standardisierung durch die ECMA bilden wird. Das dort definierte Datenbanksystem PCTE+/OMS geht in seiner Funktionalität weit über das hinaus, was in den ESPRIT Spezifikationen einmal als erweitertes UNIX Dateisystem begann.

PCTE+/OMS stellt die Spezifikation eines verteilten, dezentralen Datenbanksystems dar, das ein objektorientiertes Datenmodell ohne mengenorientierte Anfrageoperationen enthält. Es weist sehr weitgehende Zugangskontrollmechanismen auf, die den Richtlinien des amerikanischen Verteidigungsministeriums entsprechen.

Die Architektur von PCTE+/OMS ist weitgehend darauf ausgerichtet, die Arbeit bei Verteilung zu unterstützen. Gerade die Arbeit in Isolation wird durch Kontrolle über die Verteilung der Daten, Replikation und dezentrale Schemaverwaltung unterstützt. Speziell die dezentrale Schemaverwaltung erlaubt ein weitgehend ungestörtes Weiterarbeiten bei Störungen im Netz.

Die Zugangskontrolle des PCTE+/OMS ist am "orange book" des amerikanischen Verteidigungsministeriums orientiert. Dabei werden Mechanismen sowohl zur "discretionary access control", der Kontrolle über die speziellen Rechte eines Benutzers für Daten, und "mandatory access control", der allgemeinen Kontrolle über die Sensitivität von Daten, zur Verfügung gestellt.

Das Datenmodell von PCTE+/OMS basiert auf dem Entity Relationship Model. Ein Objekt von einem Typ T (z.B. File) hat einen Inhalt (der Wert ist z.B. ein String) eine Menge von Attributen (z.B. Erstellungsdatum) und eine Menge von Relationships zu anderen Objekten. Ein Relationsship erlaubt die Repräsentation von logischen Abhängigkeiten zwischen Objekten oder auch als Strukturinformation (z.B. "besteht aus"). Relationships haben auch Attribute um spezielle Eigenschaften zu beschreiben. In PCTE gibt es verschiedene vordefinierte Typen von Relationsships. Die Relationsships sind nur zweistellige Relationen. Zur Strukturierung von Daten werden heterarchische Generalisierung (mit Vererbung) und Komposition ("shared objects") angeboten, zur inkrementellen Arbeit an Daten eine explizite Versionsverwaltung angeboten. Relationships zwischen Objekten werden stets mit (bidirektionalen)

Zeigern, sogenannten "links", realisiert. Es gibt verschiedene Typen von "links". Ein Objekt kann als Quelle oder als Ziel eines "links" dienen. Den "links" können weiterhin noch Kardinalitäten zugeordnet werden.

Das folgende Beispiel einer Ada-Bibliothek soll die Verwendung von Objekten und Relationships veranschaulichen.

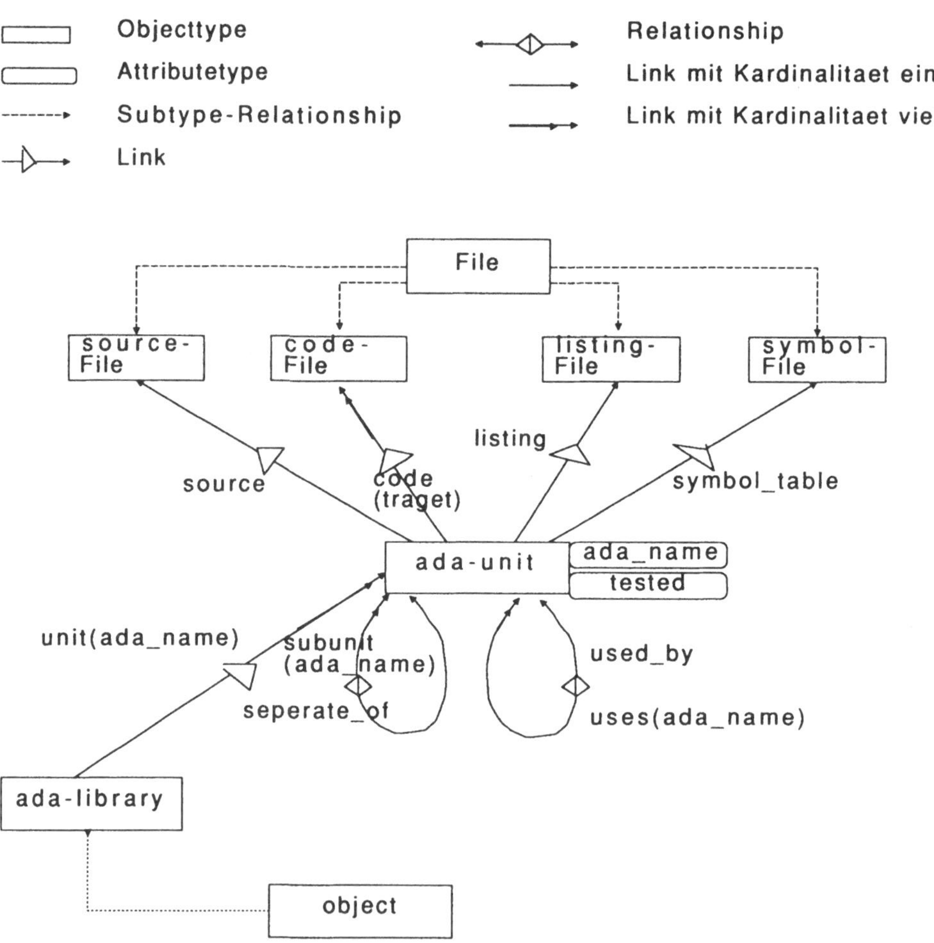

Fig. 9-4: Ein Beispiel einer Ada-Bibliothek

Eine Ada-Bibliothek ist ein Objekt und besteht wiederum aus vielen Ada-Units. Eine Ada-Unit hat die Attribute Name und tested. Ada-Units benutzen weitere Ada-Units, dabei können diese auch Sub-Units sein. So entsteht ein Aufrufgraph. Eine Ada-Unit besteht ihrerseits aus einem Source-File, mehrern Code-Files, einem Listing-File und einem Symbol-File, die alle Objekte des Typs File sind. Ein solches Schema wird in PCTE in einer Data Definition Language beschrieben. Anschließend können darauf verschiedene Sichten definiert werden, so daß bestimmte Benutzergruppen nur Ausschnitte des Schemas sehen und auch nur diese benutzen können. Nach der Definition des Schemas wird durch Operationen der Datenmanipulationssprache, z.B. "create object" oder "create link", das Objektmanagementsystem gefüllt und verändert.

Die Operationen des Datenmodells sind - ähnlich dem hierarchischen und netzwerkartigen Modell - ausschließlich auf die Verarbeitung einzelner Sätze ausgerichtet. Die Formulierung von Suchanfragen ist nicht möglich; jeder Zugriff muß durch Navigation über die Relationships zu den gewünschten Daten realisiert werden. Die Verwaltung von zusammengesetzten Objekten und von Versionen wird durch spezielle Operationen unterstützt.

Die operationale Integrität einer Datenbank kann durch Transaktionen und explizite Sperroperationen sichergestellt werden. Arbeiten am und im Schema werden durch ein Metaschema unterstützt und können dynamisch erfolgen. Die Definition von Benutzersichten wird, in sehr geringem Maße, ebenfalls unterstützt.

Die Funktionalität von PCTE+/OMS ist in gewisser Weise als eine Basisfunktionalität aufzufassen, die gutes Leistungsverhalten gerade bei groben Daten erwarten läßt (selbst wenn heutige Implementierungen eher langsam sind). PCTE+/OMS versucht dabei Raum für beliebige Aufsätze zu lassen, deren wichtigster zweifellos eine interaktive Benutzerschnittstelle mit mengenorientierter Anfragesprache wäre (solche und andere Arbeiten wurden im EG-Projekt PACT durchgeführt).

heutige Nachteile des PCTE+/OMS

Wenngleich PCTE+/OMS ein modernes, objektorientiertes Datenbanksystem darstellt, so hat es doch einige Schwächen, die wohl in den ursprünglichen PCTE Spezifikationen, die ein erweitertes Dateisystem definierten, ihre tiefere Ursache haben.

- die verwirklichten Konzepte sind bisher wenig aus dem Anwendungsbereich durch Portierung von Tools bewertet worden. Es ist nicht klar, welche Konzepte wofür sehr gut geeignet sind und auf welche verzichtet werden kann. Jede Diskussion über Stärken und Schwächen von PCTE+/OMS wird sehr pragmatisch geführt.
- Objekte feiner Granularität, ein Muß für graphische Anwendungen, werden nur unzureichend unterstützt, da PCTE+ für jedes Objekt eine große Zahl von Standardattributen vorsieht, die die Leistung bei großen Mengen kleiner Objekte wahrscheinlich unzumutbar einschränken.
- Es wird weder die Möglichkeit geboten mengenorientierte Abfragen abzusetzen, noch auf zusammengesetzte Objekte als Ganzes zuzugreifen. Gerade für interaktive Werkzeuge ist dies aber im allgemeinen nötig. Da zum Zugriff nur die Navigation zur Verfügung steht, ist zu erwarten, daß Systeme oberhalb von PCTE, die diese Funktionalität erbringen sollen und keinen Zugriff auf PCTE Interna haben, inakzeptable Antwortzeiten haben werden.
- Das für technische Anwendungen wie CASE unabdingbare inkrementelle Arbeiten über einen längeren Zeitraum wird nicht durch lange Transaktionen

unterstützt. Die Versionsverwaltung eröffnet allerdings Alternativen - auch wenn das Mischen von Versionen nicht unterstützt wird.

- Das Datenmodell hat kleinere Schwächen, wie beispielsweise, daß Relationen kein eigenes Datengranulat darstellen, und manche Operationen zusammengesetzte Objekte nicht im möglichen Umfang unterstützen.
- Abstrakte Datentypen, eines der Konzepte, die der objektorientierten Programmierung zugrunde liegen, werden in keiner Weise unterstützt. Auch Triggermechanismen fehlen völlig.
- Es werden weder starke Mechanismen zur Definition von Benutzersichten noch zur Schemaintegration zur Verfügung gestellt. Beides ist gerade im verteilten Betrieb mit vielen Benutzern wichtig.

Es bleibt abzuwarten, welche Nachteile innerhalb eines ECMA-Standards behoben sind. Trotzdem ist es wichtig, daß auf diesem Gebiet ein von allen akzeptierter Standard erarbeitet wird. Erst dann werden die Hardwarehersteller PCTE als Zusatz zu ihrem Betriebssystem verkaufen. Durch die Verbreitung von PCTE auf allen wichtigen Maschinen können Werkzeuge leicht portiert werden. Der Kunde wird dies honorieren, da dadurch Unsicherheiten ausgeräumt werden können und eine langfristigere Planung möglich ist.

9.4 ESF: Eureka Software Factory

Ein weiterer Schritt in die zukünftige Software Entwicklung wird durch das internationale Industrieprojekt "Eureka Software Factory" /TRG89/ mit 13 europäischen Partnern vorgenommen. ESF ist für eine Gesamtlaufzeit von 10 Jahren geplant (bis Ende 1996) und mit einem geschätzten Gesamtvolumen von 2.400 Personenjahren ausgestattet. ESF hat das Ziel die industriemäßige Erstellung von Software einen wesentlichen Schritt voranzubringen, indem Referenzmodelle, Standards und Produkte zur Konstruktion von Softwarefabriken in einer offenen Architektur erarbeitet werden. Der Begriff "Factory" drückt aus, daß ein geographisch verteilter Softwareproduktionsprozeß ermöglicht werden soll, der mit der Herstellung anderer Industriegüter vergleichbar ist. In diesem Sinne ist die Integration von Produktion und Administration das wichtigste "Factory"-Konzept. Für das Projekt ESF haben sich 13 Partner aus Industrie und Forschung aus sechs europäischen Ländern zusammengefunden. Jeder Partner ist im ESF-Control Board vertreten, das mit dem Projekt-Direktor zusammenarbeitet. Das ESF Headquarter, mit Sitz in Berlin, koordiniert die Einzelaktivitäten, die in verschiedenen Subprojekten anfallen.

Softwarefabriken sind die logische Weiterentwicklung von Softwareentwicklungsumgebungen. Bisherige Entwicklungsumgebungen decken nur Teilaspekte in den Engineeringaktivitäten des Produktionsprozesses ab. Existierende Einzelwerkzeuge oder teilintegrierte Werkzeuge zur Abdeckung von Engineering-Aktivitäten wie Entwurf und Programmierung sind nur schwer integrierbar. Eine Softwarefabrik hat das Ziel den arbeitsteiligen Produktionsprozeß umfassend mit integrierten und aufeinander abgestimmten Werkzeugen zu unterstützen. Hierzu müssen neben der Unterstützung der Engineering-Aufgaben die Managementaspekte der Organisation des Produktlebenszyklus und Steuerung seiner Prozesse (Unterstützung der ''Rollen'' Manager, Designer, Programmierer, etc.) hinzukommen. Auf der Engineering-Seite ist der Schritt von Software-Engineering zum System-Engineering zu vollziehen, sowie Methoden und Werkzeuge über die einzelnen Lifecycle-Phasen hinweg zu integrieren um zu einem durchgängigen Instrumentarium zu gelangen. In Analogie zur Fertigungstechnik soll in einer Software Factory die Wiederverwendbarkeit von sowohl Werkzeugen, als auch gefertigten Komponenten stark unterstützt werden. Diese hohen Ansprüche erfordern die Entwicklung von besonderen Verfahren, Schnittstellen und Standards. ESF erarbeitet Verfahren, die es ermöglichen sollen, aus einer Bibliothek von Werkzeugen eine anwendungsbezogene Fabrik zu konfigurieren, d.h. ''Plug-in Tätigkeit'' für Werkzeuge über einen ''Software Bus'' zu erreichen und den Produktionsprozess über ein ''Rollenmodell'' zu steuern.

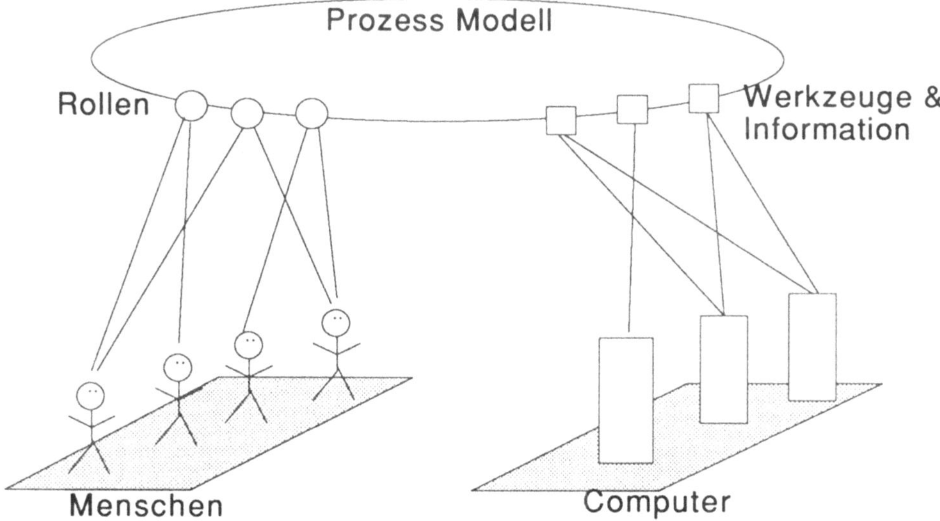

Fig 9-5: Prozeßmodell einer Fabrik

Alle Arbeiten und Aufgaben in einer Fabrik werden von verschiedenen Personen oder Werkzeugen verrichtet. Alle Aktivitäten werden unter dem Begriff Prozeß zusammengefaßt. In dem Prozeßmodell, das der Softwarefabrik zugrunde liegt, wird beschrieben, wie beteiligte Personen miteinander und mit verschiedenen Werkzeugen umgehen um die ihnen zur Verfügung stehende Information zu manipulieren. Jede Person spielt in einer Fabrik ein oder mehrere Rollen, z.B. Programmierer, Manager, Dokumentator. In dem Prozeßmodell wird definiert, wie der computerunterstützte Teil einer Fabrik mit dem Personalteil einer Fabrik kommuniziert.

Im ESF-Projekt wird deshalb unter dem Begriff Software Fabrik eine Menge integrierter und aufeinander abgestimmter Werkzeuge (Produktionsumgebung) verstanden, die durch koordinierte Software-Entwicklungsaktivitäten (Produktionsprozeß) zum Einsatz kommen. Da das Ziel von ESF nicht ein Einzelprodukt, sondern vielmehr die Bereitstellung von Konstruktionsmechanismen für Fabrikklassen sein soll, die sich aus einem zugrundeliegenden Referenzmodell ergeben, wird die hier prasentierte Architektur "Referenzarchitektur" genannt. Es wird ein sogenanntes Factory Support Environment (FSE) entwickelt /TRG89/. Bedeutsam an diesem FSE ist, daß es sowohl für spezifische Industrien konfiguriert als auch an Innovationen, die durch weltweite Forschung und Entwicklung entstehen, angepaßt werden kann. Dies wird erreicht, indem die Referenzarchitektur auf die dualen Ziele Customization und Evolution ausgerichtet wird. Die technische Herausforderung von ESF ist es dabei, untereinander in Konflikt stehende Anforderungen wie z.B. Erweiterbarkeit und Integration zu begegnen.

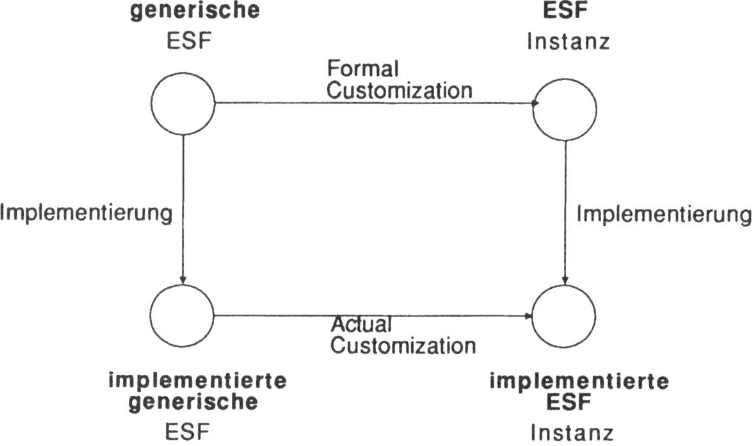

Fig. 9-6: Customization und Instanziierung

Customization

Ein wesentliches Prinzip einer Software Fabrik ist die Customization, da die FSE für jede Instanz einer Software Fabrik verschieden ist. Jede FSE muß an die speziellen Bedürfnisse einer jeden Firma angepaßt werden. Dieser Prozeß wird oft auch als Instantiation (Instanziierung) bezeichnet. Das folgende Bild betrachtet den Vorgang der Customization im Kontext der generischen Software Fabrik und von Software Fabrik-Instanzen.

Ausgehend von der generischen ESF gibt es zwei verschiedene Wege zur Konfigurierung einer kompletten ESF Instance (implementierte ESF Instanz). Der erste Weg besteht darin, das Modell einer generischen ESF in das maßgeschneiderte Modell z.B. einer speziellen Firma zu überführen (ESF Instanz). Diese formale Abbildung heißt "Formal Customization". Basierend auf der nun erhaltenen ESF Instanz erhält man durch Implementierung auf einem realen Rechnersystem die implementierte ESF Instanz. Korrespondierend zu diesem Schema besteht der zweite Weg darin, zunächst eine reale Implementierung der generischen ESF zu erstellen. Man erhält eine implementierte generische ESF. Diese wird durch Aktualisierung ihrer formalen Parameter in die implementierte ESF Instanz überführt. Dieser letzte Schritt heißt "Actual Customization".

Prozeßmodellierung

Ein fundamentales Charakteristikum einer FSE ist es, eine programmierbare Umgebung zu sein, die an eine FSE auf spezifische Bedürfnisse einer Firma oder eines Projektes angepaßt werden kann.

Über die oben skizzierten Prozeßmodelle werden Organisationsstrukturen, Entwicklungsmethoden und Werkzeuge zur Unterstützung verschiedener Rollen in ihren Tätigkeiten in Verbindung gebracht. Prozeßprogramme werden in einer Prozeßprogrammiersprache (Process Programming Language, PPL) geschrieben. Die PPL spielt eine ahnliche Rolle wie die Job Control Language eines Betriebssystems.

Die von ESF festgelegte FSE-Referenzarchitektur umfaßt somit die Anforderungen, die von jeder Instanz erfüllt werden müssen. Die Architektur enthält einige innovative Features, wobei die wichtigsten Besonderheiten im folgenden aufgezeigt werden sollen.

Minimaler Kernel - einsteckbare Erweiterungen (''Plug In'')

Die Qualität der ESF Referenzarchitektur mißt sich daran, wie einfach es ist, FSE Instanzen so zu konfigurieren, daß sie an verschiedene Anforderungen angepaßt werden können. Ein Ziel der Referenzarchitektur ist es, so wenig Entscheidungen wie möglich zu treffen. Auf diese Art und Weise werden Hersteller von Komponenten in die Lage versetzt, über Hardwaresysteme, Implementierungssprachen, Datenbanken, etc. frei entscheiden zu können.

Service Oriented Building Blocks

Die Idee der Services ist es, die Funktionalität ohne die Einführung von Restriktionen (bzgl. der Anwendung der Funktionalität, d.h. durch wen, wann und zu welchem Zweck) anzubieten. Sogenannte ''Operation System Services'' wie z.B. File Management, Interprozesskommunikation, etc. sind traditionelle Beispiele für Funktionalitäten, die auf diese Art und Weise angeboten werden. In der ESF FSE wird diese Idee noch einen Schritt weitergedacht, daß man in einer FSE Project Planning Services und Project Control Services, Documentation Services, Program Development und Library Services, etc. findet.

kommunikations-orientierte Architektur

Verschiedene Tools haben z.B. hinsichtlich der Datenmodelle verschiedene operationale Anforderungen. Zieht man jetzt die Datenmenge in Betracht, die bei einer Software Fabrik mit anfällt (tausende von Datentypen, Datenobjekten und Beziehungen) wäre eine Vielzahl von konzeptionellen und physikalischen Datenmodellen notwendig.

Darüberhinaus ist eine FSE eine verteilte heterogene Umgebung. Um all diesen Anforderungen gerecht zu werden, basieren die ESF-Arbeiten auf einer kommunikationsorientierten Architektur. Integration basiert dabei auf einem gemeinsamen Verständnis aller Komponenten, welche Semantik den Daten zugrunde liegt, die ausgetauscht werden (unabhängig von deren aktueller Repräsentation).

Die allgemeinen Architekturprinzipien münden in die konkrete FSE-Architektur, deren Struktur im folgenden dargestellt werden soll. Ein FSE besteht aus einer Menge von Komponenten, die über einen Software Bus (SWB) miteinander verbunden sind. Wie in der folgenden Figur gezeigt wird, gibt es zwei Arten von Komponenten: Service Components (SCs) und User Interaction Components (UICs)

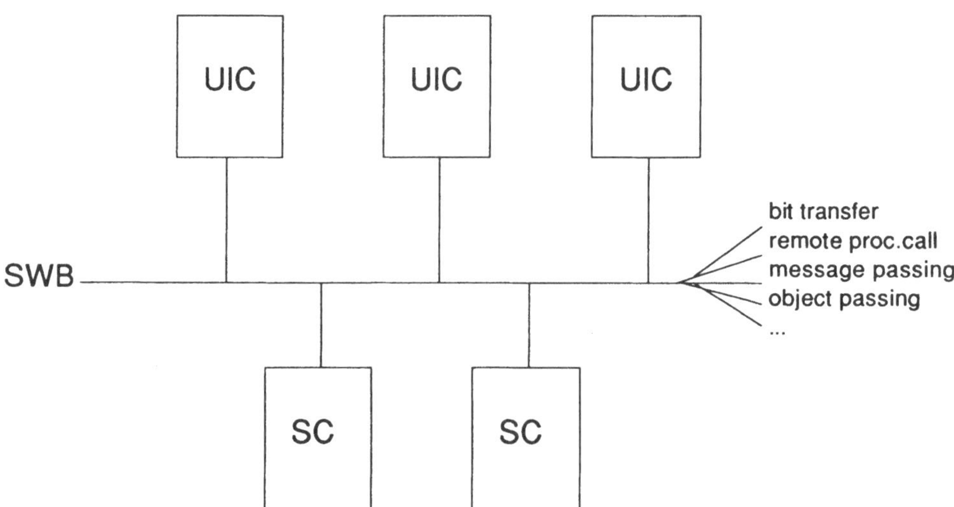

Fig. 9-7: Struktur der ESF-FSE-Architektur

Die Unterscheidung zwischen einer Service Component und einer User Interaction Component liegt darin, daß eine SC kein User Interface zu haben braucht, jedoch eine User Interaction Component ein User Interface haben muß (dafür braucht letztere Komponente keine bleibenden Daten zu haben). Ein Werkzeug im traditionellen Sinne besteht somit aus UIC und einer SC (obwohl sich in herkömmlichen Werkzeugen oft keine klare Zweiteilung finden läßt).

Der Software Bus stellt ein abstraktes Kommunikationsmedium dar, das Verteiltheitsaspekte verbirgt. Darüberhinaus realisiert er die Idee des plug-in von

Komponenten. Komponenten in der ESF Terminologie sind Softwarestücke, die in den SWB eingesteckt (plugged-in) werden. Der SWB kann trivialerweise nur einen Prozeduraufruf unterstützen, oder aber mächtigere Kommunikationsmechanismen zur Verfügung stellen (Bit-Austausch, Message Passing, Remote Procedure Call, External Object Interchange...).

Es gibt ein Minimum an Funktionalität, das in jeder FSE vorhanden sein muß, die sogenannten Kernel Mechanisms. Diese werden zum Teil vom SWB zur Verfügung gestellt, zum Teil von SCs. SCs, die solche Funktionen beinhalten, werden Kernel Components genannt. Solche SCs sind z.B. ein Object Management System (OMS), ein User Interface System (UIS) und eine Factory Process Engine (FPE).

Die inhaltliche Arbeit in ESF ist auf verschiedene Subprojekte aufgeteilt, die wiederum in eine der Klassen ''Globale Aspekte'', ''Basisfunktionalität'', ''Allgemeininteresse'' und ''Integratoren'' zugeteilt werden können.

9.5 Prognosen über die zukünftige Entwicklung des Prototypings

Wird einem Software-Technologen die Frage gestellt, welche Entwicklungen in der Software-Technologie im allgemeinen und beim Prototyping im besonderen in 10 bis 15 Jahren zu erwarten sind, so muß er sich bei einer konservativen Einschätzung schnon enorm zusammenreißen, damit er nicht ins Phantasieren verfällt und die heutige Situation euphorisch überschätzt. Folgende Informationen holen ihn dann schnell in die Realität zurück:

- strukturierte Methoden der Software Entwicklung (z.B. SA, SADT, Jackson) haben bis heute nur zu 10% den Markt durchdrungen;
- in 60% des Software Marktes werden heute die Programmiersprachen COBOL und FORTRAN eingesetzt;
- das Management von Software Projekten verläuft auch heute noch eher zufallsorientiert als geplant;
- nur 2-4% aller Entwickler benutzen heute CASE-Tools;
- 80% aller Softwareprojekte bleiben nicht im geplanten Budget- oder Zeitrahmen;
- 64% der festgestellten Fehler in einem Softwareprodukt gehen schon auf die Spezifikationsphase zurück; ihre Beseitigung kostet bis zu 75% der Gesamtkosten;
- 70% der entwickelten Software wurde nie ausgeliefert bzw. nie richtig genutzt,
- 40% des Aufwandes zur Erstellung von Software werden zum Testen benötigt;
- die Produktivität eines Entwicklers wird nach wie vor in "Lines of Code" gemessen und lag 1988 bei 5 LOC's/Stunde. Dies ist nach einer Normalisierung auf das Bezugsjahr 1955 nur eine Produktivitätssteigerung von 3.6%.

Wie das Buch gezeigt hat gibt es genug nützliche Ideen zur Verbesserung der Software-Technologie. Es mangelt allerdings an der technologischen Umsetzung in der Praxis. Es muß noch viel Überzeugungsarbeit geleistet werden, bevor in manchen Unternehmen der Sprung vom Programmierhandwerk zum Software-Technologie-Handwerk gewagt werden kann. Mit dieser Überzeugungsarbeit können aber heute nur wenige Geld verdienen, so daß ein breit angelegtes Programm zur Überwindung dieser Situation fehlt. Ein erster Versuch ist die gemeinsame Arbeit innovativer Unternehmen in großen Projekten, wie das in Kapitel 9.4 vorgestellte Eureka-Projekt "Eureka Software Factory", um alle Beteiligten auf eine gemeinsame europäische Plattform zu bringen. Aber zu viele sind von dieser Technologie ausgeschlossen (Versicherungen, Banken, mittelständische Betriebe mit eigener Software-Entwicklungsabteilung).

Bis heute hat man das Medium "Software" noch nicht vollständig verstanden. Anders als in der metallverarbeitenden oder holzverarbeitenden Industrie, wo der Werkstoff durch chemische, physikalische oder verarbeitungstechnische Verfahren genauestens bekannt ist, fehlt der Software-Industrie heute noch das Gefühl für den Werkstoff "Software". Es werden immer wieder neue Anforderungen an die Entwickler herangetragen und die fortschreitende Hardwaretechnologie erlaubt die Konstruktion und den Ablauf von immer aufwendigeren Programmen, so daß man immer wieder an neue Grenzen stößt. Das wichtigste Ziel kann in der näheren Zukunft also nur heißen: "Lerne durch Ausprobieren und durch intensive Arbeit alle Facetten des Werkstoffes Software kennen!''

Um die Software-Technologie in den folgenden Jahren allgemein zu beschleunigen, kann an den ''Rädchen'' einiger äußerer Einflußfaktoren gedreht werden. Der Schwerpunkt des Fortschritts wird nicht in der Revolution sondern in der Integration und Präzisierung von bereits heute bekannten Methoden, Techniken, Verfahren und Hilfsmittel liegen. Momentan setzen sich allgemein Techniken durch, die im akademischen Bereich vor 10-15 Jahren intensiv diskutiert wurden (der sogenannte "Trade-Off"). Im Vergleich zu Produkten wie der Dampfmaschiene, der Glühlampe oder dem Auto schneidet die DV-Industrie zwar um den Faktor 8-10 besser ab, trotzdem ist die Situation unbefriedigend. - Wichtigste Schubkraft für die Verbreitung von neuen Technologien wird die Schulung haben. Technologietransfer wird in Zukunft größere Bedeutung haben als Technologieforschung. In Schulungszentren werden neueste Praktiken, Methoden, Sprachen und Hardwareplattformen einer breiten Masse von Entwicklern vermittelt.

Die zur Verfügung stehende Hardware wird in den nächsten Jahren ihr rasant verbessertes Preis-/Leistungsverhältnis weiterhin steigern. Der Trend wird zum vernetzten Micro mit Anschluß an einen Host mit Kommunikationsdatenbank und anderen allgemein verfügbaren Diensten gehen. Speicher werden größer und die Zugriffszeiten schneller werden. Mehrere Prozessoren bringen eine erhöhte Rechenleistung. Die Bildschirme sind größer und flimmerfreier. Erste Erfolge der optischen Rechner und Speicher werden zu verzeichnen sein. Auch in der Software-Technologie wird vieles von der allgemein akzeptierten Standardisierung einiger Techniken abhängen. Nicht nur Programmiersprachen, sondern auch Datenbankschnittstellen, Methoden und Bedienoberflächen (''look and feel'') werden standardisiert werden, damit sie schnell Verbreitung finden.

Die Spezifikation und die Verarbeitung von vagem Wissen wird genauer erforscht sein. Quantitative Aussagen werden zugunsten qualitativer Aussagen zunehmend Beachtung finden (Einführung neuer Metriken). Heuristiken, Nichtdeterminismus und statistisches Material wird auch in der Software-Entwicklung und insbesondere in den ersten Phasen des Life Cycle Eingang finden. Die Ergebnisse von Messungen (Management, Design) werden mehr und mehr durch statistisch aufbereitetes Material dokumentiert.

Das Gebiet Prototyping wird in Zukunft weniger von der formalen Informatikseite des Technikers, sondern viel mehr durch die Anwenderseite beeinflußt werden. Eine einheitliche Begriffsbildung wird sich herausschälen. Interdisziplinäres Arbeiten zwischen den unterschiedlichsten Berufsgruppen wird in Zukunft gefragt sein. Psychologen und Soziologen werden helfen das Kommunikationsproblem zwischen Anwender und Techniker zu lösen. Der Anwender oder Auftraggeber wird seine Interessen und Anforderungen besser formulieren können. Dazu wird er vielleicht einige weitverbreitete Methoden der Informatik verwenden. Die Hemmnisse des Anwenders bei Anwendung neuer Technologien und die Expertenstellung des Entwicklers werden fallen. Zwischen diesen beiden Gruppen wird ein benutzerdefiniertes Abstraktionsniveau zur Problemformulierung gefunden. Die Semantik von

Programmiersprachen wird auf höhere Abstraktionsebenen angewendet. Formale Spezifikationssprachen werden sich nicht so schnell durchsetzen, da der Anwender sie nicht verstehen und selber benutzen kann. Allerdings werden die dahinterliegenden Basismodelle mächtiger, da dann die notwendige Hardware allgemein verfügbar sein wird. Die Neugier an dem Einsatz von Prototyping in großen Projekten wird zunehmen und der Ansatz kritisch analysiert werden. Diese Erfahrungen sind bei der Formulierung oder Verbesserung von Methoden enorm wichtig. Es wird ein Methoden-Prototyping geben, bei dem der Kern einer Methode in den Köpfen der Entwickler scheinbar ausgereift ist, dann aber in einer Papier-und Bleistiftstudie parallel in konkreten Answendungsprojekten eingesetzt und somit schrittweise verbessert wird, bevor die ersten Werkzeuge entstehen, die die Methode dann festschreiben. So entsteht eine integrierte, auf die Anwenderbedürfnisse hin konstruierte Prototypentwicklungsumgebung, ähnlich wie sie in diesem Buch auch vorgeschlagen wurde. Die Werkzeuge können, je nach Wunsch, in eine "Prototyping-Fabrik" eingehängt werden. Jeder wählt die Methoden, Sprachen und Werkzeuge für sein Anwendungsgebiet aus. Simulation und Animation von Benutzeranforderungen werden dem Benutzer schon früh eine Bewertung seiner Anforderungen ermöglichen. Hier können beim Anwender gedrehte Videoaufnahmen auf einer optischen Platte abgelegt werden und zu einem bestimmten Zeitpunkt der Animation auf dem Bildschirm gezeigt werden. Icons oder Pictogramme sind nicht mehr notwendig, da Benutzergruppen ihre Umgebung kennen und auf dem Bildschirm wiedererkennen. Die Anbindung von Prototyping zum anschließenden Design Prozeß wird besser verstanden sein. Prototyping wird eine Form der dynamischen Spezifikation sein, so daß diese Phase durch Interaktion mit dem Anwender noch wichtiger wird. Vielleicht sind sogar erste Lösungen in Sicht, wie die in der Prototypingphase gestellten Anforderungen in dem späteren Programm verwirklicht werden. Die Aufdeckung eines funktionalen Zusammenhangs zwischen Anforderung und mehreren Codeteilen wird angestrebt. Eine während des Testens vorgenommene Änderung im Code kann dann sofort als Verletzung der Anforderung identifiziert werden. Dieser Zusammenhang wird ''**Traceability**'' genannt. Die Anforderungen sollen bei ihrer schrittweisen Realisierung im Code eine Spur hinterlassen. Summa summarum wird die Software-Technologie in den kommenden 10 bis 15 Jahren besser verstanden und umgesetzt werden. Der Computer und damit auch die Software wird noch weitere Verbreitung finden. Dies ist für die Informatik eine gute Chance, daß die Gesellschaft selber Vor- und Nachteile dieser neuen Technologie erkennt und nicht auf Expertenmeinungen angewiesen ist. Die Informatik muß aus den Fehlern der Kernphysiker lernen, die eine gefährliche Technologie verharmlost dargestellt haben. Die gesellschaftliche Erkenntnis brachte die Technologie zum Stoppen. Die Gentechnik verfolgt im Moment leider den gleichen Weg der unzureichenden Information. Eine Risikoaufklärung der Gesellschaft von seiten der Fachleute und der Industrie wäre notwendig. Die Informatik darf nicht die Fehler anderer Wissenschaften wiederholen.

Obwohl die "Halbwertszeit des Informatikwissens" bei ca 5 Jahren liegt und alle Beteiligten enorme Anstrengungen unternehmen, ständig neu gewonnenes Wissen zu verarbeiten, muß die Zeit zum kritischen Nachdenken übrig bleiben.

Literaturverzeichnis

In dem Literaturverzeichnis werden folgende Abkürzungen für die Quellenangabe verwendet:

ACM Association for Computing Machinery
CACM Communications of the ACM
Conf. Conference
Ed. Editor
GI Gesellschaft für Informatik
IEEE Institute of Electric and Electronics Engineers
Int. International
LNCS Lecture Notes in Computer Science
Proc. Proceedings
SEN Software Engineering Notes
SIGSOFT Special Interest Group on Software Engineering
TSE Transactions on Software Engineering

/Abbe86/ H. Abbenhard
POINTE - ein portables integriertes Entwicklungswerkzeug
in: Computer Magazin 10, pp. 69-71, 1986

/ABDGRV85/P. Alanche, K. Benzahour, F. Dolle, P. Gilbert P. Rodrigues, R. Valette
PSI: A Petri Net Based Simulator for flexible Manufacturing Systems
in: Advances in Petri Nets 1984 (Leiden)
Rozenberg [Ed.]
Springer Verlag, 1985

/Adam85/ R. Adamov
Structural Metric Proposal for Complex Software Systems
Dissertation
Universität Dortmund, 1985

/AJSM84/ P. Azema, G. Juanole, E. Sanchis, M. Montbernard
Specification and Verification of Distributed Systems using PROLOG Interpreted Petri Nets
Proc. of the 7th. Int. Conf. on Software Engineering
Orlando, March 1984, pp. 510 - 518

/Alav84/ M. Alavi
An Asessment of the Prototyping Approach to Information Systems Development
CACM, Vol. 27, No. 6, pp. 556-563, June 84

/AlDa80/ M.W. Alford, C.G. Davis
Experience with the Software Development System
in: Software Engineering Environments
Hünke [Ed.]
Lahnstein 1980, North-Holland

/Alfo77/ M. W. Alford
A Requirements Engineering Methodology for Real-Time Processing Requirements
IEEE TSE, Vol. SE-3, No. 1, pp. 60-69, January 1977

/Alfo79/ M. W. Alford
Requirements for Distributed Data Processing Design
1st Int. Conf. on Distributed Computing System
October 1979, pp. 1 - 14

/Alfo80/ M. W. Alford
Software Requirements Engineering Methodology (SREM) at the Age of Four
Proc. of the 4th Int. Computer Software and Application Conf.
Chicago, 1980

/AnSc85/ G.R. Andrews, F.B. Schneider
Concepts and Notations for Concurrent Programming
ACM Computing Surveys, Vol.15, No.1, March 1983, pp. 3 - 43

/AvHa87/ B. Averwald, M. Hallmann
Dokumentation des FUN-Systems unter dem UNIX-Betriebssystem
Internes Memorandum des Lehrstuhls Software-Technologie
Universität Dortmund, Memo Nr. 18, 1987

/AvWi85/ G. Avrunin, J. Wileden
Describing and Analysing Distributed Software System Designs
ACM Transactions on Programming Languages and Systems
Vol. 7, No. 3, pp. 380 - 403, July 1985

/BaFe81/ A. Barr, E. Feigenbaum
The Handbook of Artificial Intelligence
Heuris Tech Press, William Kaufmann Inc. Vol. 1, 1981

/Balz82/ H. Balzert
Die Entwicklung von Software-Systemen
Reihe Informatik 34, 1982
Bibliographisches Institut
Mannheim - Wien - Zürich

/Baue82/ F.L. Bauer
From Specifications to Machine Code: Program Construction Through Formal Reasoning
Proc. 6th Int. Conf. on Software Engineering,
Washington DC, 1982, pp. 84 - 91

/BCG83/ R. Balzer, T.E. Cheatham, C. Green
Software Technology in the 1990's: Using a New Paradigm
IEEE Computer, Vol.16, No. 11, November 1983, pp. 39 - 45

/BCS82/ R. Balzer, D. Cohen, W. Swartout
Using Symbolic Execution to Characterize Behaviour
ACM SIGSOFT SEN Vol. 7, No. 5, 1982

/BaHa89/ F. Hayes, N. Baran
A Guide to Graphical User Interfaces

Byte, July 1989

/Beil86/ H. Beilner
Measurements and Simulation
Teletraffic Analysis and Computer Performance Evaluation
Boxma,Cohen,Tijms [Eds.]
Eslevier Science Publishers, North-Holland, 1986

/Beil85/ H. Beilner
Workload Characterisation and Performance Modelling Tools
Proc. of the Int. Workshop on Workload Characterisation of Computer Systems and Computer Networks
Serazzi [Ed.]
Pavia, October 1985, North-Holland

/BeSc85/ H. Beilner, H. Scholten
Strukturierte Modellbeschreibung und strukturierte Modellanalyse: Konzepte des Modellierungswerkzeuges HIT
Messung, Modellierung und Bewertung von Rechensystemen
Proc. of 3. GI/NTG-Fachtagung, Dortmund, Oktober 85
Beilner [Ed.]
Springer Verlag, Berlin-Heidelberg-New York-Tokyo

/BFKM85/ L. Brownston, R. Farrell, E. Kant, N. Martin
Programming Expert Systems in OPS-5
Addison-Wesley 1985, p. 20

/BGM85/ A. Borgida, S. Greenspan, J. Mylopoulos
Knowledge Representation as the Basis for Requirements Specification
Informatik Fachberichte 112
in: Wissensbasierte Systeme
Bauer,Radig [Eds.]
Springer Verlag, Berlin-Heidelberg-NewYork-Tokyo, 1985

/Bian82/ M.H. Bianchi
Rapid Prototyping in UNIX: Overall Methodology and a Case Study
Proc. ACM SIGSOFT Software Engineering Symposium on Rapid Prototyping,
Columbia, MD, April 1982

/BiBe89/ T.J. Biggerstaff, L. Belady
A Vision of Leonardo
in: /ScWe89/

/BjJo78/ D. Björner, C.B. Jones
The Vienna Development Method: The Meta Language
LNCS 61, 1978
Springer Verlag, Berlin-Heidelberg-NewYork-Tokyo

/BjJo82/ D. Björner, C.B. Jones
Formal Specification and Software Development
Prentice Hall Int.
Series Computer Science, 1982

/BKK85/ F. Bancilhon, W. Kim, H.F. Korth
A Model of CAD Transactions
Proc. of the Int. Conf. on Very Large Data Bases, August 1985

/BKMZ84/ R. Budde, K. Kuhlenkamp, L. Mathiassen, H. Züllighoven [Eds.]
Approaches to Prototyping
Springer Verlag 1984
Berlin, Heidelberg, New York, Tokyo

/Blum82/ B.I. Blum
The Life Cycle - A Debate Over Alternate Models
ACM SIGSOFT Software Engineering Notes
Vol. 7, No. 4, October 1982, pp. 18 - 20

/BMS80/ R.M. Burstall, D. McQueen, D. Sanella
HOPE: an Experimental Applicative Language
Conference Record of the 1980 LISP Conference
Stanford University, 1980

/Boeh76/ B.W. Boehm
Software Engineering
IEEE Transactions on Computers
Vol. 25, No. 12
December 1976, pp. 1226 - 1241

/Boeh84/ B.W. Boehm
Software Life Cycle Factors
in : Handbook of Software Engineering
Vick, Ramamoorthy [Eds.]
Van Norstrand Reinhold Company, 1984

/Booch87/ G. Booch
Software Components with ADA
The Benjamin/Cummings Publishing Company, 1987

/BOS89/ J. Boarder, H. Obbink, M. Schmidt
ATMOSPHERE - Advanced Techniques and Methods of System Production in a Heterogeneous, Extensible, and Rigorous Environment
in: /ScWe89/

/BoWi80/ T.L. Booth, C.A Wiecek
Performance Abstract Data Types as a Tool in Software Performance Analysis and Design
IEEE TSE Vol. 6, No. 2, March 1980

/BrMa85/ G. Bruno, G. Marchetto
Rapid Prototyping of Control Systems using High Level Petri Nets
Proc. of the 8th. Int. Conf. on Software Engineering
London, 1985

/BrMa86/ G. Bruno, G. Marchetto
Process Translatable Petri Nets for the Rapid Prototyping of Process Control Systems
IEEE-TSE, Vol. 12, No. 2, 1986

/Brod84/ M.L. Brodie
On the Development of Data Models
in: Conceptual Modelling
Brodie,Mylopoulos,Schmidt [Eds.]
Springer Verlag, 1984

/BrSe84/ M.H. Brown, R. Sedewick
A System for Algorithm Animation
Computer Graphics, pp. 77-186, Juli 1984

/BrSe85/ M.H. Brown, R. Sedewick
Techniques for Algorithm Animation
IEEE Software, pp. 28-39, Januar 1985

/BSZ82/ M. Branstad, S. Squires, M. Zelkowitz [Eds.]
Special Issue on Rapid Prototyping
ACM SEN, Vol 7. No. 5, December 1982

/Bull86/ Bull et. al.
PCTE: A Basis for a Portable Common Tool Environment
Functional Specifications, Fourth Edition, 1986

/Came86/ J. Cameron
An Overview of JSD
IEEE Transactions on Software Engineering
Vol. SE-12, No. 2, Feb. 1986, pp. 222 - 240

/CCITT84/ CCITT
Recommendation X.400: System Model Service Elements
CCITT Study Group VII, Report R38,
Malaga - Torremolinos, 1984

/CePe85/ S. Ceri, G. Pelagatti
Distributed Databases: Principles & Systems
McGraw-Hill Book Company, 1985

/Chan86/ S-K. Chang
Introduction: Visual Languages and Iconic Languages
in: /CIL86/

/Chan87/ S-K. Chang
Visual Languages: A Tutorial and Survey
IEEE Software, Januar 1987

/Chen76/ P. Chen
The Entity-Relationship Model: Towards a Unified View of Data
ACM Transactions on Database Systems, Vol. 1, No.1, March 1976

/Cherry88/ G. W. Cherry
PAMELA 2: An Ada-Based Object-Oriented, 2167A-Compliant Design Method
Thought**Tools, Inc., Reston, VA 1988

/Chow85/ T. S. Chow
Software Quality Assurance
Tutorial, IEEE, 1985

/ChKr84/ N. Christensen, K-D. Kreplin

Prototyping of User Interfaces
in : /BKMZ84/

/CIL86/ S.-K. Chang, T. Ichikawa, P. Ligomenides [Eds.]
Visual Languages
Plenum Press, New York, 1986

/ClCh86/ O. Clarisse, S-K. Chang
VICON, A Visual Icon Manager
in: /CIL86/

/Co83/ The DoD Stars Program
Software Technology for Adaptable, Reliable Systems
in: IEEE Computer, Nov. 1983

/Comp89/ Computer
IEEE Computer,
Special Issue on Rapid Prototyping, May 1989

/Conn81/ M.F. Conner
An Integrated View of the Computer Software Application Development Life Cycle
in : Systems Analysis and Design - A Foundation for the 1980's
Cotterman et.al. [Eds.]
Elsevier North Holland, 1981, New York

/CrKr88/ C. Crasemann, H. Krasemann
Der Wissens-Ingenieur - ein neuer Hut mit altem Zopf
Informatik Spektrum, Vol. 11, No. 1, Feb. 1988

/Davi84/ A.M. Davis
Rapid Prototyping using Executable Requirement Specification
ACM SIGSOFT Vol. 7, No. 5, 1982

/DaPr84/ D.W. Davies, W.L. Price
Security for Computer Networks
John Wiley & Sons, 1984

/Dill84/ L. Dillon
Analysing of Distributed Systems using Constrained Expression
Ph.D diss
Computer and Information Science Dept
Univ. of Massachusetts, Aug. 1984

/DiMi87/ J. Diederich, J. Milton
Experimental Prototyping in SMALLTALK
IEEE Software, Vol. 4, No 3, March 1987, pp. 50 - 64

/DiPi89/ A. Dineur, P. Picard
SFINX: Tool Integration in a PCTE based Software Factory
in: /ScWe89/

/DoD83/ United States Departement of Defense
Reference Manual for the ADA Programming Language
American National Standards Institute, Inc.
ANSI/MIL-STD-1815A-1983,
LNCS 155, Springer Verlag, 1983

/EFRV86/ G. Estrin, R. Fenchel, R. Razouk, M. Vernon
SARA: Modeling, Analysis and Simulation Support for Design of Concurrent Systems
IEEE TSE Vol.12, No. 2, February 1986, pp.293 - 311

/EGNS83/ G. Engels, R. Gall, M. Nagl, W. Schäfer
Software Specification using Graph Grammars
Computing
Vol. 31, 1983, pp 317-346

/EHKK84/ W. Epple, M. Hagemann, M. Klump, G. Koch
SARS: System zur anwenderorientierten Anforderungsspezifikation
Universität Karlsruhe
Lehrstuhl für Prozeßrechentechnik

/EhKr80/ H. Ehrig, H-J Kreowski
Applications of Graph-Grammar Theory by Consistency, Synchronization and Scheduling in Database Systems
Information Systems
Vol. 5, pp. 225 - 238, 1980
Pergamon Press

/EhWe86/ H.Ehrig, H. Weber
Specification of Modular Systems
Transactions on Software Engineering
IEEE TSE, Vol. SE-12, No. 7, July 1986

/Elli85/ L. Ellison
ORACLE: Overview and Introduction to SQL
ORACLE Corporation, May 1985

/ELS86/ G. Engels, C. Leverence, W. Schäfer
Graph Grammar Engineering: A Software Specification Method
Proc. of the 3rd Workshop on Graph Grammars, Virginia
LNCS Vol., December 1986

/Enge86/ G. Engels
Graphen als zentrale Datenstruktur in einer Software-Entwicklungsumgebung
Dissertation
Universität Osnabrück, 1986

/EnSc85/ G. Engels, W. Schäfer
Graph Grammars Engineering: A Method Used for the Development of an Integrated Programming Support Environment
LNCS TAPSOFT Conference
Vol. 186, 1985, pp.179-193

/EPOS81/
Einführung in das entwurfsunterstützende prozeß-orientierte Spezifikationssystem EPOS 80
Institut für Regelungstechnik und Prozeßautomatisierung
Universität Stuttgart
2. verbesserte Auflage, Juni 1981

/FeOh89/ C. Fernström, L. Ohlsson
The ESF Approach to FActory Style Software Production
in: /ScWe89/

/Ferr78/ D. Ferrari
Computer Systems Performance Evaluation
Prentice Hall, 1978

/FiFr84/ R. Filman, D. Friedman
Coordinated Computing - Tools and Techniques for Distributed Software
Mc Graw Hill, 1984

/Floy84/ Ch. Floyd
A Systematic Look at Prototyping
in : /BKMZ84/

/Fox85/ M. Fox
Knowledge Representation for Decision Support
in : Knowledge Representation for Decision Support Systems
Methlie, Sprague [Eds.]
North Holland, 1985

/Free83/ P. Freeman
Reusable Software Engineering: Concepts and Research Directions
Workshop on Reusability in Programming (Proc.)
Newport RI, Sept. 1983

/Garc83/ H. Garcia-Molina
Using Semantic Knowledge for Transaction Processing in a Distributed Database
ACM Transaction on Database Systems
Vol.8, No.2, pp.186 - 213, June 1983

/GaSa87/ H. Garcia-Molina, K. Salem
SAGAS
Proc. of the Int. Conf on Management of Data
ACM SIGMOD, San Francisco, May 1987, pp.249 - 259

/Geha82/ N.H. Gehani
A Study in Prototyping
ACM SEN, Vol. 7, No. 5, Dec. 1982

/Geit86/ U.W. Geitner
CIM Vision und Realität
Computer Magazin, Juli, August 86

/GeLa72/ H.J. Genrich, K. Lautenbach
Synchronisationsgraphen
Acta Informatica, Vol.2, 1972

/GeLa81/ H.J. Genrich, K. Lautenbach
System Modelling with High-Level Petri-Nets
Theoretical Computer Science
Vol. 13, pp. 109 - 136
North-Holland Publishing Company, 1981

/GHW88/ M. Goedicke, B. Holtkamp. H. Weber

Current Research in Software Technology for Distributed Systems at the University of Dortmund
to appear in : Distributed Processing,
Technical Committee Newsletter, IEEE

/Glad82/ G.R. Gladden
Stop the Life Cycle, I want to get off
ACM SIGSOFT Software Engineering Notes
Vol. 7, No. 2, April 1982, pp. 35 - 39

/Godb79/ H.P. Godbersen
Funktionsnetze: Eine Ansatz zur Beschreibung, Analyse und Simulation von sozio-technischen Systemen
Informatik Fachberichte Band 21
Formale Modelle für Informationssysteme
Springer Verlag, 1979

/Godb80/ H.P. Godbersen
On the Problem of Time in Nets
Informatik Fachberichte Band 52
Application and Theory of Petri Nets,
Springer Verlag, 1980

/Godb81/ H.P. Godbersen
Modelling and Analysis with Function Nets 2. European Workshop on Application and Theory of Petri Nets
Bad Honnef
September 1981

/Godb83a/ H.P. Godbersen
Funktionsnetze: Eine Modellierungskonzeption zur Entwurfs- und Entscheidungsunterstützung
Ladewig-Verlag
Berlin, 1983

/Godb83b/ H.P. Godbersen
Simulation with "FUN"
Angewandte Informatik 5/1983
Mai 1983

/Gött77/ H. Göttler
Zweistufige Graphmanipulationssysteme für die Semantik von Programmiersprachen
Dissertation
Arbeitsbericht Band 10, Nr. 12, 1977
Universität Erlangen

/GoLo85/ W. Gotthard, P.C. Lockemann
Datenbanksysteme für Software-Produktionsumgebungen - Anforderungen und Konzepte
Fachberichte und Referate Lectures and Tutorials, Bd 16
Methoden und Werkzeuge zur Entwicklung von Programmsystemen,
Oldenbourg-Verlag, 1985

/Goma83/ H. Gomaa
Rapid Prototyping, Continued
ACM SIGSOFT, Vol. 8, No. 2, April 1983, pp. 17-28
/GoMe80/ H.P. Godbersen, B.E. Meyer
A Net Simulation Language
Proc. of the Summer Computer Simulation Conference
Seattle / Washington
August 1980
/GoMe82/ J. Goguen, J. Meseguer
Rapid Prototyping in the OBJ executable Specification Language
ACM SEN, Vol. 7, No. 5, Dec. 1982, pp. 75 - 84
/Gord79/ M.J.C. Gordon
The Denotational Description of Programming Languages
Springer Verlag, New York, 1979
/GoTa79/ J.A. Goguen, J. Tardo
An Introduction to OBJ: A Language for Writing and Testing Software Specifications
Proc. Conf. Specification of Reliable Software
IEEE 1979, pp. 170 - 189
/GoWi80/ N.M. Goldman, D.S. Wile
A Relational Data Base Foundation for Process Specifications
in : Entity- Relationship Approach to Systems Analysis and Design
Chen [Ed.]
North Holland 1980
/Gray78/ J.N. Gray
Notes on Database Operating Systems
Lecture Notes in Computer Science, Bd. 60,
Springer Verlag, Berlin, Heidelberg, New York, 1978
/Gruh87/ V. Gruhn
Ein Compiler für eine Anforderungsbeschreibungssprache
Diplomarbeit
Universität Dortmund, 1987
/Habe72/ A. Habermann
Synchronization of Communicating Processes
Commun. ACM, March 1972, pp. 171 - 176
/HaHo87/ M. Hallmann, B. Holtkamp
STDL: A Definition Language for Semantic-Transactions
Proc. GI-Fachgespräch
Software-Engineering für Datenbanken
Dortmund, November 1987
/Hall84/ M. Hallmann
SUSE: Ein sprachunabhängiger syntaxorientierter Editor
Diplomarbeit
Universität Dortmund, 1984
/Hall85/ M. Hallmann

Klassifizierung von Prototypingansätzen in der Softwareentwicklung
Forschungsbericht Nr. 209, 1985
Universität Dortmund

/Hall86/ M. Hallmann
Ein Vorschlag für eine Prototypingumgebung- orientiert an den Anforderungen offener Systeme
Internes Memorandum des Lehrstuhls Software-Technologie
Universität Dortmund, Memo Nr. 8, 1986

/Hall88/ M. Hallmann
An Operational Requirement Description Model for Open Systems
Proc. of the 10th Int. Conf. on Software Engineering
Singapore, April 1988

/Hans78/ B. Hansen
Distributed Processes: A Concurrent Programming Concept
Commun. ACM, Nov. 1978, pp. 934 - 941

/HaPi88/ D. Hatley, I. Pirbhai
Strategies for Real-time System Specification
Dorset House, 1988

/Heeg80/ G. Heeg
LINGUA - ein Compilergenerator
Diplomarbeit
Universität Dortmund, 1980

/HeJo84/ C. Hewitt, P. deJong
Open Systems
in : Conceptual Modelling
Brodie, Schmidt, Mylopolos [Eds.]
Springer Verlag, Berlin, Heidelberg, New York, 1984

/HeLa84/ Ph. Heidelberger, St. Lavenberg
Computer Performance Evaluation Methodology
IEEE Transactions on Computer,
Vol. 33, No. 12, December 1984

/Hend88/ P. Henderson [Ed.]
Proc. of the 3rd SIGPLAN/SIGSOFT Symposium on Practical Software Development Environments
SIGSOFT Notes, Vol. 13, No.5, 1988

/Hewi77/ C. Hewitt
Viewing Control Structures as Patterns of Passing Messages
Artificial Intelligence
Vol. 8, 1977

/HMYTI86/ M. Hirakawa, N. Monden, I. Yoshimoto, M. Tanaka, T. Ichikawa
HI_VISUAL, A Language Supporting Visual Interaction in Programming
in: /CIL86/

/Hoar78/ C.A.R. Hoare
Communicating Sequential Processes CACM,
Aug.1978, pp. 666 - 677

/Holt87/ B. Holtkamp
Semantic Transactions in a CIM Environment
Int. Conf. on Data and Knowledge
Hartford, Oct. 1987
/HoHs82/ J.W. Hooper, P. Hsia
Scenario-based Prototyping for Requirement Identification
ACM SEN, Vol. 7, No. 5, Dec. 1982
/Hood89/ CISI Ingenierie
Hood Manual
European Space Agency ESTEC, Noordwijk, Netherlands, 1989
/HoWe85/ B. Holtkamp, H. Weber
Semantic Transactions in Dedicated Distributed Systems
(unpublished) Nov. 1985
Universität Dortmund
/Hrus87/ P. Hruschka
ProMod- in the Age 5
Proc. of European Software Engineering Conference,
LNCS 189, Springer, Berlin, 1987
/IcHi87/ T. Ichikawa, M. Hirakawa
Visual Programming - Towards Realization of User-Friendly Programming Environments
Proc. Fall Joint Computer Conf.
Dallas, 1987
/IEEE87/ IEEE Computer and IEEE Software companion
Special issues on Integrated Software Development Environments,
IEEE Computer Physics Communication 38,
North Holland, 1987
/ISO84/ ISO/TC 97
Information Processing Systems - Open System Interconnection
Basic Reference Model
International Standard ISO/IS 7498, 1984
/Jack75/ M.A. Jackson
Principles of Program Design
New York, Academic, 1975
/Jack82/ M.A. Jackson
System Development
Englewood Cliffs, New Jersey
Prentice Hall 1982
/John78/ S.C. Johnson
YACC - Yet Another Compiler-Compiler
UNIX Programmers Guide Vol 2b, 1978
/Jone84/ T.C. Jones
Reusability in Program: A Survey of the State of the Art
IEEE TSE Vol. 10, No. 5, September 1984, pp.488-494
/JoSi89/ B. Jotzo, J. Silberkuhl

CLAVIR: eine visuelle Sprache Anforderungsbeschreibung und zur Animation von RELOS
Diplomarbeit
Universität Dortmund, 1989

/Kall71/ St. Kallis
Computer Animation Techniques in SMPTE
Springer Verlag, Berlin, Heidelberg, New York, 1971

/KaWe84/ R. Katz, S. Weiss
Design Transaction Management
Proc. of the 19th Design Automation Conference
June, 1984

/KeFr81/ P. Kerola, P. Freeman
A Comparison of Lifecycle Models
Proc. of the 5th Int. Conf. on Software Engineering
New York 1981, pp. 90 - 99

/KeRi78/ B.W. Kernighan, D.M. Ritchie
The C Programming Language
Prentice Hall
New Jersey, 1978

/KlKo82/ A. Klausner, T.E. Konchan
Rapid Prototyping and Requirement Specification Using PDS
ACM SEN, Vol. 7, No. 5, Dec. 1982

/KLMP84/ W. Kim, R.A. Lorie, D. McNabb, W. Plouffe
A Transaction Mechanism for Engineering Design Databases
Proc. of the Int. Conf. on Very Large Data Bases, August 1984

/KrNg88/ J. Kramer, K. Ng
Animation of Requirements Specifications
Software Practice & Experience, Vol. 18 (8),
p. 749-774, August 1988

/KSUW85/ P. Klahold, G. Schlageter, R. Unland, W. Wilkes
A Transaction Model Supporting Complex Applications in Integrated Information Systems
ACM SIGMOD, 1985

/Lee85/ S. Lee
On Executable Models for Rule-Based Prototyping
Proc. of the 8th. Int. Conf. on Software Engineering
London, 1985

/LeGo85/ M. Leszak, H. Godbersen
DAEMON: A Tool for Performance Availability Evaluation of Distributed Systems Based on Function Nets
International Workshop on Timed Petri Nets
Torine, Italy, July 1985, pp. 152-161

/LeSc78/ M.E. Lesk, E. Schmidt
LEX - A Lexical Analyzer Generator
UNIX Programmers Guide Vol 2b, 1978

/LeSc84/ U. Leibbrandt, P. Schnupp
An Evaluation of PROLOG as a Prototyping System
in : /BKMZ84/

/LeSc87/ C. Lewerentz, A. Schürr
The Software Documents Database GRAS
Proc. GI-Fachgespräch
Software-Engineering für Datenbanken
Dortmund, November 1987

/Lesz86/ M. Leszak
Modellierungs- und Simulationsinstrumentarium für fehlertolerante verteilte Systeme angewendet auf verteilte Datenbankverwaltungssysteme
Dissertation
Kernforschungszentrum Karlsruhe, 1986

/LHBY89/ T. Lewis, F. Handloser, S. Bose, S. Yang
Prototypes from Standard User Interface Management Systems
in: /Comp89/

/Lisk79/ B. Liskov
Primitives for Distributed Computing
ACM Proc. of the 7th Symposium on Operating Systems Principles, 1979

/Litw85/ W. Litwin
An Overview of the Multidatabase System MRDSN
ACM National Conference 1985
Denver, Colorado

/Loh83/ W. Loh
Die moderne Datenübertragung im internationalen Zahlungsverkehr
Fritz Knapp Verlag, Frankfurt, 1983

/LTS75/ P. Lauer, P. Torrigiani, M. Shields
COSY: A System Specification Language based on Paths and Processes
Acta Informatica, 1979, pp.451 - 503

/Lude80/ J. Ludewig
PCSL - A Process Control Software Specification Language
Proc. IFAC/IFIP Workshop Real Time Programming, April 1980,
Haase, Leibnitz [Eds.]
Pergammon Press Oxford - New York, 1981

/McPa88/ S. McMenamin, J. Palmer
Strukturierte Systemanalyse
Hanser Verlag, 1988

/Maio85/ M. Maiocchi
The Use of Petri Nets in Requirements and Functional Specification
in: System Description Methodlogies
Teichroew, David [Eds.]
IFIP 1985
North Holland

/MAP86/ Hahn-Meitner-Institut, INRIA, S.W.I.F.T., Universität Dortmund
Multidatabase Services on ISO/OSI Networks for Transnational Accounting

First Phase Final Report, 1986

/MAP87/ Hahn-Meitner-Institut, INRIA, S.W.I.F.T., Universität Dortmund
Multidatabase Services on ISO/OSI Networks for Transnational Accounting
Internal Report No. 3, 1987

/MiMi79/ G. Milne, R. Milner
Concurrent Processes and Their Syntax
Journal of the ACM
Vol. 26, No. 2, April 1979, pp.302 - 321

/Mitr82/ I. Mitrani
Simulation Techniques for Discrete Event Systems
Cambridge University Press
Cambridge Computer Science Texts 14, 1982

/Moss81/ J.E. Moss
Nested Transactions: An Approach to Reliable Distributed Computing
Ph.D. diss.
Dept. of Electrical Engineering and Computer Science
MIT, April 1981

/Nagl79/ M. Nagl
Graph Grammatiken: Theorie, Implementierung, Anwendung
Vieweg Verlag, 1979

/NaSc73/ I. Nassi, B. Shneiderman
Flowchart Techniques for Structured Programming
ACM SIGPLAN Notices, 1973
Vol. 8, No. 8, pp.12-26

/Neum83/ P.G. Neumann
Experience with Formality in Software Development
in : Theory and Practice of Software Technology
Ferrari, Bolognani, Goguen [Eds.]
North-Holland, 1983

/Neuf83/ G.W. Neufeld
EAN: A Distributed Message System
University of British Columbia
May 1985

/NHS83/ R.A Nelson, L.M. Haibt, P.B. Sheridan
Casting Petri Nets into Programs
IEEE TSE, Vol.9, No.5 , September 1983, pp. 590 - 602

/NiEd88/ K.M. Nichols, J.T. Edmark
Modelling Multicomputer System with PARET
Computer, pp. 39ff, Mai 1988

/Noe80/ J.D. Noe
Nets in Modeling and Simulation
Net Theory and Applications
LNCS Vol. 84, 1980

/PACT86/
PACT: General Description by Bull, EUROSOFT, Syseca, ICL, GEC,

Olivetti, Siemens
ESPRIT Project, 1986

/Paul82/ L.C. Paulsen
A Compiler Generator for Semantic Grammars
Dissertation
Stanford, 1982

/PaSt83/ H. Partsch, R. Steinbrüggen
Program Transformation Systems
Computing Surveys, Vol. 15, No. 3, Sept. 1983

/Patt83/ B. Pattan
Prototyping - A Nomenclatur Problem
ACM SIGSOFT Software Engineering Notes
Vol. 8, No. 2, April 1984, pp. 14 - 16

/Pete81/ J.L. Petersen
Petri Net Theory and the Modelling of Systems
Prentice-Hall, 1981

/Prat71/ T.W. Pratt
Pair Grammars, Graph Languages and String-to-Graph Translations
Journal of Computer and System Science
Vol. 5, 1971, pp. 560 - 595

/Prit77/ A.A. Pritsker
Modeling and Analysing Using Q-Gert Networks
John-Wiley & Sons, New York, 1977

/Prit87/ A.A. Pritsker & Assoc. Inc. USA
XCELL+ Factory Modelling System
User's Guide, August 1987

/RaHo80/ C.V. Ramamoorthy, G.S. Ho
Perfomance Evaluation of Asynchronous Concurrent Systems using Petri Nets
IEEE TSE, Vol.6, No. 5, September 1980, pp. 440 - 449

/RaKe81/ K. Ramamrithan, R. Keller
Specifying and Proving Properties of Sentinel Processes
Proc. of the 5th. Int. Conf on Software Engineering
1981, pp. 374 - 382

/Rama82/ J. Ramanathan
Use of Annotated Schemas for Developing Prototyping Programs
ACM SIGSOFT, Vol. 7, No. 5, Dec. 1982

/Ramc74/ C. Ramchandani
Analysis of Asynchronous Concurrent Systems by Timed Petri Nets
MIT, MAC-TR-120, February 1974

/Reis82/ W. Reisig
Petri-Netze: Eine Einführung
Springer Verlag, 1982

/Ridd84/ W. Riddle
Advancing the State of the Art in Software System Prototyping

in: /BKMZ84/
/Röhr86/ J. Röhrich
Multiple Attributgrammatiken
Informatik Forschung und Entwicklung
Band 1, Heft 2, 1986, pp. 53 - 61
Springer Verlag, Berlin-Heidelberg-NewYork-Tokyo
/RoSc77/ D. Ross, K. Schoman
Structured Analysis for Requirement Definition
IEEE TSE Vol. 3, No. 1, pp.69-84, January 1977
/Ross77/ D.T. Ross
Structured Analysis (SA): A Language for Communicating Ideas
IEEE TSE Vol. 3, No. 1, pp. 16-34, January 1977
/Roth85/ K. Rothermehl
Kommunikationskonzepte für verteilte transaktionsorientierte Systeme
Dissertation, 1985
Universität Stuttgart
/RGR85/ R. Rubin, E. Golin, S. Reiss
Think Pad: A Graphical System for Programming by Demonstration
IEEE Sofrtware, März 1985
/Sang79/ J. Sanguinetti
A Technique for Integrating Simulation and System Design
Conf. on Simulation, Measurement and Modeling of Computer Systems
Proceedings, 1979
/Sarg82/ R.G. Sargent
Verification and Validation of Simulation Models
in: Process in Modelling and Simulation
Cellier [Ed.]
Academic Press, 1982
/Schä86/ W. Schäfer
Eine integrierte Software-Entwicklungsumgebung: Konzepte, Entwurf und Implementierung
Dissertation
Universität Osnabrück, 1986
/Sche87/ A.W. Scheer
CIM. Computer Integrated Manufacturing
Berlin,Heidelberg,New York
Springer-Verlag 1987
/Schi84/ G. Schiffner
A Specification and Performance Evaluation Model for Multicomputer Database Machines
Dissertation
Universität Bremen, 1984
/ScWe89/ W. Schäfer, H. Weber [Eds.]
Proc. of the 1st Intern. Conf. on System Development Environments and Factories

Berlin, May, 1989

/SeEb86/ M. Seifert, H. Eberle
Remote Service Call: A Network Operating System Kernel for Heterogeneous Distributed Systems
NTG/GI Fachtagung ''Architektur und Betrieb von Rechensystemen'', NTG-Fachberichte 92, VDE-Verlag GmbH, 1986

/Seeh88/ S. Seehusen
Bestimmung von Parallelitätseigenschaften in modularen Systemen mit Pfadausdrücken
Dissertation
Forschungsbericht Nr. 246
Universität Dortmund, 1987

/Sieg87/ H.B. Siegel
An Overview of Computer Animation & Modelling
Computer Graphics, pp. 27-37, Mai 1987

/Silv80/ B.A. Silverberg
An Overview of the SRI Hierarchical Development Methodology
in : Software Engineering Environments
Hünke [Ed.]
Lahnstein 1980, North Holland

/SMCY74/ W. Stevens, G. Myers, L. Constantine
Structured Design
IBM System Journal
No. 2, 1974, pp.115-139

/Smit82/ C. Smith
Performance Analysis of Software for a MIMD Computer
Proc. of the ACM SIGMETRICS Conf. on Measurement and Modelling, Seattle, Washington, September 1982

/Smol82/ S.W. Smoliar
Approaches to Executable Specifications
ACM SIGSOFT SEN Vol. 7, No. 5, 1982

/Spie85/ P.P. Spies
No-wait-send / Rendezvous
Informatik-Spektrum, Bd. 8, No.5, 1985, pp. 283 - 286

/SpSc83/ A. Spector, P. Schwarz
Transactions: A Construct for Reliable Distributed Computing
Operating System Reviews, Vol. 17 No. 2, April 198

/SSSSC82/ J.Z. Sattley, K. Sattley, S.C. Schaffner, S.C. Schuman, E.C. Clarke
ADA Distributed Application Prototyping Technique
Proc. ACM SIGSOFT Softw. Eng. Symposium on Rapid Prototyping
Columbia, MD, April 1982

/SSZ83/ H. Streich, K.-H. Sylla, H. Züllighoven
Anmerkungen zum Prototyping
Proc. der 13. GI. Jahrestagung
Kupka [Ed.]

Springer Verlag, Berlin, Heidelberg, New York, 1983
/Stei86/ M. Steinacker
SDL and ESTELLE: State Transition oriented Specification Techniques in CCITT and ISO
in : Computer Network Usage: Recent Experiences
Csaba, Tarnay, Szentivanyi [Eds.]
Elsevier Science Pub., North Holland
IFIP 1986, pp.489-504
/Stoy77/ J.E. Stoy
Denotational Semantics: The Scott-Strachey Approach to Programming Language Theory
MIT Press, 1977
/Svob76/ L. Svobodova
Computer Performance Measurement and Evaluation Methods: Analysis and Applications
Elsevier Computer Library, New York-Oxford-Amsterdam, 1976
/SWIFT84/ Society for Worldwide Interbank Financial Telecommunication
S.W.I.F.T. User Handbook
Vol. 6- Standards (Part 2), 1984
/TaBa87/ R.N. Taylor, D.A. Baker
Next Generation Software Environments and Factories: Prociples, Problems, and Research Directions
TECHN. REPORT. 87-16, University California Irvine, CA, 1987
/TaSt82/ T. Taylor, T.A. Standish
Initial Thoughts on Rapid Prototyping Techniques
ACM SEN, Vol. 7, No. 5, Dec. 1982
/Tayl83/ R. Taylor
A General Purpose Algorithm for Analysing Concurrent Programs
CACM, May 1983, pp. 362 - 376
/TeHe77/ D. Teichroew, E.A. Hershey
PSL/PSA: A Computer-Aided Technique for Structured Documentation and Analysis of Information Processing Systems
IEEE TSE Vol. 3, No. 1, Jan. 1977
/ThTh85/ N. Thalman, D. Thalman
Computer Animation: Theory and Practice
Springer, Berlin, Heidelberg, New York, 1985
/Timm87/ M. Timm
Die Software-Produktionsumgebung UNIBASE
in: Moderne Software Entwicklungssysteme und -Werkzeuge,
Techn. Akademie Esslingen, 1987
/TRG89/ Eureka Software Factory
Technical Reference Guide
ESF Headquarter, Berlin 1989
/TrPa84/ H. Trümner, R. Pallmann
Entwurf und Implementierung eines Programmgenerators auf der Basis von

Funktionsnetzen
Diplomarbeit
Technische Universität Berlin, August 1984

/VeBr84/ R. Venken, M. Bruynooghe
PROLOG as a Language for Prototyping of Information Systems
in : /BKMZ84/

/VeEs83/ M. Vernon, G. Estrin
The UCLA Graph Model of Behaviour: Support for Performance-Oriented Design
Proc. IFIP on Methodology for Computing System Design,
Lille France, Sept. 1983

/VSE83/ M. Vernon, E. de Souza e Silva, G. Estrin
Performance Evaluation of Asynchronous Concurrent Systems: The UCLA Graph Model of Behaviour
Proc. IFIP on Methodology for Computing System Design,
Lille France, Sept. 1983

/Voss80/ K. Voss
Using Predicate/Transition Nets to Modell and Analyze Distributed Database Systems
IEEE TSE, Vol.6, No.6, November 1980, pp. 539 - 544

/Watt86/ D. Watt
Executable Semantic Descriptions
Software Practice and Experience
Vol.16, No.1, Jan. 1986, pp. 13 - 43

/Webe84/ H. Weber
The Distributed Development System - A Monolithic Software Development Environment
ACM SIGSOFT, SEN-Vol. 9, No.5, October 1984

/Weik88/ G. Weikum
Transaktionen in Datenbanksystemen
Addison-Wesley, 1988

/Wetm83/ T. Wetmore
Performance Analysis and Prediction from Computer Program Source Code
Technical Report CS-83-6
University of Connecticut

/Wile82/ J. Wileden
Constrained Expressions and the Analysis of Designs for Dynamically Structured Distributed Systems
Proc. of the Int. Conf. on Parallel Processing
Aug. 1982, pp. 340 - 344

/Wyk82/ C. van Wyk
A High-Level Language for Specifying Pictures
ACM Transactions on Graphics, Vol. 1, No. 2, April 1982

/YaCa83/ S. Yau, M. Caglayan
Distributed Software Design Representation Using Modified Petri Nets

IEEE TSE, Vol.9,No.6, November 1983, pp. 733 - 745
/YZCC84/ R. Yeh, P. Zave, A. Conn, G. Cole
Software Requirements: New Directions and Perspectives
in : Handbook of Software Engineering
Vick, Ramamoorthy [Eds.]
Van Norstrand Reinhold Company, 1984
/Zave82/ P. Zave
An Operational Approach to Requirements Specification for Embedded Systems
IEEE TSE, Vol. 8, No. 3, May 1982
/Zave84a/ P. Zave
An Overview of the PAISLey Project - 1984
ACM SIGSOFT SEN VOl.9, No.4
July 1984
/Zave84b/ P. Zave
The Operational versus the Conventional Approach to Software Development
CACM VOL. 27, No. 2, February 1984
/ZaSc86/ P. Zave, W. Schell
Salient Features of an Executable Specification Language and its Environment
IEEE TSE
VOL. SE-12, No. 2, Feb. 1986
/ZaYe81/ P. Zave, R.T. Yeh
Executable Requirements for Embedded Systems
Proc. on Software Engineering, IEEE
San Diego, 1981
/Zeig84/ B.P. Zeigler
Theory and Application of Modelling and Simulation: A Software Engineering Perspective
in : Handbook of Software Engineering
C.R. Vick, C.V. Ramamoorthy [Eds.]
Van Norstrand Reinhold Company, 1984
/Zelk80/ M.V. Zelkowitz
A Case Study in Rapid Prototyping
Software Practice and Experience
Vol. 10, 1980, pp. 1037 - 1042
/Zima82/ H. Zima
Compilerbau I - Analyse
Bibliographisches Institut, Wissenschaftsverlag
Mannheim,Wien,Zürich
Reihe Informatik, Band 36, 1982

Anhang A: Beispiele aus dem internationalen Zahlungsverkehr

Die Beispielszenarien sind dem internationalen Zahlungsverkehr entlehnt (siehe Kapitel 1.1). S.W.I.F.T. ist eine von Banken getragene Organisation mit Sitz in Brüssel, die weltweit ein Nachrichtennetz für diese Anwendungen unterhält. In den Beispielen werden Szenarien einer Überweisung ("funds transfer"), eines Bilanzreports ("balance report") und eines Börsendienstes ("stock exchange") vorgestellt. Im Zahlungsverkehr werden Geldbeträge nur in Form von Nachrichten ausgetauscht.

a) Szenario Überweisung ("funds transfer")
An dem Szenario sind drei Subsysteme beteiligt: BankA, BankB und BankC. Ein Kunde A erteilt BankA ("sending bank") einen Überweisungsauftrag zugunsten des Kontos eines Kunden B bei der BankB ("beneficiary bank"). Nicht alle Banken unterhalten jeweils Konten bei fremden Banken. In diesem Beispiel besitzen BankA und BankB jeweils ein Konto bei BankC ("corresponding bank). Der Geldfluß geht also von BankA zu BankC nach BankB. Weiterhin wird BankB von BankA über den Überweisungsauftrag zwecks Kontrolle durch eine parallel laufende Nachricht ("cover message") informiert.

```
scenario Überweisung
  messages
    BANK        = ('BankA','BankB','BankC')
    legal[BANK] == in[BANK,SITE]
    NAME        = STRING
    WÄHRUNG     = ('DM','GBP','FF','BF','$','SK')

    FORMULAR    = (ABS    :NAME x          /* Nachrichtenformat */
                   SEND   :BANK x
                   EMPF   :NAME x
                   REC    :BANK x
                   BETRAG :REAL x
                   CODE   :WÄHRUNG)
  end
/*_____________________________________________________________________*/
  subsystem BankA                              /* sending bank */
    global_services
      überw : EVENT x FORMULAR --> ASSIGN x EVENT
      überw[FORMULAR] ==
          debit[kontosuche[DB,FORMULAR.ABS],FORMULAR] //
          credit[kontosuche[DB,'BANKA'],FORMULAR];
          BankC_corres[FORMULAR] //
          "FORMULAR.REC"_info[FORMULAR]
    end
    local_resources
      KONTO = (NAME      : STRING  x
               KT-NR     : INTEGER x
               KT-STAND  : REAL)
      DB = list_of KONTO
    end
```

```
    local_services
      kontosuche : DB x NAME --> KONTO
      kontosuche [DB,NAME] ==
                          if eq[head[DB].NAME,NAME] then
                             head[DB]
                          else
                             kontosuche[tail[DB],NAME]
                          fi
      debit : KONTO x FORMULAR --> ASSIGN
      debit [KONTO,FORMULAR] ==
          let(KONTO.KT-STAND,sub[KONTO.KT-STAND,FORMULAR.BETRAG])
      credit: KONTO x FORMULAR --> ASSIGN
      credit [KONTO,FORMULAR] ==
          let(KONTO.KT-STAND,add[KONTO.KT-STAND,FORMULAR.BETRAG])
    end
  end /* subsystem BankA */
/*____________________________________________________________*/
  subsystem BankC                        /* corresponding bank */
    global_services
      corres : EVENT x FORMULAR --> ASSIGN x EVENT
      corres(for BANK,[FORMULAR]) ==
          debit[kontosuche[DB,FORMULAR.SEND],FORMULAR] //
          credit[kontosuche[DB,FORMULAR.REC],FORMULAR] ;
          "FORMULAR.REC"_gutschr[FORMULAR]
    end
    local_resources
      KONTO = (NAME      : STRING  x
               KT-NR     : INTEGER x
               KT-STAND  : REAL)
      DB = list_of KONTO
    end
    local_services
      kontosuche : DB x NAME --> KONTO
      kontosuche [DB,NAME] == reuse
      debit : KONTO x FORMULAR --> ASSIGN
      debit [KONTO,FORMULAR] == reuse
      credit: KONTO x FORMULAR --> ASSIGN
      credit [KONTO,FORMULAR] == reuse
    end
  end
end /* subsystem BankC */
/*____________________________________________________________*/
```

```
subsystem BankB                                    /* receiving bank */
    global_services
      gutschr : EVENT x FORMULAR --> ASSIGN
      gutschr(for BANK,[FORMULAR]) ==
        if eq[SYNCH,'TRUE'] then
          debit[kontosuche[DB,'BankB'],FORMULAR] //
          credit[kontosuche[DB,FORMULAR.EMPF],FORMULAR]
        else
          let(SYNCH,'TRUE')
        fi
      info : EVENT x FORMULAR --> ASSIGN
      info (for BANK,[FORMULAR]) ==
        if eq[SYNCH,'TRUE'] then
          debit[kontosuche[DB,'BankB'],FORMULAR] //
          credit[kontosuche[DB,FORMULAR.EMPF],FORMULAR]
        else
          let(SYNCH,'TRUE')
        fi
    end
    local_resources
      KONTO = (NAME     : STRING  x
               KT-NR    : INTEGER x
               KT-STAND : REAL)
      DB = list_of KONTO
      SYNCH = BOOLEAN               /*      Synchronisationsflag */
      default[SYNCH] == ('FALSE')   /* zw. info[]  und gutschr[] */
    end
    local_services
      kontosuche : DB x NAME --> KONTO
      kontosuche [DB,NAME] == reuse
      debit : KONTO x FORMULAR --> ASSIGN
      debit [KONTO,FORMULAR] == reuse
      credit: KONTO x FORMULAR --> ASSIGN
      credit [KONTO,FORMULAR] == reuse
    end
  end  /* subsystem BankB */
/*________________________________________________________________*/
  transactivity
    initialization : BankA_überw['KundeA','BankA','KundeB','BankB',
                                 '10000','DM']
    termination    : and[BankB_gutschr['KundeA','BankA','KundeB',
                         'BankB','10000','DM'],
                          BankA_info['KundeA','BankA','KundeB',
                         'BankB','10000','DM']]
  end
end /* scenario Überweisung */
```

b) Szenario Bilanzreport ("balance report")
An dem Szenario sind drei Subsysteme beteiligt: Kunde, BankA und BankB. Ein Kunde unterhält bei zwei Banken ein Konto. Um die Kontenstände zu erfahren schickt er über multicasting jeder Bank eine Nachricht. Der jeweilige Kontostand wird dem Kunden dann mitgeteilt. Dieser ist für den Kunden allerdings nur dann noch sinnvoll, falls er innerhalb von drei Tagen gesendet wurde.

```
scenario Bilanzreport
  messages
    BANK      = STRING
    NAME      = STRING
    BILANZ    = (SEND   :BANK x             /* Nachrichtenformat */
                 BETRAG :REAL)
  end
/*____________________________________________________________*/
  subsystem Kunde
    global_services
      bilanz : COMM --> EVENT x ASSIGN
      bilanz[] ==
        if letime[for REC_report['Kunde'],'ACK','3','DAY']
        then let(OK,'TRUE')
        else let(OK,'FALSE')
        fi
      info : EVENT x BILANZ --> VOID x ASSIGN
      info(cap 2,FIFO,for REC,[BILANZ] ==
        if eq[OK,'TRUE']
        then let(DB,concat[DB,BILANZ]) ;
             summe[SUMME,BILANZ]
        fi
    end
    local_resources
      REC       = ('BankA','BankB')
      legal[REC] == in[REC,SITE]
      DB    = list_of BILANZ
      SUMME = REAL
      default[SUMME] == ('0')
      OK    = BOOLEAN
      default[OK] == ('FALSE')
    end
    local_services
      summe : SUMME x BILANZ --> ASSIGN
      summe [SUMME,BILANZ] == let(SUMME,add[SUMME,BILANZ.BETRAG])
    end
  end   /* subsystem Kunde */
/*____________________________________________________________*/
  subsystem BankA
    global_services
      report : EVENT x NAME --> EVENT x COMM
      report(time '2','DAY',[NAME]) ==
        if neq[kontosuche[DB,NAME],'ERROR']
        then COMM // "NAME"_info['BankA',BETR]
        else COMM
        fi
    end
```

```
    local_resources
      KONTO = (NAME      : STRING  x
               KT-NR     : INTEGER x
               KT-STAND  : REAL)
      DB = list_of KONTO
      BETR  = REAL
      default[BETR] == ('0')
    end
    local_services
      kontosuche : DB x NAME --> ASSIGN # COMM
      kontosuche (time '60','MIN',[DB,NAME]) ==
                 case empty[DB] :
                   'FALSE' :if eq[head[DB].NAME,NAME] then
                               let(BETR,head[DB].KT-STAND)
                           else
                               kontosuche[tail[DB],NAME]
                           fi
                   others : 'ERROR'
                 esac
    end
  end
end /* subsystem BankA */
/*_______________________________________________________________*/
subsystem BankB
    global_services
      report : EVENT x NAME --> EVENT x COMM
      report(time '2','DAY',[NAME]) ==
        if neq[kontosuche[DB,NAME],'ERROR']
        then COMM // "NAME"_info['BankB',BETR]
        else COMM
        fi
    end
    local_resources
      KONTO = (NAME      : STRING  x
               KT-NR     : INTEGER x
               KT-STAND  : REAL)
      DB = list_of KONTO
      BETR  = REAL
      default[BETR] == ('0')
    end
    local_services
      kontosuche : DB x NAME --> ASSIGN # COMM
      kontosuche (time '30','MIN',[DB,NAME]) == reuse
    end
  end  /* subsystem BankB */
/*_______________________________________________________________*/
  transactivity
    initialization : Kunde_bilanz[]
    condition      : letime['Bilanzreport','4','DAY']
  end
end /* scenario Bilanzreport */
```

c) Szenario Börsendienst ("stock exchange")
An dem Szenario sind zwei Subsysteme beteiligt: BankA und Banki. Banki steht stellvertretend für viele Banken. Die BankA bietet Aktien des Typs XY zum Verkauf an. Wird über broadcasting eine Käufer-Banki gefunden, die zu dem Kurs LIMIT einwilligt, wird eine Besitzurkunde bzw. der Geldbetrag verschickt.

```
scenario Börsendienst compose Überweisung
  messages
    BANK       = STRING
    NAME       = STRING
    AKTIE      = (SEND    :BANK x             /* Nachrichtenformat */
                  TYP     :NAME x
                  LIMIT   :REAL x
                  MENGE   :INTEGER)
    URKUNDE    = STRING
    default[URKUNDE] = ("Aktienbesitzurkunde für XY ")
  end
/*____________________________________________________________*/
  subsystem BankA
    global_services
      aktie --> EVENT
      aktie[] ==
               for ALL stockex['BankA','XY','450','1500']
      info : NAME x KURS --> EVENT
      info(cap n,FIFO,[NAME,KURS] ==
               if ge[KURS,'450']
               then "NAME" sell['BankA','1500',URKUNDE] ;
                    let(AKTIE-XY.MENGE,sub[AKTIE-XY.MENGE,'1500'])
               fi
      gutschr : EVENT x FORMULAR --> ASSIGN
      gutschr[FORMULAR] ==
               debit[kontosuche[DB,FORMULAR.SEND],FORMULAR] //
               credit[kontosuche[DB,'BankA'],FORMULAR]
    end
    local_resources
      AKTIE-XY    = (KURS   :REAL x
                     MENGE  :INTEGER)
      default[AKTIE-XY] == ('450','4000')
      KONTO = (NAME      : STRING  x
               KT-NR     : INTEGER x
               KT-STAND  : REAL)
      DB = list_of KONTO
    end
    local_services
      kontosuche : DB x NAME --> KONTO
      kontosuche [DB,NAME] == reuse
      debit : KONTO x FORMULAR --> ASSIGN
      debit [KONTO,FORMULAR] == reuse
      credit: KONTO x FORMULAR --> ASSIGN
      credit [KONTO,FORMULAR] == reuse
    end
  end   /* subsystem BankA */
/*____________________________________________________________*/
```

```
  subsystem Banki
    global_services
      stockex : EVENT x AKTIE --> ASSIGN x EVENT
      stockex [AKTIE]) ==
              prüfe[AKTIE] ;
              if ge[KURS,'100']
              then "AKTIE.SEND"_info['Banki',KURS]
              fi
      sell : EVENT x NAME x URKUNDE -->
      sell [NAME,MENGE,URKUNDE] ==
              "NAME"_gutschr['Banki','Banki',NAME,NAME,
                             mul[MENGE,KURS],'DM']
    end
    local_resources
      KURS = INTEGER
      default[KURS] == ('0')
    end
    local_services
      prüfe : AKTIE --> ASSIGN
      prüfe [AKTIE]) == let(KURS,userinput[KURS])
    end
  end
end /* subsystem BankA */
/*_____________________________________________________________*/
  transactivity
    initialization : BankA_aktie[]
    termination    : BankA_gutschr['Banki','BankA,',BankA,','DM']

  end
end /* scenario Börsendienst */
```

Anhang B: Ein Beispiel zum Umgang mit PROTOS

Im Anhang A sind drei Beispielszenarien in der Anforderungsbeschreibungssprache RELOS aufgeführt. Diese Beispiele stammen aus dem internationalen Zahlungsverkehr. In diesem Anhang B wird ein weiteres RELOS-Beispiel vorgestellt, das die Benutzung, und die Eigenschaften der Prototypingumgebung PROTOS (vergl. Kap. 7) verdeutlichen soll. Insbesondere wird Wert auf die Ergebnisanalyse gelegt. Das betrachtete Beispiel ist sowohl inhaltlich als auch konzeptionell /Godb83a/ entnommen und beschreibt ein Modell eines Handelsbetriebes.

a) informelle Problemdarstellung

Ein Handelsbetrieb beliefert Kunden mit Waren aus seinem Lager. Die Bestellungen des Händlers zum Auffüllen seines Lagers sind abhängig vom Lagerbestand und der Rate der Kundenaufträge. Die Warenauslieferung ist von den angesammelten Bestellungen und dem Lagerbestand abhängig. Folgende Figur B-1 verdeutlicht die Struktur des Handelsbetriebes in einer Übersicht. Nach einer ersten Problemanalyse existieren drei Subsysteme: Kunden, Lieferanten und Handelsbetrieb. Eine weitere Problemdekomposition liefert eine Strukturierung des Subsystems Handelsbetrieb in zwei weitere Subsysteme: Auftragsbearbeitung und Lager.

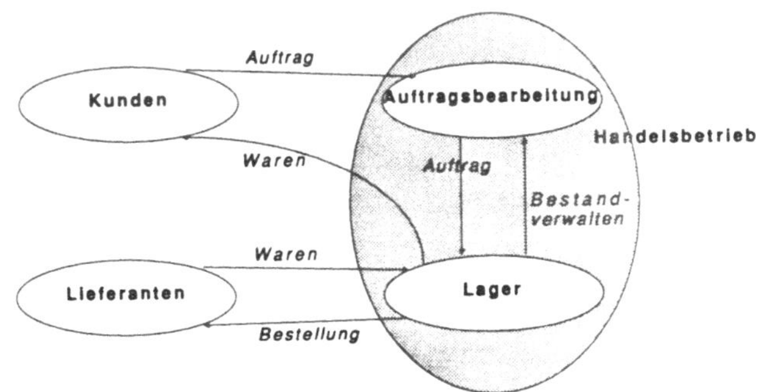

Fig. B-1: Übersicht über den Handelsbetrieb

Ziel der Modellierung ist neben der Erstellung eines Prototypen, eine Überprüfung, wie der Lagerbestand auf einen sprunghaften Anstieg der Kundenaufträge um 10% in Abhängigkeit von unterschiedlichen Zulieferzeiten reagiert.

b) Erste Problemdekomposition und Beschreibung in RELOS

Aus der Übersicht lassen sich zwei Szenarien ableiten: ein Szenario Kundenauftrag und ein Szenario Händlerbestellung.

Die Aufträge von Kunden werden im Subsystem Auftragsbearbeitung entgegengenommen. Von diesem Subsystem werden Nachrichten an die Subsysteme Bestellungen und Auslieferung weitergereicht. Zur Erleichterung werden Bestellungen, Waren und Auftragsmengen immer als Integerwerte dargestellt. Bei einer verfeinerten Problemdarstellung müßten die Strukturen dieser Objekte genauer untersucht werden.

```
scenario Kundenauftrag
  messages
    AUFTRAGSMENGE = INTEGER
    WAREN         = INTEGER
  end

/*_____________________________________________________________________*/
  subsystem Kunden
    global_services
      auftrag-init : EVENT --> AUFTRAGSMENGE x EVENT
      auftrag-init[] == Auftragsbearbeitung_annahme[1000]
      waren-empfang : EVENT --> VOID
      waren-empfang[] == break_sys[]
    end
  end /* Kunden */

/*_____________________________________________________________________*/
  subsystem Auftragsbearbeitung
    global_services
      annahme : EVENT x AUFTRAGSMENGE --> ASSIGN x EVENT
      annahme(for KUNDEN,[AUFTRAGSMENGE]) ==
                auftrag-neu [AUFTRAGSBESTAND,AUFTRAGSMENGE];
                Lager_warenliefern[AUFTRAGSMENGE];
    end
    local_resources
      AUFTRAGSBESTAND = INTEGER
    end
    local_services
      auftrag-neu : AUFTRAGSBESTAND x AUFTRAGSMENGE --> AUFTRAGSBESTAN
      auftrag-neu [AUFTRAGSBESTAND,AUFTRAGSMENGE] ==
                let(AUFTRAGSBESTAND,add[AUFTRAGSBESTAND,AUFTRAGSMENGE]
    end
  end /* subsystem Auftragsbearbeitung */

/*_____________________________________________________________________*/
  subsystem Lager
    global_services
      warenliefern : EVENT x AURTRAGSMENGE --> VOID
      warenliefern (for Auftragsbearbeitung,[AUTRAGSMENGE]) ==
                let(WAREN,AUFTRAGSMENGE);
                Kunden_waren-empf [WAREN]
    end
    local_resources
       WAREN = INTEGER
    end
  end  /* subsystem Lager */

/*_____________________________________________________________________*/
  transactivity
    initialization : Kunden_auftrag-init[]
    termination    : Kunden_waren-empf[WAREN]
  end
end /* scenario Kundenauftrag */
```

```
scenario Händlerbestellung
  messages
    BESTELLMENGE = INTEGER
    WAREN        = INTEGER
  end

/*______________________________________________________________*/
  subsystem Lager
    global_services
      bestellung-init : EVENT --> BESTELLMENGE x EVENT
      bestellung-init[] ==
              Lieferanten_annahme[BESTELLMENGE]
      waren-empfang : EVENT --> VOID
      waren-empfang[] == break_sys[]
    end
  end /* Kunden */

/*______________________________________________________________*/
  subsystem Lieferanten
    global_services
      annahme : EVENT x BESTELLMENGE --> WAREN x EVENT
      annahme [BESTELLMENGE] ==
              let(WAREN,BESTELLMENGE);
              Lager_waren-empfang[WAREN]
    end
  end /* subsystem Lieferanten */

/*______________________________________________________________*/
  transactivity
    initialization : Lager_auftrag-init[]
    termination    : Lager_waren-empf[WAREN]
  end
end /* scenario Händlerbestellung */
```

Nachdem nun die beiden Einzelszenarien beschrieben sind, werden beide Szenarien komponiert. Zusätzlich werden Initialisierungen definiert und das zeitliche Verhalten der global services spezifiziert.

```
system Handelsbetrieb
  messages
    AUSLIEFERUNGSMENGE = INTEGER
    default[AUSLIEFERUNGSMENGE] == ('0')
    AUFTRAGSMENGE = INTEGER
    WAREN         = INTEGER
    BESTELLMENGE  = INTEGER
  end

/*______________________________________________________________*/
  subsystem Kunden
    global_services
      auftrag-init : EVENT --> AUFTRAGSMENGE x EVENT
      auftrag-init[] ==
                (Auftragsbearbeitung_annahme[1000] *['7','DAY])*1;
                 Auftragsbearbeitung_annahme[1100] *['7','DAY];
      waren-empfang : EVENT x WAREN --> VOID
      waren-empfang[WAREN] == break_sys[]
    end
  end /* Kunden */

/*______________________________________________________________*/
  subsystem Auftragsbearbeitung
    global_services
      annahme : EVENT x AUFTRAGSMENGE --> ASSIGN x EVENT
      annahme(for KUNDEN,time '1.8','WEEK',delay_1,[AUFTRAGSMENGE]) ==
                auftrag-neu [AUFTRAGSBESTAND,AUFTRAGSMENGE];
                Lager_warenliefern[AUFTRAGSMENGE] //
                Lager_bestellung[AUFTRAGSMENGE]

      auftrag-kürzen : EVENT x AUFTRAGSMENGE x AUFTRAGSBESTAND
                                             --> AUFTRAGSBESTAND
      auftrag-kürzen (for Lager [AUFTRAGSMENGE]) ==
                auftrag-erledigt[AUFTRAGSMENGE]
    end
    local_resources
      AUFTRAGSBESTAND = INTEGER
      default[AUFTRAGSBESTAND] == ('1000')
    end
    local_services
      auftrag-neu : AUFTRAGSBESTAND x AUFTRAGSMENGE --> AUFTRAGSBESTAN
      auftrag-neu [AUFTRAGSBESTAND,AUFTRAGSMENGE] ==
                let(AUFTRAGSBESTAND,AUFTRAGSMENGE])

      auftrag-erledigt : AUFTRAGSBESTAND x AUSLIEFERUNGSMENGE
                                        --> ASSIGN
      auftrag-erledigt [AUFTRAGSBESTAND,AUSLIEFERUNGSMENGE] ==
                let(AUFTRAGSBESTAND,
                   integrate[AUFTRAGSBESTAND,AUSLIEFERUNGSMENGE])
    end
  end /* subsystem Auftragsbearbeitung */
/*______________________________________________________________*/
```

```
  subsystem Lager
    global_services
       warenliefern :  EVENT x AUFTRAGSMENGE
                               --> BESTELLMENGE x EVENT
       warenliefern [AUTRAGSMENGE] ==
               let(WAREN,AUFTRAGSMENGE) //
               let(AUSLIEFERUNGSMENGE,AUFTRAGSMENGE) //
               Auftragsbearbeitung_auftrag-kürzen[AUSLIEFERUNGSMENGE];
               Kunden_waren-empf[WAREN]

       bestellung : EVENT x AUFTRAGSMENGE --> EVENT
       bestellung (for Auftragsbearbeitung,[AUFTRAGSMENGE] ==
                  let(AUSLIEFERUNGSMENGE,AUFTRAGSMENGE) //
                  Lieferanten_annahme[
                     entscheidung[AUSLIEFERUNGSMENGE,WARENBESTAND]]

      waren-empfang : EVENT x WAREN --> ASSIGN
      waren-empfang (for Lieferanten [WAREN]) == einsortieren[WAREN]
    end
    local_resources
       WARENBESTAND = INTEGER
       default[WARENBESTAND] == ('1000')
       AUSLIEFERUNGSMENGE = INTEGER
    end
    local_services
       entscheidung : AUSLIEFERUNGSMENGE x WARENBESTAND
                                        --> INTEGER
       entscheidung [AUSLIEFERUNGSMENGE, WARENBESTAND] ==
               if and[loth[WARENBESTAND,'900'],
                      grth[AUSLIEFERUNGSMENGE,'800']]
               then '500'

       einsortieren : AUSLIEFERUNGSMENGE x WAREN --> ASSIGN
       einsortieren[WAREN] ==
                     let(WARENBESTAND,
                             integrate[AUSLIEFERUNGSMENGE,WAREN])
    end
  end  /* subsystem Lager */

/*____________________________________________________________*/

  subsystem Lieferanten
    global_services
      annahme : EVENT x BESTELLMENGE --> WAREN x EVENT
      annahme (time '2','WEEK',delay_3, [BESTELLMENGE] ==
              let(WAREN,BESTELLMENGE);
              Lager_waren-empfang[WAREN]
    end
  end /* subsystem Lieferanten */

/*____________________________________________________________*/

  transactivity
    initialization : Auftragsbearbeitung_annahme[]
  end
end /* system Handelsbetrieb */
```

c) Compiler und Analysator: Auswertung der Ergebnisse

Die RELOS-Beschreibung wird druch den RELOS-Compiler in ein Funktionsnetz überführt. Folgende Figur B-2 zeigt das Funktionsnetz in sehr kompakter Form.

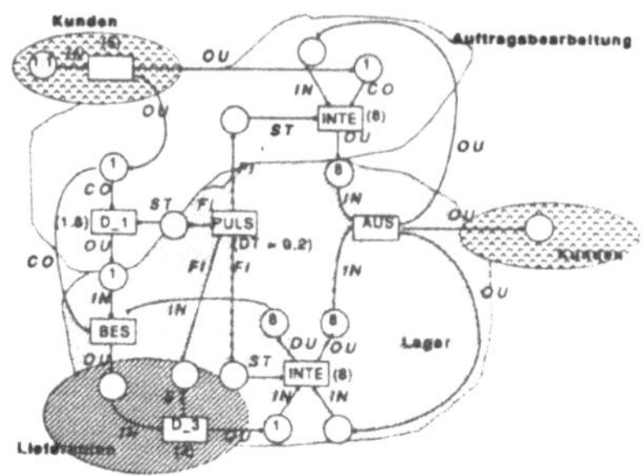

Fig. B-2: das korrespondierende Funktionsnetz

Die Kanalinitialisierungen sind alle in Tausend zu verstehen. Zuerst werden 1000 Kundenaufträge pro Woche, nach fünf Wochen 1100 Kundenaufträge pro Woche empfangen. Die Bearbeitung der Aufträge wird durch eine Glättung von 1.8 Wochen verzögert. In Abhängigkeit von den eintreffenden Kundenaufträgen und dem Lagerbestand werden Bestellungen an die Lieferanten rausgeschickt. Die Entscheidungsregel für die Bestellungen sind in der Agency BES zusammengefaßt. Die Bearbeitung der Bestellungen seitens der Lieferanten wird durch eine Glättung von erst 2, dann 4 und schließlich 8 Wochen verzögert. Die bestellten Waren von den Lieferanten werden im Lager durch die Integrate-Instanz gespeichert. Ebenso werden die einkommenden Kundenaufträge abgelegt. Die Auslieferung ist abhängig von den bearbeiteten Kundenaufträgen und dem aktuellen Lagerbestand. Die Menge der ausgelieferten Waren gehen wiederum als Ergebnis in den Auftrags- und Lagerbestand ein. Die Entscheidungsregel für die Auslieferung von Waren ist in der Agency AUS zusammengefaßt. Alle Agencies mit Gedächtnis werden zentral durch einen kontinuierlichen Puls von 0.2 Wochen getriggert, so daß alle Berechnungen in jeweils konstanten Zeitschritten durchgeführt werden.

Zur Gültigkeitsprüfung wird eine Analyse durchgeführt. Eine Transformation des Funktionsnetzes in ein Petri-Netz (siehe Figur B-3) und dessen Analyse ergibt, daß das Netz konfliktfrei, überall lebendig und unsterblich ist. Der Schluß liegt nahe, daß keine gravierenden Modellierungsfehler gemacht wurden.

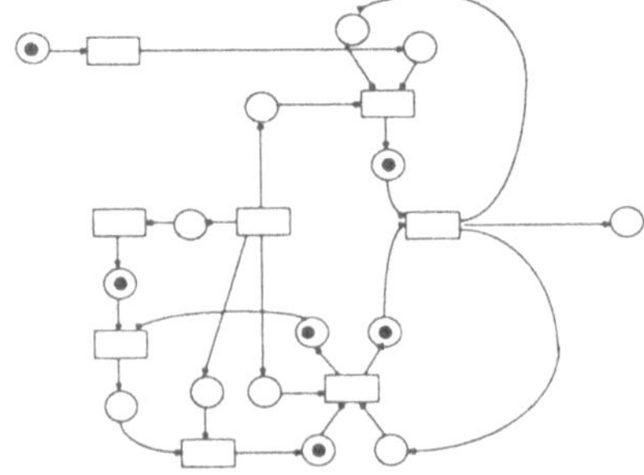

B-3: das korrespondierende Petri-Netz

Werden mehrere Simulatiosläufe mit unterschiedlichen Verzögerungen der Lieferantenbestellungen (2, 4 und 8 Wochen) durchgeführt, so erkennt man in folgender aufbereiteten Graphik den unterschiedlichen Istlagerbestand des Handelsbetriebes.

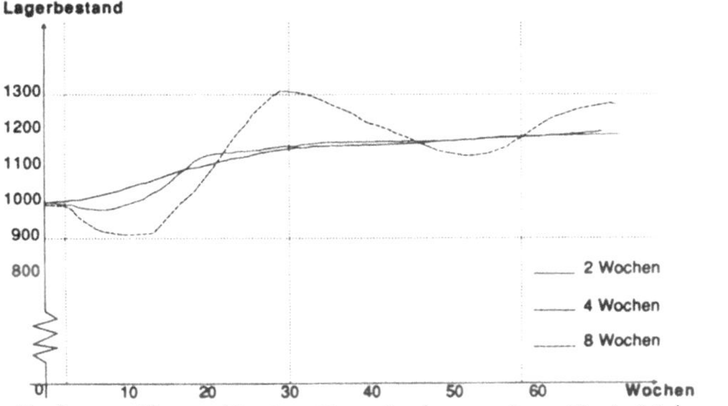

B-4: aufbereitete Ergebnisse der Modellierung

"In der Grafik erkennt man die unterschiedlichen Auswirkungen der Zulieferzeit auf den Istlagerbestand aufgrund der Nachfrageerhöhung nach der ersten Woche. Bei einer Lieferzeit von zwei Wochen ist mit einer langsamen Anpassung an den neuen Soll-Lagerbestand zu rechnen. Beträgt die Lieferzeit jedoch acht Wochen, ist ein Überschwingen zu beobachten, das System beruhigt sich nur sehr langsam. Eine zügige Anpassung ohne große zwischenzeitliche Bestandsverluste ergibt sich bei der Lieferzeit von vier Wochen." /Godb83a/

Anhang C: RELOS Sprachsyntax

Im folgenden wird die Syntax der Sprache RELOS in Backus-Naur-Form angegeben. Terminalsymbole sind fett gedruckt oder durch Hochkommata (' ') eingeschlossen. In eckigen Klammern ([ ]) eingeschlossene rechte Seiten einer Regel sind optional. Das Startsymbol der Grammatik ist "specification".

1 specification : **system** name scenariolist transdef **end**

2 scenariolist : scenariodef
| scenariolist scenariodef

3 transdef : **transactivity** translist **end**

4 translist : initiatelist terminate condition

5 initiatelist : **initialization** ':' '(' timeexpr ',' timekind ')' gfunctappllist
| **initialization** ':' gfunctappllist

6 gfunctappllist : gfunctappl percent
| gfunctappllist '//' gfunctappl percent
| gfunctappllist '/' gfunctappl percent

7 terminate : [**termination** ':' terminateexpr]

8 terminateexpr : gfunctappl
| **and** '[' terminateexpr ',' gfunctappl ']'
| **or** '[' terminateexpr ',' gfunctappl ']'
| **not** terminateexpr

9 condition : [**condition** ':' conddefexpr]

10 conddefexpr : timefuncts '[' name ',' timeexpr ']'

11 scenariodef : **scenario** name composestat datalist subsystemlist **end**
| composestat

12 composestat : [**compose** somenames]

13 somenames : name
| somenames ',' name

14 datalist : [**messages** datadeflist **end**]

15 datadeflist : datadef
| datadeflist datadef

16 datadef : typedef default legal

17 default : [**default** '[' typeident ']' '=' '=' expr]

18 legal : [**legal** '[' typeident ']' '=' '=' expr]

```
19 subsystemlist     : subsystemdef
                     | subsystemlist subsystemdef

20 subsystemdef      : subsystem name global_services
                       globalactlist end localdatalist localactlist end
                     | subsystem name global_services
                       globalactlist end subsystemlist

21 globalactlist     : globalactsome
                     | globalactlist globalactsome

22 globalactsome     : gfunctdecl
                     | gfunctdef

23 localdatalist     : [ local_resources locallist end ]

24 locallist         : typedef
                     | locallist typedef

25 localactlist      : [ local_services localalist end ]

26 localalist        : localactsome
                     | localalist localactsome

27 localactsome      : lfunctdecl
                     | lfunctdef

28 typedef           : typeident '=' typeexpr

29 typeexpr          : typeexpr ',' typeterm
                     | typeterm

30 typeterm          : aggregation
                     | typeitem
                     | list_of typeexpr
                     | typeterm 'x' typeitem
                     | typeterm '#' typeitem

31 aggregation       : '(' aggrpairsequ  ')'

32 aggrpairsequ      : aggrpair
                     | aggrpairsequ 'x' aggrpair
                     | aggrpairsequ '#' aggrpair

33 aggrpair          : typeident ':' type

34 type              : primtype
                     | typeident
                     | '(' exprsequ ')'

35 typeitem          : type
                     | '(' typeexpr ')'
```

```
36 primtype          : INTEGER
                     | REAL
                     | BOOLEAN
                     | STRING
                     | VOID
                     | COMM
                     | SITE
                     | EVENT
                     | ASSIGN

37 simpleconstant    : intconst
                     | boolconst
                     | realconst
                     | stringconst
                     | commconst
                     | voidconst

38 lfunctdecl        : lfunctname ':' domainrange

39 gfunctdecl        : lfunctname ':' domainrange

40 domainrange       : typeexpr '-' '>' typeexpr
                     | '-' '>' typeexpr

41 gfunctdef         : lfunctname formalparams '=' '=' gfunctexpr

42 lfunctdef         : lfunctname formalparams '=' '=' expr

43 gfunctexpr        : expr
                     | gfunctappl
                     | onlygexpr
                     | '(' gfunctexpr ')'

44 onlygexpr         : and '[' gfunctexpr ',' gfunctexpr ']'
                     | or '[' gfunctexpr ',' gfunctexpr ']'
                     | in '[' gfunctexpr ',' gfunctexpr ']'
                     | union '[' gfunctexpr ',' gfunctexpr ']'
                     | intersect '[' gfunctexpr ',' gfunctexpr ']'
                     | eq '[' gfunctexpr ',' gfunctexpr ']'
                     | neq '[' gfunctexpr ',' gfunctexpr ']'
                     | lt '[' gfunctexpr ',' gfunctexpr ']'
                     | gt '[' gfunctexpr ',' gfunctexpr ']'
                     | le '[' gfunctexpr ',' gfunctexpr ']'
                     | ge '[' gfunctexpr ',' gfunctexpr ']'
                     | gfunctexpr '/' gfunctexpr
                     | gfunctexpr '//' gfunctexpr
                     | gfunctexpr ';' gfunctexpr
                     | gfunctexpr '*' ''' simpleconstant '''
                     | gfunctexpr '*' timeexpr
                     | '(' '*' lfunctappl '*' ')'
                     | '(' '*' primfappl '*' ')'
                     | '(' '*' gfunctappl '*' ')'

45 formalparams      : '[' paramlist ']'
                     | '(' attributlist '[' paramlist ']' ')'
```

```
46 attributlist     : attribut
                    | attributlist ',' attribut

47 attribut         : [ attributA ]
                    | [ attributB ]
                    | [ attributC ]
                    | [ attributD ]

48 paramlist        : [ expr ]
                    | paramlist ',' expr

49 attributA        : cap intconst

50 attributB        : LIFO
                    | FIFO

51 attributC        : for stringlist
                    | for typeident
                    | for stringconst

52 attributD        : time timeexpr
                    | time timeexpr ',' timekind
                    | time timeexpr ',' timeexpr ',' timekind

53 exprsequ         : expr
                    | exprsequ ',' expr

54 expr             : ''' simpleconstant '''
                    | typeexpr
                    | lfunctappl
                    | userinput '[' typeexpr ']'
                    | reuse
                    | primexpr
                    | '(' expr ')'
                    | '(' ')'
                    | ackexpr
                    | breaksysexpr
                    | breakservexpr
                    | ifexpr
                    | caseexpr
                    | selectexpr
                    | assignpair
                    | timeexpr

55 selectexpr       : lfunctappl '.' typeident
                    | gfunctappl '.' typeident
                    | typeident '.' typeident
                    | primexpr '.' typeident

56 assignpair       : let '(' expr ',' expr ')'

57 lfunctappl       : lfunctname '[' exprsequ ']'
                    | lfunctname '[' ']'

58 gfunctappl       : vorackexpr
```

59 vorackexpr : **for** typeident '_' lfunctappl
| **for ALL_** lfunctappl
| glfunctname '[' exprsequ ']'
| glfunctname '[' ']'
| '"' typeident '"' '_' lfunctappl

60 primexpr : **not** expr
| **and** '[' expr ',' expr ']'
| **or** '[' expr ',' expr ']'
| **in** '[' expr ',' expr ']'
| **union** '[' expr ',' expr ']'
| **intersect** '[' expr ',' expr ']'
| **eq** '[' expr ',' expr ']'
| **neq** '[' expr ',' expr ']'
| **le** '[' expr ',' expr ']'
| **ge** '[' expr ',' expr ']'
| **gt** '[' expr ',' expr ']'
| **lt** '[' expr ',' expr ']'
| primfappl

61 primfappl : primfunct '[' exprsequ ']'

62 primfunct : arithfuncts
| listfuncts
| timefuncts

63 arithfuncts : **add**
| **sub**
| **mul**
| **div**
| **div**:
| **mod**
| **integrate**

64 listfuncts : **head**
| **tail**
| **empty**
| **length**
| **concat**

65 timefuncts : **letime**
| **lotime**

66 ackexpr : ''' commconst ''' '[' timeexpr ']'

67 timeexpr : intconst ',' timeunit

68 ifexpr : **if** gfunctexpr **then** gfunctexpr **else** gfunctexpr **fi**
| **if** gfunctexpr **then** gfunctexpr **fi**

69 caseexpr : **case** expr ':' casesequ **others** ':' gfunctexpr **esac**

70 casesequ : case
| casesequ case

71 case : expr ':' gfunctexpr

```
72 breaksysexpr     : break_sys '[' timeexpr ']'
                    | break_sys '[' ']'

73 breakservexpr    : break_serv '[' timeexpr ']'
                    | break_serv '[' ']'

74 stringlist       : '(' stringsequ ')'

75 stringsequ       : stringconst
                    | stringsequ ',' stringconst

76 percent          : [ intconst '%' ]

77 name             : glfunctname
                    | lfunctname
                    | ident

78 timeunit         : SEC
                    | MIN
                    | HOUR
                    | DAY
                    | WEEK

79 timekind         : exp
                    | norm
                    | delay_1
                    | dealy_3

80 commconst        : ACK
                    | ERROR

81 voidconst        : NIL

82 intconst         : [0-9]+
                    | [+ -] [0-9]+

83 boolconst        : TRUE
                    | FALSE

84 realconst        : [0-9]* '.' [0-9]*
                    | [+ -] [0-9]* '.' [0-9]*

85 stringconst      : [a-zA-Z0-9?!]*

86 typeident        : [A-Z][A-Z]*

87 glfunctname      : [A-Z][a-zA-Z0-9]* '_' [a-zA-Z0-9]+

88 lfunctname       : [a-z][a-zA-Z0-9]*

89 ident            : [a-zA-Z][a-zA-Z0-9]*
```

Liste der terminalen Symbole

system, compose, transactivity, condition, local_resources, global_services, local_services, termination, initialization, time, scenario, messages, end, if, then, else, fi, case, others, esac, default, legal, subsystem, list_of, INTEGER, REAL, BOOLEAN, TRING, VOID, COMM, ASSIGN, SITE, **EVENT, cap, LIFO, FIFO, for,** userinput, **reuse,** let, not, **break_sys, break_serv, head, tail, empty,** concat, length, add, sub, **mul, div,** div:, **mod, integrate,** le, lt, ge, gt, **norm, exp, delay_1, delay_3, in, and, or, MIN, SEC, DAY, HOUR, WEEK, ALL_,** NIL, **TRUE, FALSE,** :, %, ;, ", ,, -, _, \, ., =, [,], (,), **x, #,** +, *, ', //, /, **union, intersect**

Stichwortverzeichnis

Ehrich/Gogolla/Lipeck

Algebraische Spezifikation abstrakter Datentypen

Der Entwurf und die Verwendung von Datentypen sind in den letzten Jahren ein wichtiges Gebiet des Software-Engieering und der Informatik allgemein geworden. Ausgehend vom Beispiel bekannter Daten typen in höheren Programmiersprachen wird der Begriff des Datentyps als „Menge von Werten mit zugehörigen Operationen" erklärt. Abstrakte Datentypen werden dann als „darstellungsunabhängige Muster" von Datentypen eingeführt. Zentrales Thema des Buches ist die algebraische Spezifikation abstrakter Datentypen als universelle Beschreibungsmethode.

Zunächst werden die klassischen Grund konzepte der algebraischen Spezifikation eingeführt. Eine solche Spezifikation besteht aus einer Signatur und Axiomen; dadurch werden Modelle, d.h. Algebren, in welchen die Axiome gültig sind, sowie eine Theorie, d.h. die Gesamtheit aller gültigen Formeln, bestimmt. Verschiedene Strukturierungskonzepte wie Reduktion und Erweiterung gestatten den schrittweisen Aufbau komplexer Spezifikationen. Der für die Informatik zentrale Begriff der Implementierung wird aus der Sicht des Theoretikers erläutert, und es wird gezeigt, wie sich Spezifikationen mit einer operationalen Semantik direkt aus führen lassen.

Von Prof. Dr.
Hans-Dieter Ehrich,
Technische Universität
Braunschweig
Dr. **Martin Gogolla,**
Technische Universität
Braunschweig,
und Dr. **Udo Lipeck,**
Technische Universität
Braunschweig

1989. X, 236 Seiten mit
Beispielen und Übungen.
16,2 × 22,9 cm.
Kart. DM 38,–
ISBN 3-519-02266-4

(Leitfäden und Monographien der Informatik)

Preisänderungen vorbehalten

Curth/Giebel
Management der Software-Wartung

Die Autoren dieses Buches beleuchten kritisch die heutige Wartungs- und Qualitätssicherungs-Praxis und stellen zur Lösung der aufgezeigten Probleme ein ganzheitliches Vorgehensmodell vor, das dem bislang stark vernachlässigten Bereich der Wartung von Anwendungssoftware Rechnung trägt.

Das vorliegende Werk ist als Grundlage zur Einarbeitung in die Maintenance-Engineering Materie sowohl für Studenten der Informatik und Betriebs- bzw. Wirtschaftsinformatik als auch für die Vielzahl der Mitarbeiter in der betrieblichen Datenverarbeitung konzipiert, die sich mit der Planung, Entwicklung oder Wartung von Anwendungssoftware beschäftigen.

Aus dem Inhalt

Die heutige Realität in der Systementwicklung – Probleme der Qualitätssicherung – Die Wartungsproblematik – Die heutige Wartungsrealität – Typen von Wartungsaktivitäten – Notwendigkeit eines geschlossenen Wartungskonzeptes – Change Management – Aufbauorganisatorische Integration der Wartung – Ablauforganisation der Wartung – Das Maintenance-Engineering Modell – Ziele der Wartung – Grundsatzfragen eines Phasenmodells für die Wartung – Revision und Qualitätssicherung – Ablauforganisation der Qualitätssicherung – Qualitätssicherung für die Entwicklung und Wartung von Anwendungssoftware – Aufgaben und Inhalte der EDV-Revision als mögliche Instanz der Qualitätssicherung – Literaturverzeichnis

Von Dr. **Michael A. Curth,** Baar/Zug, und Dipl.-Inform. **Martin L. Giebel,** Essen

1989. 181 Seiten.
16,2 x 22,9 cm.
Kart. DM 34,–
ISBN 3-519-02492-6

(Leitfäden der angewandten Informatik)

Preisänderungen vorbehalten.

B. G. Teubner Stuttgart

Engels/Schäfer
Programmentwicklungsumgebungen

Konzepte und Realisierung

Dieses Buch verfolgt zwei Ziele: Im ersten Teil des Buches wird erläutert, welche Werkzeuge eine Programmentwicklungsumgebung enthalten sollte. Insbesondere wird darauf eingegangen, welche Anforderungen an die Benutzerschnittstelle an eine moderne Programmentwicklungsumgebung erfüllen muß.

Der zweite Teil behandelt die Realisierung einer Programmentwicklungsumgebung. Hierbei wird insbesondere darauf eingegangen, wie die Datenstruktur zur internen Repräsentation von Programmen entworfen werden sollte.

Aus dem Inhalt

Benutzerschnittstelle: Werkzeuge (Editor, Statische Analyse, Ausführung und Test Debugging) – Ausgestaltung (Modifreiheit Bildschirmgestaltung mit Fenstersystemen Kommandosprache) – Beispiel IPSEN; Modellierung der zentralen Datenstrukturen: Datenmodelle (Syntaxbaum attributierter Graph) – Konstruktion eines Modulgraphen; Spezifikation: Vergleich von Spezifikationsansätzen – Spezifizieren mit Graph-Ersetzungssystemen; Entwurfsüberlegungen: Grundlegende Strategien – Teilsysteme (Fenstersystem – Graphenspeicher – Editor – Parser – Unparser – Interpreter); IPSEN-Entwurf; Implementierungsüberlegungen; Erfahrungen

Von Dr. **Gregor Engels,** Technische Universität Braunschweig, und Dr. **Wilhelm Schäfer,** STZ – Gesellschaft für Software Technologie mbH, Dortmund

1989. II, 246 Seiten
mit zahlreichen Bildern.
16,2 x 22,9 cm.
Kart. DM 38,–
ISBN 3-519-02487-X

(Leitfäden der angewandten Informatik)

Preisänderungen vorbehalten.

B. G. Teubner Stuttgart

Doberkat/Fox

Software Prototyping mit SETL

Das Buch beschäftigt sich mit der mengentheoretischen Programmiersprache SETL. Diese Sprache implementiert im wesentlichen die Konstrukte der endlichen Mengenlehre (also endliche Mengen, Abbildungen, Vektoren), wobei im Gegensatz zu anderen Sprachen die Konstrukte durchaus inhomogen sein können. Darüber hinaus ist die Sprache schwach getypt, was für den Benutzer den angenehmen Vorteil hat, daß er sich um Variablen-Deklarationen nicht zu kümmern braucht. Diese Sprache hat in letzter Zeit verstärkt Anwendungen im Software-Prototyping gefunden. Solch ein Prototyp hat den Vorteil, daß er einmal recht schnell implementiert ist, zum anderen aber dem Software-Konstrukteur wie dem Abnehmer einen ersten Einblick in die Funktionalität des zu erstellenden Produktes liefert.

Das Buch ist zunächst eine Einführung in diese Sprache und geht dann auf die Methode des Software Prototyping mit SETL näher ein. In diesem Teil wird zunächst das klassische Wasserfall-Modell der Software-Erstellung und dessen diverse Schwächen genannt und gezeigt, wie es durch Prototyping sinnvoll ergänzt werden kann.

Mit SETL wird ein sprachliches Werkzeug zur Verfügung gestellt, mit dem Prototyping in überschaubarem Rahmen praktisch realisiert werden kann. Dies zeigen auch die Beispiele, die im Text einen breiten Raum einnehmen. Wir liefern mit diesem Buch einen Beitrag zum „learning by doing“ im Bereich des Software Engineering.

Von Prof. Dr.
Ernst-Erich Doberkat,
Universität – Gesamthochschule – Essen,
und Dr. **Dietmar Fox,**
Institut für Informatik der Hochschule Hildesheim

1989. 227 Seiten.
mit zahlreichen Aufgaben und Beispielen.
16,2 × 22,9 cm.
Kart. DM 38,–
ISBN 3-519-02272-9

(Leitfäden und Monographien der Informatik)

Preisänderungen vorbehalten

B. G. Teubner Stuttgart